大型水电站灾害性大风特征及预报

——以白鹤滩水电站为例

尹　晔　王汉涛　程志刚　白爱娟　著

气象出版社
China Meteorological Press

内 容 简 介

本书针对大型水电站坝区大风天气频发的特征，以白鹤滩水电站为例，将现场观测、高空探测和雷达探测等多种数据相结合，研究了水电站坝区的基本天气气候，尤其是大风天气的多时空尺度变化，探讨了水电站坝区河谷地形条件下大风天气的形成机制，风廓线雷达和天气雷达在大风监测中的应用，以及大风天气的预报预警技术。本书系统分析了影响水电站坝区大风天气的高低空环流形势、天气系统和雷达回波的发展特征，并针对白鹤滩水电站提出了坝区大风天气预报预警的关键方法和技术。本书重点讨论了风廓线雷达和天气雷达等高精度探测手段在水电站特殊河谷区的应用效果，提出了预警预报大风天气的新方法和新技术。

本书可供气象部门和大型水电站管理部门的相关专业科研和工作人员，以及高等院校的师生阅读参考。

图书在版编目（ＣＩＰ）数据

大型水电站灾害性大风特征及预报 ：以白鹤滩水电
站为例 / 尹晔等著. -- 北京 ： 气象出版社，2023.4
ISBN 978-7-5029-7948-5

Ⅰ．①大… Ⅱ．①尹… Ⅲ．①金沙江－水力发电站－
大风灾害－预报 Ⅳ．①TV752②P425.6

中国国家版本馆CIP数据核字(2023)第058998号

大型水电站灾害性大风特征及预报——以白鹤滩水电站为例
Daxing Shuidianzhan Zaihaixing Dafeng Tezheng ji Yubao——yi Baihetan Shuidianzha wei Li

---

出版发行：气象出版社

地　　址：北京市海淀区中关村南大街 46 号 　　　　**邮政编码**：100081

电　　话：010-68407112（总编室）　010-68408042（发行部）

网　　址：http://www.qxcbs.com　　　　**E-mail**：qxcbs@cma.gov.cn

责任编辑：张　媛　　　　　　　　　　　　　**终　　审**：张　斌

责任校对：张硕杰　　　　　　　　　　　　　**责任技编**：赵相宁

封面设计：艺点设计

印　　刷：北京建宏印刷有限公司

开　　本：787 mm×1092 mm　1/16　　　　　　**印　　张**：10.75

字　　数：275 千字

版　　次：2023 年 4 月第 1 版　　　　　　　　　**印　　次**：2023 年 4 月第 1 次印刷

定　　价：80.00 元

本书如存在文字不清、漏印以及缺页、倒页、脱页等，请与本社发行部联系调换。

前　言

　　大型水电站通常位于层峦叠嶂的山区河谷深处,地形陡峭多变,频繁发生的大风天气严重影响水电站的施工建设和安全生产。本书以位于四川宁南和云南巧家交界的白鹤滩水电站为例,开展了大型水电站坝区大风天气的监测和预警研究,致力于提高特殊地形下大风天气的监测预警技术,并为水电站大风天气的气象安全保障提供技术支撑。在大型水电站坝区的微地形条件下,山谷风和湖陆风交织,天气尺度系统和中小尺度系统相互作用,导致大风天气多变,且形成机制复杂。频繁发生的强风天气是水电站大坝浇筑和缆机吊运关注的核心问题,并在水电站建成后,对安全生产和居民生活也有严重影响。因此,水电站附近的灾害性大风天气,长期以来备受关注。

　　白鹤滩水电站是仅次于三峡的世界第二大水电站,是中国实施"西电东送"的骨干电源点之一,堪称世界水电站的巅峰之作。2021 年水电站开始蓄水发电后,库区已经形成了烟波浩渺的"U"型谷湖泊景观。受青藏高原和云贵高原大地形、峡谷地形和下垫面的共同影响作用,坝区呈现金沙江流域典型的干热河谷气候,具有攀西地区特有的干雨季分明、降水和气温变化剧烈特征。坝区周边沟壑纵横的微地形条件,增强了局部复杂的大气环流和对流不稳定性,导致天气复杂多变,且灾害性强天气易发,其中大风天气比邻近地区明显偏多,平均每年 7 级以上大风日数占全年的 60% 以上。水电站坝区的大风日数之多、持续时间之长、强度之高,均为长江流域大型水电站之最。针对白鹤滩水电站,开展大风天气的精细化监测,并进行大风天气的预报预警技术研究,具有重要的意义和应用价值。

　　本书以大型水电站白鹤滩水电站为例,针对水电站坝区易发的灾害性大风天气,将水电站现场气象观测、高空探测和气象再分析数据,以及雷达等多源探测数据相结合,从天气气候学、动力气象学、大气探测学和数值天气预报等方面,研究了大型水电站坝区风场的多时空尺度变化特征,分析了影响坝区大风形成的大气环流特征,探讨了坝区河谷微地形下大风天气的形成机制,提出了大风天气预报预警的关键技术。本书概括的方法和技术,有助于提高对复杂地形条件下大风天气的认识,有利于大风预报预警技术的提高。

　　本书涉及的白鹤滩水电站坝区大风成因及预报方法,是三峡梯调水文气象中心工作经验和智慧的结晶,也是研究团队成员在长期观测、思考和探索的基础上,综合提炼整合完成的,是研究团队集体成果的凝练。本书的完成离不开团队成员的团结协作和吃苦耐劳的工作作风,活跃的学术思想。全书共 8 章,除了 4 位作者的努力工作外,各章节的图表依次是陈子龙、陈心雨、刘炙明、罗雨彤、张敏、孟思彤、张强、张昊楠、李子木、白锦丰和曹学君等多人精心绘制和多次修改完善的结果。本书的研究更受益于中国长江电力股份有限公司提供的白鹤滩水电站坝区历史观测数据和前期研究思路，并给予了本书研发的资助，在此表示衷心的感谢，同时感谢国家自然科学基金(41971026)和四川省科技计划项目(2021YJ0310)对于本书的出版资助。本书在写作过程中得到凉山州气象局巫前文专家的精心指导和鼎力帮助，成都信息工程大学徐维新教授对本书的修改完善提出了宝贵的意见。本书得到了凉山州气象局刘皓和郑自君，宁南县气象局凡海西和单卫东，以及中国气象局成都高原气象研究所的大力支持，在此一并表示衷心的感谢！

特殊地形条件下大风天气复杂多变，是气象科学领域的热点和难点。本书包括了大风天气观测、形成机制和预报预警等多个研究方向，并涉及数值天气预报和风廓线雷达等学科前沿技术，因此可作为大气探测学、天气气候学和水文气象学等相关专业研究生的参考书，也可供天气预报预测、气象保障的技术和管理人员参考阅读。希望本书的成果能够加深大家对大风天气形成和变化的认识，并有助于提高大风的监测预报技术。在大型水电站的峡谷区，大风天气的监测预警难度较大，由于作者的水平认识有限，书中难免有不妥之处，恳请读者批评指正。

作　者

2022 年 11 月

目　　录

第 1 章 概 述

1.1 白鹤滩水电站基本概况

白鹤滩水电站位于金沙江下游雅砻江口至宜宾的河段中,地处 27°12′13″N,102°53′59″E 的云南省巧家县大寨镇与四川省凉山彝族自治州宁南县六城镇的交界。白鹤滩水电站是金沙江流域四个梯级水电站(乌东德、白鹤滩、溪洛渡和向家坝)中的第二个,是我国实施"西电东送"的骨干电源点之一。该水电站上游到乌东德坝址约 182 km,下游到溪洛渡水电站约 195 km,距离云南巧家县城约 41 km,距离凉山州宁南县城约 75 km,距宜宾市的河道约 380 km。

白鹤滩水电站是仅次于三峡水电站的世界第二大水电站,也是首个使用百万千瓦的超巨型混流式水轮机组的电站,堪称世界水电站的巅峰之作。白鹤滩水电站 2013 年主体工程开工建设,至 2021 年 4 月 6 日水电站正式蓄水,6 月 28 日首批机组发电,直到正式完工,一共历经了 10 年之久。建成后白鹤滩水电站的外貌如图 1.1 所示,是以发电为主,兼有防洪、拦沙和改善下游航运条件,以及发展库区通航等综合作用。随着白鹤滩水电站的建成发电,加上已经建成的其余 3 个梯级水电站,金沙江流域的电站总装机规模达 4646 万 kW,年平均发电量可达约 1900 亿 kW·h,成为中国崛起的世界级清洁能源基地,能够为中国经济社会发展输送源源不断的绿色动力。

图 1.1 白鹤滩水电站大坝(a)和蓄水后的库区(b)外貌

白鹤滩水电站地处青藏高原与成都平原的过渡带,位于层峦叠嶂的横断山脉深切河谷中。水电站所处的峡谷地形近似南北向,两岸植被以低矮灌木为主,呈现连绵起伏的山地地貌。白鹤滩水电站建设 10 余年来,浩大的大坝施工对周边地区的生态和地质环境产生了严重的影响。2021 年水电站开始蓄水发电后,上游库区已经形成了烟波浩渺的"U"型谷湖泊,在水电站大坝的下游,峡谷两岸高山对峙,呈现一水怀抱的"V"型河谷景观。水电站的建设和库区的蓄水,改变了峡谷地原有的干热下垫面条件,并通过辐射作用影响了水电站附近局地的水热循环,以及大气流场,进而改变了坝区的降水、风、湿度和气温等气象条件。白鹤滩水电站自建设以来,除了对附近的局地小气候和对周边地区产生重要的影响外,在未来较长时间内对环境还将产生深远的影响。

白鹤滩水电站是在复杂地质环境条件下进行的高拱坝建设,攻克了高地震烈度、坝身大泄量、坝基柱状节理玄武岩变形控制等关键问题,是"中国乃至世界技术难度最高的水电工程"。水电站以高坝大库、百万机组和复杂的地质条件和工程技术,成为全球规模最大、单机容量最大和技术难度最高的水电工程,因此也成为全球关注的焦点。水电站的枢纽工程由拦河坝、泄洪消能设施和引水发电系统等建筑组成,其中的水电站拦河坝为混凝土双曲拱坝,坝顶高程834 m,最大坝高289 m,正常高程至825 m,拱顶厚度14.0 m,最大拱端厚度83.9 m,含扩大基础最大厚度95 m,如此量级的水电站在世界水电站中屈指可数,体现了白鹤滩水电站的特殊性。水电站的总库容量达205.1亿 m³,调节库容达104.36亿 m³,水电站坝址控制流域面积43.03万 km²,占金沙江以上流域面积的91%。大坝顶弧长约209.0 m,分为30条横缝,共31个坝段,高程750.0 m以上设混凝土垫座。水电站大坝下设水垫塘和二道坝、6个表孔、7个深孔和左岸3条泄洪隧洞的泄洪设施。地下厂房对称布置在左右两岸,尾水系统为2台机组,它们共用4条尾水隧洞。

1.2 白鹤滩水电站基本气象条件

白鹤滩水电站坝区位于亚热带季风性气候区,既具有攀西地区特有的干雨季分明,又具有降水和气温变化剧烈的基本特征。坝区受青藏高原和云贵高原大地形、峡谷地形和下垫面的共同影响作用,体现出金沙江流域典型的干热河谷气候。坝区所在峡谷热量丰富,气温年较差小,且呈现明显的垂直气候特征。从季节变化来看,水电站所在地区表现出早春气温回升迅速,春季干热少雨。夏季少酷暑,雨量集中,以及多夜雨的特征。秋季气温略偏低,易出现秋绵雨天气。冬季无严寒,但是多大风天气。坝区周边沟壑纵横的微地形条件,增强了局部复杂的大气环流和对流不稳定性,导致天气复杂多变,且易发灾害性强天气,坝区的大风天气比邻近地区明显偏多,平均每年7级以上大风日数占全年的60%以上。又如坝区夏季雷暴天气频繁,是短时强降水等强对流天气的多发地。受突发性强降水天气诱发,坝区峡谷破碎松散的地质条件,还易形成山地次生灾害。白鹤滩坝区所处地多为山地和峡谷等复杂地形区,地形梯度大,因此在强降水和暴雨突发时,易发生山洪、滑坡、泥石流等次生灾害,造成严重的人员伤亡和经济损失。已有报告表明,水电站附近强降水诱发的洪涝、滑坡和泥石流灾害,均比周边地区多发。

气候变化是当今世界普遍关注的核心问题,白鹤滩水电站的防洪、发电和航运等综合作用的每一项功能,都会受到气候变化的影响,尤其是风的影响作用。水电站大坝建成并蓄水发电后,其对周边微地形和下垫面的影响已然形成。随着水电站坝址上游水位明显抬高,水体面积增大,导致原来低于库区水位的坝体上游沟壑地貌被水淹没,库区的地形地貌发生了巨大变化,蓄水所形成的水面在改变库区峡谷原始地貌的同时,其巨大的水体也将影响局地垂直环流系统,从地面边界层到对流层一定高度的气温、降水和风场,都会在蓄水后发生变化,并表现出深远的气候效应。因此,分析水电站建设前后的气候变化特征是白鹤滩水电站建成后重点关注的问题。

白鹤滩水电站坝区的灾害性天气事件频发。受峡谷地形和局地下垫面热力性质不均匀，以及气象条件复杂多变的影响，坝区附近特殊的峡谷风、山谷风和干热风等特殊大气风场效应显著，并且以上流场相互作用，表现为邻近坝区的高地寒冷，而河谷地炎热的垂直气候特征。水电站坝区频繁遭受持续性大风、高温和暴雨等多种气象灾害的影响。据白鹤滩水电站水文气象中心的统计分析，每年 4—6 月都会观测到高达 40 ℃ 的气温，且经常会出现地温超过 70 ℃ 的现象。除了异常的高温事件外，坝区的大风天气同样频繁。观测显示，每年 7 级以上大风日数经常超过 240 d，2019 年坝区新田气象站监测到 36.5 m/s 的瞬时极大风速，风力等级甚至超过台风的风力。白鹤滩水电站坝区的强天气和大风日数之多、持续时间之长、强度之大，均为长江流域大型水电站之最。

白鹤滩水电站坝区频发的极端大风天气，自大坝建设以来备受关注。大风天气非常频繁，平均每年 7 级以上，甚至 10 级以上的大风日数均位居全国前列。受坝区南北向峡谷地形对风的影响作用，据坝区的观测显示，大风天气在每年 11 月至次年 5 月不断发生，以干季为主，表现为沿着河谷地走向的北风和南风，逆水流方向的偏北大风更为多发，且风力更为强劲。频繁发生的强风天气是水电站建设和运行关注的核心问题，并在水电站建成后对安全生产和居民生活构成严重威胁。坝区的大风受对流层多种尺度的天气系统影响，是微地形条件下中小尺度系统直接作用的结果，研究坝区风力增强的机制是预警大风、减少大风灾害的前提和基础。

1.3 气象观测数据基础

1.3.1 国家区域气象观测站

白鹤滩水电站位于金沙江南北向河谷地段，天气气候较周边地区复杂多变，加密布设气象观测站网，是掌握水电站坝区天气气候变化，进行大风等强天气预报预警，以及开展气象服务的基础和前提。四川省气象部门在白鹤滩水电站附近，建设了 13 个国家基准气象观测站（简称"观测站"），云南省气象部门在巧家县建设了 11 个观测站，观测站及周围地形如图 1.2 所示。这些站点观测序列长，且观测数据稳定可靠。宁南县观测站中距离坝区最近的，且位于坝区河谷的有白鹤滩站、跑马乡站和骑骡沟站。这 3 个观测站距离大坝在 3～15 km 范围内，站址与坝区微地形接近，对坝区附近的天气气候变化具有很好的代表性，可以用来分析坝区局地的天气和气候条件。云南省的马洪、中寨、安居和巧家站距离坝区较近，均不在金沙江河谷中，站址的气象条件与坝区存在差异，难以反映大坝附近的大气环境条件和气候特征，但是可以用来与坝区的天气气候进行对比分析，最大限度地解释水电站天气气候的特殊性。

1.3.2 坝区现有自建气象观测站

除了上述国家基准气象观测站外，中国三峡集团自开工建设以来，为了保障水电站大坝和机组施工的安全，自 2012 年开始在白鹤滩坝区附近，包括河谷地的左右岸和上下游陆续建成了 13 个气象观测站。已建设的观测站位置和周边地形如图 1.2 所示。这些观测站位于水电站河谷两侧的高地上。大坝上游有葫芦口大桥站，位于河流上游峡谷的入口处，除了监测产生强降水等对流云团的移动外，也有利于在上游监测到大风天气的发生。观测结果显示，站址海拔高度较高的葫芦口大桥是强风天气的多发地。其次距离大坝最近的测站为右岸缆机平台站和马脖子站，这两个测站能够反映影响坝区的强天气特征，尤其是当大风对施工地和大坝产生影响时,这两个站也是坝区所有站点中风速最强的测站。坐落在坝肩和缆机平台附近的新田站距离坝址约 100 m,是建站时间最长,观测要素最齐全,同时也是坝区气象服务最常用的观测站。新田站位于金沙江河谷偏北气流进入坝区的入口处,具有对水电站大风天气非常好的代表性和监测效果。最后是下游的荒田水厂站,距离坝区 6～7 km,其海拔高度降低至669 m,处于下游沟口冲击的较开阔地形处,监测到的风力明显比其他测站弱,但是该站可以经常监测到影响坝区的局地强降水天气。

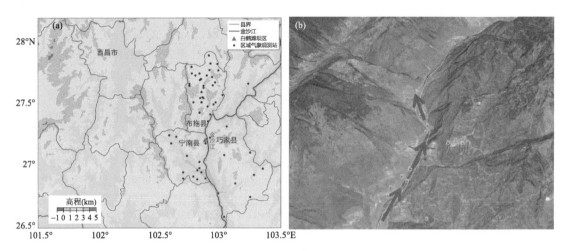

图 1.2　白鹤滩水电站坝区地形高度(阴影)和气象观测站(a,黑点)分布,以及坝区周边地形
(b,红色为大坝的位置,蓝色箭头为水流方向)

坝区已建成的气象观测站是为了在水电大坝施工期保障施工和工人营地的安全而布设,开展了多种气象数据的采集和灾害性天气的监测,因此集中在距离大坝较近的范围内。2021年 6 月底首台机组投产发电后,水电站的重要工程作业趋于结束,水电工程建设对周边地形和下垫面的改变已经完成,坝区周边生态环境修复,水文气候变化和灾害性天气监测预警,都会应用该区域已获取的气象观测数据。

1.3.3　坝区新建气象观测站

坝区已建成的气象观测网较稀疏,一些测站的观测要素不完整,且数据的时间分辨率较低,因此为了保障大坝及周边居民的安全,实现对水电生产的有效调控,需要在已有气象站点的基础上,在水电站上下游河段内布设新的气象站点,进行连续的加密观测,从而构成完善的气象综合观测网。新建成的观测站能够将原有观测网沿峡谷向上下游延伸,且能够在较大范围内进行强降水和强风等多种灾害性天气的监测,尤其对上游大风的监测。同时新测站的建设兼顾到坝区峡谷的降水差异,能够为库区的水文径流分析提供基础的降水量观测结果。在气象观测网的建设中,站址的选择需要保证在河谷地两侧相对均匀,最终形成对坝区多种气象要素的高时空分辨率自组网加密监测。

综合考虑以前坝区建成观测站点的位置,同时兼顾坝区上下游的稳定风向,以及强降水等多种天气的变化、移动和发展规律,在 2021 年之后中国三峡集团在水电站上游的葫芦口大桥右岸、骑骡沟隧道口、坝顶,以及大坝下游的荒田白石滩,增加了 4 个新的气象观测站,4 个气象观测站外貌如图 1.3 所示。

图 1.3 新建 4 个气象观测站的外貌

（a.葫芦口大桥站，b.骑骡沟站，c.坝顶站和 d.荒田白石滩站）

新建的葫芦口大桥站位于大坝上游巧家县的金沙江大桥右岸高地上，距离白鹤滩水电站坝区约 56.4 km。新建测站与已建成的葫芦口大桥站不同，位于河谷右岸，可以与原有的左岸测站进行对比分析。新建的骑骡沟站位于葫芦口大桥和大坝之间数据较稀疏的大弯子隧道口，且位于金沙江左岸，距离白鹤滩水电站约 43.5 km。

考虑到大风、地表辐射和气温等复杂气象环境条件，对大坝的安全、温控防裂等特性影响的重要性，在大坝顶上布设一个观测站。已有距离坝区下游最远的测站是荒田水厂站，位于河沟冲积和三面环山的气流绕流区，不利于对下游偏北大风的监测。因此，在大坝下游距离水电站河流峡谷较近的白石滩增设一个观测站。以上 4 个观测站建成后，加上原有观测站，白鹤滩水电站坝区的气象站网分布如图 1.4 所示。

1.3.4 气象观测数据集

白鹤滩水电站坝区新建观测站的气象要素包括降水量、风、温度、湿度和气压 5 个基本要素，除降水量为小时观测外，其余要素的观测分辨率为逐分钟，精细化的观测数据更有利于反映坝区的强风、降温、高温，以及强对流天气，并为坝区局地天气变化的分析和预警提供精细化的变压、变温、风切变等更多的物理量和参数。

考虑到白鹤滩水电站蓄水发电后，库区水体直接影响地温和辐射条件，且会间接影响到坝

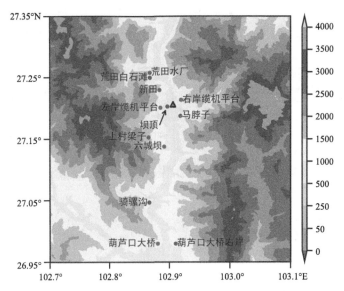

图 1.4 白鹤滩水电站坝区海拔高度(阴影,单位:m)和部分原建(红点)和新建气象(蓝点)站址位置

区的大气流场和中小尺度天气系统。水库和大坝建成后,坝体两侧的太阳辐射强度差异形成,这种差异经长时间累积的气候效应,除了影响局地天气变化外,对坝体温控防裂等物理特性也会有影响。大坝的建成使以上这些地表和大气特征变化,在未来得以较长时间的发展,太阳辐射的观测可用于以上气候特征的分析。因此,在坝区新建测站中增加了地温和辐射两个要素,且地温包括地表、地下 10 cm、20 cm 和 40 cm,共 4 个层次的数据观测。以上观测要素的测量范围和准确度如表 1.1 所示。

表 1.1 白鹤滩水电站气象观测要素

序号	要素名称	测量范围	准确度	时间分辨率
1	气温	−50~100 ℃	±0.5 ℃	10 min
2	相对湿度	0%~100%	±5%	10 min
3	风向	0~360°	±10°	1 min
4	风速	0~30 m/s	±5%	1 min
5	雨量	≤4 mm/min	±0.4 mm	1 h
6	大气压力	500~1100 hPa	±0.3 hPa	10 min
7	地温	−40~60 ℃	±0.3 ℃	1 min
8	总辐射	0~1500 W/m²	±2%	1 min

分析白鹤滩坝区气象站的观测数据,发现其周边地区的气象部门所属的国家气象站,建站时间久远,且具有 30 年以上的观测数据,为研究大坝建成前后天气气候的变化提供了长序列的观测,也有利于分析大坝库区长期以来的气候变化趋势。在坝区已建成的和新建的观测站资料,能够形成覆盖坝区峡谷地形区的加密观测网,有利于开展灾害天气的精细化监测跟踪,可以为研究坝区的中小尺度强天气系统变化提供准确的高时空分辨率数据信息。

为确保坝区气象观测数据的质量,对采集的各类观测结果,按照中国气象局的数据质量控制标准,通过数据时空分布一致性判断来进行质量控制分析,尤其是对特殊的强天气。以20 mm/h 以上的短时强降水为例,进行数据质量控制的说明。该数据质量控制通过以下 4 个步骤来实现:①如果 5 min 的累计降水量超过 30 mm,将该站点的记录设为虚假记录。②在自动站 A 上下游方向各取 2 个代表站点,若 A 站的降水量和气温值,与 2 个站点平均值的比超过 30 倍,则剔除该数值。③极值检查法,剔除超过气候极限值的数据,结合水文中心的灾害记录,对降水强度大于 50 mm/h 的数据进行人工复审,剔除不可靠的数据,或者恢复误剔除的站点数据。④剔除缺测数据占比超过样本 10% 的站点。

　　中国气象局的高空探测数据能提供对流层各高度的风场、气温和湿度,并可获取各要素的垂直廓线数据,在提供对流层低空到高空各高度基本气象要素的基础上,能够生成多个用于分析大气层结稳定度的物理量参数。距离坝区最近的高空探测站是四川西昌站和贵州威宁站两个高空站。高空观测每日 08 时和 20 时各进行一次,采集数据包括各典型高度的湿、压、温和风,以及按照强天气指数算法获取的对流有效位能(CAPE)、对流抑制能量(Convective Inhibition,CIN)、K 指数、沙氏指数(Showalter Index,SI)和总温度(Total Temperature,TT)等。收集以上两个站的高空观测数据,建立白鹤滩水电站坝区的高空观测数据集。

　　欧洲中期天气预报中心(European Center for Medium-Range Weather Forecasts,ECMWF)对外发布的 ERA5 再分析数据和数值预报产品,是国际上较多用于进行大气环流分析和数值预报的格点数据,也是进行天气分析的重要基础数据,常用于对环流形势的研究。该数据网格点为 0.25°×0.25° 分辨率,每日有 00 时、08 时、12 时和 16 时共 4 个时次。多普勒雷达常用在强对流天气的分析中,它能够通过天线扫描捕捉到对流云体,具有 6 min 和 500 m 分辨率的优势,可用于进行灾害天气的监测、跟踪和短时临近预报预警。距离坝区最近的天气雷达站为云南昭通站,获取昭通雷达站在大风天气发生中的基本反射率因子、基本径向速度、速度谱宽,以及导出的多种物理量产品和识别产品,能够为灾害性大风天气的判识提供数据。表 1.2 展示了坝区已有的各类观测数据,其中风廓线雷达和天气雷达的数据在后面第 6 章和第 7 章中应用时,将进行详细说明。

表 1.2　水电站大风研究的数据集

数据名称	站数	年限	数据类型
坝区自组网气象资料	13 个+4 个新建站	2012—2021 年	气温、降水、气压、风向和风速、湿度
邻近国家基准站观测资料	5 个	2016—2021 年	宁南县跑马乡、白鹤滩镇;巧家县的巧家、中寨、马洪、安居站
高空探测资料	西昌和威宁	2016—2021 年	温度、湿度、气压和风向风速,以及 CAPE、CIN、K 和 SI 指数多种强天气指数
坝区周边再分析 ERA5 数据	0.25°×0.25°格点	2012—2021 年	200 hPa、500 hPa、700 hPa 和 850 hPa 等 17 个层的气温、位势高度、风场和湿度场
数值预报产品	格点	2016—2021 年	欧洲中期天气预报中心和中国气象局的数值预报产品
天气雷达数据产品	6 个仰角逐 6 min	大风时段资料	反射率因子、基本速度、谱宽和多种产品
风廓线雷达数据	5 min,3 个高度分辨率	2021—2022 年	水平风速、垂直风速、大气结构常数

第2章 白鹤滩水电站的天气气候特征

白鹤滩水电站受多种天气系统的控制,尤其是受西南季风季节性交替的影响,加上水电站局地特殊的环境条件,使其天气气候特征与周边地区形成鲜明的对比,表现出高温、干旱和少雨的特征,且干雨季分明。影响金沙江流域的灾害性天气主要包括:高温、强降温、强降水、雷暴、大风和大雾等(秦剑 等,2012)。水电站特殊的天气气候特征还表现为大风天气频发,坝区的大风日数和极大风速等要素都比周边地区偏多偏强。范维等(2013)将白鹤滩新田站与处在相同气候区的宁南县和巧家县的气象观测资料进行对比分析,发现坝区大风局地性强,且比周边明显偏强得多,如其年平均风速是两个县的4倍,巧家县和宁南县的年平均风速为1.2 m/s。新田站2012年3月极大风速达到30.2 m/s,远高于巧家站的21.5 m/s和宁南新村站的16.1 m/s。大风日数的对比结果表明,新田站多年平均的7级以上大风日数为255 d,而巧家站多年平均的大风日数为43 d,宁南新村站多年平均大风日数仅有8 d。由此可见,白鹤滩水电站坝区与周边地区天气差异显著,尤其是频繁多发的大风,是坝区特有的特征。

2.1 基本气候概况

白鹤滩水电站建设对周边地区的气候影响表现在以下方面。首先,建成后高耸的拱形大坝,导致峡谷区风的空间分布异常复杂,对大气边界层的气流形成明显的阻挡作用,对低层气流产生辐合抬升作用,使上升运动增强,并在大坝顶部绕流而过。同时南北向的峡谷风在大坝两侧形成特殊的涡旋辐合气流,影响了该地区原有的风场环境。其次,水电库区蓄水完成后,提升了河谷地的水位,扩充的水体代替了原有的干热峡谷地表,通过地表感热、辐射传输和水汽输送等多种热量和水汽交换过程,改变了坝区局地的温度场和湿度场。同时坝区的山谷风、湖陆风交织,局地流场、气温和湿度条件的日变化增强,强降水等对流性天气发生的概率可能会增大。水电站蓄水会导致峡谷内风场特性的改变,如王云飞等(2018)以复杂深切峡谷的大跨度悬索桥为例,研究了水电站大坝蓄水后对库区风场的影响,结果表明,无蓄水时该桥址区风速有较明显的加速效应,风速放大系数高达1.14,但蓄水后明显降低,大多数情况下主梁平均风速均有不同程度的降低,正攻角效应明显减弱,与主梁平均风向角整体变化规律一致,风剖面形状在低海拔范围内有较大变化。

水电站大坝工程在影响到坝区和周边气候特征的同时,还会增强河谷的左右岸以及上下游的天气气候差异。大坝建成将重塑水电站库区和周边的生态环境,在较长时期内对金沙江流域的水生物特性产生深刻的影响,因此,需要密切关注坝区的气候变化,尤其是异常的气候特征。在水电站的生产运营中,灾害性天气的监测预警服务成为坝区工作的一项重要任务。由于高原山地地形陡峭,气候复杂多变,在对坝区大风、强降水等灾害性天气的监测预警服务中,漏报和空报的现象时有发生,且对气象灾害预警的时效性不强,开展灾害性天气预报预警方法技术研究,是水电站气象灾害服务面临的技术难题。进一步研究对探明气候环境与大型水利工程的相互影响具有重要意义。随着白鹤滩水电站工程建成和水电站开始生产运行,导致坝区周围局地环境和气流逐渐发生变化,由此引发的强对流天气,导致大风、短时强降水和雷电等多种灾害同时发生,相应增加了诱发次生灾害的可能性和风险性。水电站和周边天气气候已经开始发生变化,明晰白鹤滩水电站对周边天气、气候和生态环境的影响作用,同时兼顾水电生产经济效益和生态效益的平衡性,是水电站面临的重要问题。鉴于白鹤滩水电站的天气变化与周边地区差异性显著,在水电站和周边进行大气、地表和环境的观测和对比分析,开展大坝灾害性天气的深入研究,进行强天气的预警技术研究,是水电安全生产的关键和前提。考虑白鹤滩水电站库区产生的局地气候效应,在现有气象观测数据的基础上,分析各站降水量、气温和大气湿度条件等气象要素在坝区的变化特征,并对比分析大坝建成前后,坝区与周边地区以上气象要素的差异,讨论坝区天气变化的特殊性,及其对周边地区的影响具有重要意义。

2.2　气温变化特征

随着全球气候变化问题的日益突出,气温作为气候变化的首要和敏感要素,已经受到各国政府及学者的关注(刘晓琼 等,2020)。政府间气候变化专门委员会(IPCC)第五次评估报告指出,1880—2012 年全球地表平均气温升高了 0.85 ℃(甄英 等,2021)。近年来,我国气温异常变化特征引起了大家的普遍关注(施雅风,1996;范兰 等,2014;史雯雨 等,2021;李奇松 等,2021),2022 年 6—8 月中国乃至全球范围内的连续异常高温天气,从 2022 年 6 月 13 日开始,持续至 8 月底,这次大范围高温热浪事件的平均强度、影响范围和持续时间达到自 1961 年有完整气象观测记录以来最强,四川多站的气温值和高温连续天数突破历史极值。

近年来中国区域性的气温异常事件多发,且影响严重。研究发现我国气温近 60 年呈现明显的上升趋势,全国平均气温变化递增率为 0.25 ℃/10 a,且区域性和季节性差异显著。徐蒙(2020)指出中国的降温呈减少趋势,降温事件山区多于平原,北部多于南部。王胜等(2011)对安徽寒潮时空分布的研究表明,安徽省每年 10 月至次年 4 月是寒潮活动期,以 3 月和 11 月发生频次最高,且春季寒潮强降水危害最为严重,在气候变暖背景下寒潮冻害风险加大。各地高温事件出现的时间有差异,如梅一清等(2020)对南通气温的分析表明,7—8 月累计高温日数多,该地的高温事件集中在 7 月下旬至 8 月上旬。张明等(2017)指出,高温和热浪在全国、北方地区和东南沿海地区基本呈上升趋势,中部地区整体上呈下降趋势。黄卓禹(2015)指出,湖南省高温天气在每年 4—10 月都有可能出现,高温天气多发时期一般从 6 月下旬开始,到 7—8 月达到强盛阶段,部分高温可持续到 9 月。戴泽军等(2014)研究表明,湖南省区域平均的多年平均高温站次和高温值总体呈线性增加趋势,7 月中旬到 8 月上旬高温站次出现相对较多,通常 7 月 8 日起高温平均值达到 36 ℃以上,并一直维持到 8 月末。汪丽等(2022)对四川省降温事件的分析表明,盆地的降温最频繁,攀西和川西高原较少发生。西北地区极端最高气温和极端高温事件的强度分布主要取决于海拔高度,其次与局地地形和下垫面性质有关(曲姝霖等,2017)。王小光(2017)研究表明,1987—2016 近 30 年上海地区极端低温事件频次明显高于极端高温事件频次,且极端高温事件频次呈现出逐年上升趋势,而极端低温事件频次呈现逐年下降趋势。

白鹤滩坝区所在凉山州地区,气温时空分布变化具有较强的区域性,在近几十年全球变暖显著的气候背景下,未来该地区气温变化特征会持续受到广泛关注。白鹤滩坝区所在金沙江峡谷干热气候特征显著,其气温是周边河谷的重要气候特征表现。坝区周边植被稀疏,土壤贫瘠疏松,且工程建设导致水土流失严重,是典型的生态脆弱区,也是植被恢复和生态治理极为困难的区域(杜寿康 等,2022),而掌握气温变化是生态环境治理的关键。金沙江流域坐落着多个梯级水力发电站,了解白鹤滩水电站坝区气温的变化特征,能够为其他水电站的建设运行提供准确的气候背景条件,同时深入了解气温变化,可以提前对气候异常事件的预测提供线索,并对各种低温和高温事件进行防御,增加水电站气象防灾减灾的能力,促进坝区水电安全生产。

2.2.1 平均气温

以坝区各站的日平均气温为基础,从坝区和周边观测站2016—2020年平均气温的月际变化曲线(图2.1),分析水电站的气温变化特征及其与周边地区的差异。从图2.1a可以分析得到,坝区站点气温的季节变化显著,早春3—4月开始气温回暖快,全年平均气温最高值通常出现在夏季的6—8月,该时段日平均气温达到26~28 ℃,在9—10月大幅度降温开始出现。全年平均气温的最低值出现在12月至次年1月,月平均气温在10~15 ℃。由此可见,坝区的平均气温大致表现出单峰型,但是在7月平均气温降低,比6月和8月偏低1~2 ℃,导致在6—8月平均气温变化曲线呈"V"字型。再对比坝区各站平均气温的差异,发现在夏季各站气温差异最大,荒田水厂站的气温偏高,平均气温比其余站偏高约1 ℃。其次是葫芦口大桥站,气温比其他站略偏高。新田站和马脖子站气温偏低约2 ℃。总之,冬季气温偏高,春秋季气温变化幅度大。

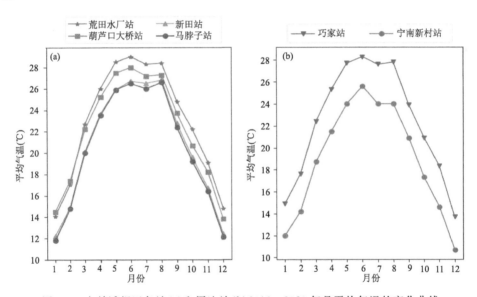

图 2.1 白鹤滩坝区各站(a)和周边站(b)2016—2020 年月平均气温的变化曲线

从图2.1b对比分析坝区与周边地区气温的差异,可以得到宁南新村站的平均气温,其季节性变化特征与坝区峡谷内非常相似,平均气温最大值出现在6—8月,7月气温与6月相比偏低,这与全国其他地区"7—8月是高温的强盛阶段"有明显差异,说明坝区高温出现偏早。气温最低值出现在12月,达到12 ℃,比其他地区"1月是最低气温"的时段也偏早。宁南新村站平均气温比坝区各站的平均气温偏低2.4 ℃左右。巧家站平均气温的变化与坝区荒田水厂站和葫芦口大桥站相似,平均气温最高可达28 ℃。因此,与坝区以外的测站相比,虽然坝区气温的季节变化相似,但坝区冬季气温偏高,夏季气温偏低,表现出河谷春早冬迟,夏日湿热,酷暑日少,且冬日温暖或基本无冬的特征。

水电站坝区夏季凉爽,再加上雨量集中,多夜雨的气候特征明显,是该地区气候较舒适的季节。进入冬季,坝区的气温明显偏高,无严寒天气,但同时冬季有大风多发生的特征。坝区平均气温在 7 月出现拐点体现了其特殊性,与陆地全年气温的单峰型,7—8 月气温偏高的特征有差异。

考虑到水电站测站观测时间短,巧家站和宁南新村站与坝区的气温变化相似,且有长序列的观测数据。在此以巧家站代表坝区,并与宁南新村站进行对比分析。利用巧家站 1970—2020 年和宁南新村站 1990—2020 年的气温观测资料,分析坝区峡谷气温的长期变化趋势。从巧家站 50 年平均气温年际变化曲线(图 2.2)看,坝区的年平均气温变化波动较稳定,多年平均值为 21.4 ℃,2019 年的平均值最高达到 23.2 ℃,2000 年是平均气温的异常最低年,平均气温为 20.1 ℃。50 年以来坝区平均气温长期变化呈现弱的上升趋势,气候倾向率为 0.14 ℃/10a。相对巧家站,宁南新村站的平均气温明显偏低,年平均气温比巧家站偏低 2 ℃左右。2 个站平均气温的变化趋势相似,均在 1990 年以后呈逐年上升的趋势,且在 2019 年达到最后 30 年的最高,比平均偏高 2 ℃以上。2 个站气温变化的趋势有差异,宁南新村站平均气温的上升趋势更显著,气候倾向率达到 0.33 ℃/10a,因此坝区的气温上升幅度比周边地区,以及与全国相比都要小。

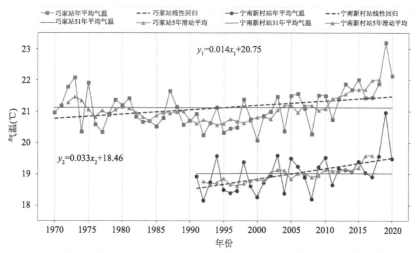

图 2.2　坝区周边的巧家站 1970 年后和宁南新村站 1991 年后平均气温的年际变化曲线
(方程 y_1 和 y_2 分别是巧家站和宁南新村站的回归方程)

在全球气候变化的背景下,我国多地的气温呈现上升趋势,气候变暖显著,白鹤滩坝区的气温变化相应也表现出上升的趋势。但坝区周边观测的参考数据表明,与其他地区气温变化相比较,坝区气温年际变化幅度小,上升趋势弱。因为观测时间短,坝区现有数据不足以说明其气候的趋势性变化特征。

2.2.2　极端最高气温

极端最高气温是气候异常的重要内容。从坝区各站 2014—2020 年日极端最高气温的观测数据,分析其最高气温的变化特征。表 2.1 中列出了荒田水厂站和马脖子站的极端最高气温强度及出现月份,发现两站的年极端最高气温通常可达到 40 ℃以上,尤其是在 2014 年和 2019 年这两年中,荒田水厂站极端最高气温分别达到 44.0 ℃和 43.5 ℃,马脖子站的极端最高气温更高,分别为 44.6 ℃和 45.8 ℃,其 2020 年 6 月 45.8 ℃的极端最高气温突破了四川省的纪录。因此,坝区虽然夏季平均气温偏低,但是极端最高气温变化强烈,经常观测到极端高温事件。再分析极端最高气温出现的时间,发现大多数情形下,测站极端最高气温出现在 5 月和 6 月,只有 2016 年两站的极端最高气温出现在 8 月。

表 2.1 荒田水厂站和马脖子站的极端最高气温

站点	年份	2014	2015	2016	2017	2018	2019	2020
荒田水厂站	最高气温(℃)	44.0	41.9	40.9	41.7	41.9	43.5	42.8
	出现月份	6	5	8	6	5	6	5
马脖子站	最高气温(℃)	44.6	40.1	40.9	40.5	43.5	43.5	45.8
	出现月份	6	5	8	6	5	5	6

从坝区极端最高气温的观测结果分析,发现在夏季伏旱季的 7—8 月,通常是我国其他地区极端气温多发的时段,在西南地区也是如此。但在坝区 7 月却未出现极端高温天气,8 月也较少发生。在初夏季的 5—6 月,坝区气温波动起伏剧烈,是极端最高气温容易出现的季节。坝区 5 月升温快,同时该时段雨季还未到来,冷空气影响较小,降温和降水事件少发,坝区干热特殊气候条件下导致干热风频繁,也是极端高温事件出现的结果。

从坝区各站 2018—2020 年最高气温的逐月变化曲线(图 2.3)分析坝区高温事件的变化特征,并将坝区气温与周边地区进行对比分析。从图 2.3a 中分析得到,坝区最高气温的季节性差异显著,其中全年最高气温的峰值出现在 5—6 月,可达 40 ℃以上。全年最低值出现在 12 月至次年 1 月,可达 26～30 ℃。总体来看,坝区的最高气温整体偏高,变化曲线与其平均气温相似,在 6 月、7 月和 8 月这三个月的气温变化呈"V"字型。再对比各站极端最高气温的差异,马脖子站的最高气温变化不同于其他 3 站,该站在 3 月最高气温高于另外 3 站,5 月的最高气温可达到 43.0 ℃左右,6 月最高气温可达 45.8 ℃。最高气温变化曲线在 3—6 月和 6—7 月都呈"V"字型变化,全年出现两个峰值。此外,新田站的最高气温相比于其他 3 站,整体偏低 2～3 ℃。坝区气温变化的特殊性表现为:平均气温与极端最高气温的不对称分布,前者的高值在 6—8 月,后者在 5—6 月。

由图 2.3b 分析得到,与坝区相比,巧家站的最高气温与坝区荒田水厂站和葫芦口大桥站波动变化相似,全年最高气温峰值出现在 5—6 月,6 月、7 月和 8 月的气温变化呈"V"字型,这种季节变化与月平均气温相似,但是 8 月的气温峰值较低。极端最高气温的最大值在 41～44 ℃,最低值在 29～32 ℃。宁南新村站的最高气温与坝区各站的变化模态相似,但最高气温明显偏低,其最高气温的峰值为 38 ℃,出现在 5 月,最高气温的低谷在 23～26 ℃,出现时间在 12 月至次年 1 月,其最高气温比坝区各站的最高气温偏低 4～6 ℃。总之,坝区最高气温的季节变化与周边地区各站相似,但最高气温明显偏高,气温波动幅度大,变化剧烈。坝区最高气温与我国其他地区相比,气温最高值出现在 5—6 月,比其他地区高温偏早 1 个月,但其余地区气温异常偏高的 7 月,坝区的极端最高气温开始降低,且 8 月的极端最高气温值也比 6 月偏低。

从表 2.2 中各站极端最高气温的观测结果分析,发现坝区周边各站的极端最高气温通常为 35～38 ℃,除 2016 年极端最高气温出现在 8 月外,2017—2020 年的极端最高气温均出现

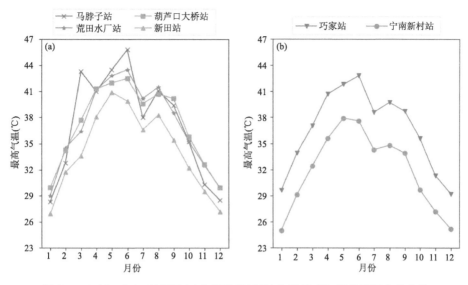

图 2.3　2018—2020 年坝区(a)和周边地区(b)各站最高气温的月际变化曲线

在 5 月,表现出了坝区极端最高气温相似的特殊性。巧家站的极端最高气温,除 2016 年以外,每年都超过了 40 ℃,且在 2014 年和 2019 年的极端最高气温比其他几年偏高。宁南新村站的极端最高气温相比于巧家站明显偏低,2016—2020 年分别偏低为:2.5 ℃、5.3 ℃、5.8 ℃、4.9 ℃和 3.5 ℃。坝区极端最高气温出现在 5—6 月,体现了坝区高温天气的出现时间明显偏早。在我国西南,乃至其他地区的极端高温通常都出现在 7—8 月。因此,坝区的极端高温比邻近地区明显偏高,且比四川和我国其他地区明显偏早,极端高温多发生在 5 月,是坝区气温季节变化的特殊性。

表 2.2　巧家站和宁南新村站 2014—2020 年极端气温和出现月份

		2014 年	2015 年	2016 年	2017 年	2018 年	2019 年	2020 年
巧家	最高\月份	44.4\6	41.9\6	39.6\5	41.0\6	41.7\5	42.8\6	40.7\5
	最低\月份	3.0\2	4.0\12	0.7\1	5.3\12	3.3\12	6.4\12	6.7\1
宁南新村	最高\月份	\	\	37.1\8	35.7\5	35.9\5	37.9\5	37.2\5
	最低\月份	\	\	−3.3\1	1.9\12	−0.2\2	2.0\1	2.5\2

注:斜杠"\"前为极端气温,单位为℃;斜杠"\"后为月份,宁南新村站 2014 年和 2015 年无观测。

2.2.3　极端最低气温

利用坝区各站 2018—2020 年最低气温的观测数据,取历年观测中的最低气温,分析其月际变化曲线(图 2.4)。最低气温的季节变化特征如图 2.4a 所示,发现坝区各站的最低气温变化曲线大致相同,全年的极端最低气温大于 0 ℃,表现为极端最低气温整体偏高,最低气温峰值出现在 7—8 月,可达 18～21 ℃,全年最低气温的低值出现在 12 月,可达 2～5 ℃。2 月的最低气温低于 1 月,在 1—3 月,坝区各站的极端最低气温变化曲线呈"V"型。坝区各站的极端最低气温有一定差异,其中荒田水厂站的极端最低气温是最高的,然后从大到小依次为葫芦口大桥站、马脖子站和新田站,其中荒田水厂站,与新田站的极端最低气温相比,两者差为 2～3 ℃。

从图 2.4b 分析得到,坝区峡谷以外观测的最低气温变化曲线与坝区的变化模态相似,其中巧家站最低气温的峰值出现在8月,可达21℃,最低气温低值出现在12月,为3℃。2月最低气温低于1月,在1—3月极端最低气温变化曲线呈"V"型。全年最低气温大于0℃。在离开坝区的宁南新村站,最低气温逐月变化的峰值出现在7月,极端最低气温可达16.8℃,最低气温的低谷出现在2月,可达-0.2℃。巧家站的最低气温值与坝区峡谷各站相似,比宁南新村站的最低气温值偏高3~5℃。

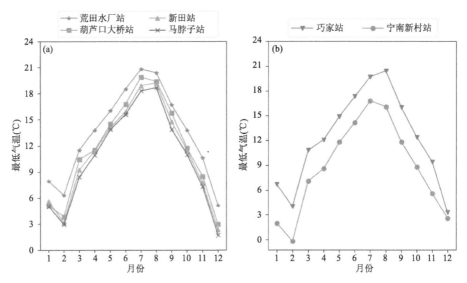

图2.4　2018—2020年坝区(a)和周边地区(b)各站极端最低气温的月际变化曲线

总之,坝区所在峡谷极端最低气温的季节变化与周边地区相似,但坝区的极端最低气温峰值在2月低于1月和3月,是气温变化的低谷区,这与大多地区最低气温出现在1月显著不同。坝区极端最高气温和极端最低气温呈非对称的季节变化,极端最高气温的峰值出现在5月,但最低气温的峰值出现在8月。

表2.3是坝区极端最低气温的观测数据,分析白鹤滩坝区冬季气温的变化特征。从中可以看到,坝区的极端最低气温均出现在12月和1月,且以12月最多。对比极端最低气温值,发现年极端最低气温通常在4~6℃,但2016年的极端最低气温与其他年相比,偏低3~4℃,表现为冷冬的特征。对比各站的极端低温事件,可以看到坝区极端最低气温出现在马脖子站的2016年1月,最低气温达到-1.2℃。其余站的最低气温均在0℃以上,荒田水厂站在2015年、2017年和2019年的最低气温均为6.9℃,在2020年达到8.2℃。由此坝区在冬季12月和1月气温达到年最低,且最低气温与凉山州其他地区相比偏高,12月出现最低气温比其余地区偏早。

表2.3　荒田水厂站和马脖子站极端最低气温和出现月份

		2014年	2015年	2016年	2017年	2018年	2019年	2020年
荒田水厂站	最低气温(℃)	5.9	6.9	2.6	6.9	5.1	6.9	8.2
	出现月份	2	12	1	12	12	12	1
马脖子站	最低气温(℃)	4.1	3.2	-1.2	4.8	1.7	5.0	5.3
	出现月份	12	12	1	12	12	1	1

分析坝区周边测站 2014—2020 年极端最低气温的特征,并与坝区的极端最低气温进行对比。从宁南新村站和巧家站极端最低气温看,发现巧家站的极端最低气温变化较平稳,多出现在 12 月和 1 月,且最低气温与坝区相近,最低接近 0 ℃,最高达到 6.7 ℃。宁南新村站的极端最低气温比巧家站偏低 3~6 ℃。该站对应的年极端最低气温为 −3.3~2.5 ℃,且通常发生在 12 月至次年 2 月。对比坝区与周边的极端最低气温,发现坝区峡谷的极端气温比宁南新村站的极端气温高 3~4 ℃,但以上站点极端气温出现时间相似,反映了坝区相对于宁南新村站,气温变化幅度大,极端最低气温事件较少发生。

由此可见,坝区平均气温、极端最高和最低气温变化模态与周边地区相似,但是与我国陆地的气温变化相比表现出特殊性,具体表现为坝区的气温比周边地区偏高,且高温出现的时间不同,5—6 月高温事件多,2 月的低温事件多。其次 7 月的气温低于 6 月和 8 月,且高温事件少。

2.2.4 高温天气

参考中央气象台的高温天气标准,以日最高气温超过 35 ℃ 为一个高温日,分析坝区和周边地区高温天气的变化特征,以及不同站点高温天气的发生频率和差异。坝区在 2018—2020 年的高温天数如图 2.5a 所示。从每年 4 月开始,高温天气迅速增加,由 3 月的 1~2 d,快速增加到每月 11 d 以上。随后在 5—6 月和 8 月,高温天数保持高值,且变化较平缓。进入 9 月后,高温天数快速降低到 2~3 d。坝区每年的高温天气集中发生在 4—6 月和 8 月,但在 7 月各站的高温天气却很少发生,平均每月的高温天数在 11 d 以下。对比坝区高温天数的差异,其中荒田水厂站和葫芦口大桥站的高温天数较其他站点偏多,在高温天气频繁的 5 月可达到 16 d 左右,超过其他站 3 d 以上。新田站和马脖子站的高温天数相对较少。

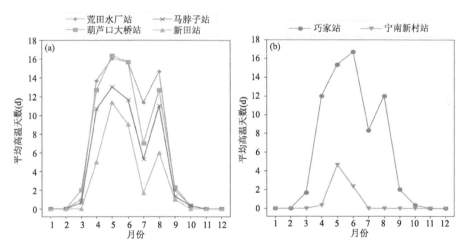

图 2.5　2018—2020 年坝区(a)和周边地区(b)各站平均高温天数的逐月变化曲线

对比分析发现,坝区各站高温天数的季节变化相似,高温天数的逐月变化表现为“双峰”型的模态,其中最高的峰值出现在 5 月,与极端最高气温多发生在 5 月相对应,该月荒田水厂站和葫芦口大桥站的平均月高温天数达到 16 d,新田站和马脖子站分别为 11 d 和 13 d。其次的峰值出现在 8 月,最高天数为荒田水厂站有 14 d,新田站有 6 d。进入 10 月,直到次年的 2 月,坝区无高温天气。在 9 月和 3 月偶尔会有高温天气,月高温天数在 2 d 以下。

分析图 2.5b 中坝区周边地区的高温天数可见,巧家站高温天数的季节变化与坝区各站点相似,高温天数也与坝区大致相同。但是宁南新村站的高温天数明显偏低,在每年高温天气最频繁的5—6月,也仅有4~5 d的高温天气出现,其余时间均不会出现高温事件。

综上所述,坝区高温天气变化特殊,表现为比其他地区在春季升温快,在秋季降温快的特征,在4月开始有高温天气出现,5月达到高温天数的峰值,比四川盆地7—8月的高温天气提前了1~2个月。相反,在酷暑天的7月坝区的高温天气较少发生。

2.2.5 降温天数

从2.2.3节坝区极端最低气温的分析发现,在白鹤滩水电站坝区,冬季长期气温偏高,难以达到中国气象局寒潮标准中最低气温低于0 ℃的条件。因此,在坝区没有严格意义上的寒潮事件发生。在此以日平均气温24 h下降5 ℃以上、48 h下降6 ℃以上,或者72 h下降8 ℃以上为一次降温过程,分析坝区降温天气的变化特征。从各站2018—2020年的降温天数月际变化曲线(图2.6)分析坝区的降温过程,以及与周边地区降温过程的差异。坝区各站的降温天数表现出显著的季节性变化,降温主要集中出现在上半年的2—6月,降温天数通常有2~4 d。相反,在1月与下半年的7—12月降温过程很少发生,可能出现1次或者未出现降温过程,可见坝区干热河谷内的降温过程整体偏少,受到冷空气活动的影响较低。

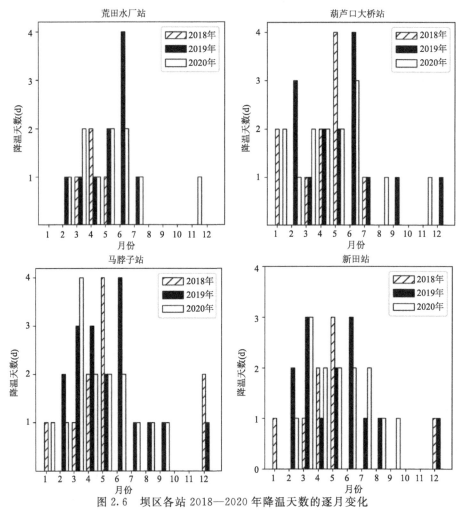

图2.6 坝区各站2018—2020年降温天数的逐月变化

分析坝区的降温过程与周边地区的差异,发现在降温天气集中的月份里,周边的宁南新村站在 1 月多发降温天气,在坝区降温出现的 6 月,宁南新村不会有降温出现。降温天气频繁发生在 6 月,是坝区气候变化的特殊性。从周边大范围地区的气温变化上来说,6 月攀西进入夏季,以偏西南风的夏季风影响为主,降温事件不易发生。但在坝区 5—6 月是干热风盛行的季节,气温偏高,且变化幅度大。受冷空气影响,降温反倒容易发生,表现为频率增加。

结合表 2.4 和图 2.6,对比分析坝区和周边各站降温天气及其差异。结果表明,荒田水厂站的降温次数相对最少,且在 6 月出现的降温天数最多,但总共也只有 4 次。在其余月都只出现 1~2 次的降温过程,比坝区其他 3 站都要少。从各年的降温过程来说,荒田水厂站每年的降温天数通常只有 6~10 d。其次是新田站的降温过程较少,1 年内降温最多在 3~6 月只有 3 d,每年的降温过程有 8~14 d。相对而言,马脖子站的降温是坝区最频繁的,年降温天数在 10~18 d。再比较各站降温过程的年际差异,在 2018 年、2019 年和 2020 年这 3 年中,2019 年的降温过程各站都相对较多,尤其是马脖子站共发生了 18 d,其余站的降温有 10 d 以上。其次是 2020 年的降温过程较多,马脖子有 15 d,其他站也有 14~15 d 的降温。2019 年各站的平均气温最高,极端最高气温也最高,该年的降温事件最频繁。对照这种变化特征,可以看到坝区气温变化比周边地区剧烈,气温异常偏高的时候,极端高温和降温事件越多,气候越异常。

表 2.4　坝区各站 2018—2020 年的降温天数　　　　　　　　　　　　单位:d

站名	2018 年	2019 年	2020 年
荒田水厂站	6	10	10
葫芦口大桥站	10	15	14
马脖子站	10	18	15
新田站	8	14	14

以巧家站和宁南新村站为例,分析坝区周边地区 2018—2020 年的降温天数。这两个站的降温天数如图 2.7 所示。从图中可见,这两个站的降温天数比坝区明显偏少,图 2.7a 中巧家站上半年的降温天数有 3~4 d,比下半年每月 1 d 的降温天数明显偏多。从图 2.7b 中宁南新村的降温天数可以看到,该站降温主要集中在上半年的 2—6 月,上半年的 1 月与下半年的

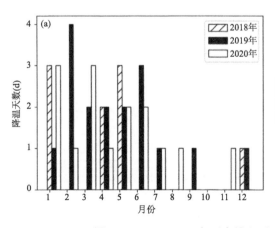
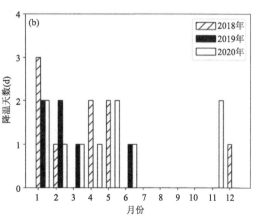

图 2.7　2018—2020 年巧家站(a)和宁南新村站(b)降温天数逐月变化

7—12月降温天气出现少,一年内降温出现最多的1月也只有3 d。坝区与周边年降温天数差异非常大,通常陆地的降温出现在9月至次年3月,尤其是初秋9月和春季3月。坝区降温天气多发生在6月,与其他地区形成鲜明对比。

从坝区峡谷及周边各站2018—2020年平均降温天数的月际变化曲线(图2.8),分析坝区及周边各站降温天数的逐月变化的特征和差异。从图中分析发现,坝区各站全年中降温主要集中出现在2—7月,其降温出现最多的是3月和5月。在8—11月,降温天气非常少发生。因此,坝区降温过程总体出现较少,降温出现最多的月只有3 d左右。坝区5—6月的气温变化异常特殊,表现为相对于周边地区高温天多,降温天也多,即气温变化剧烈,异常事件频繁的特征,相反在冬季气温变化稳定,降温事件较少发生。

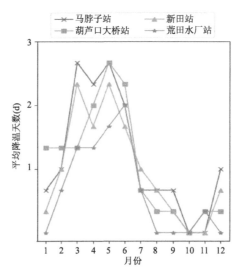

图2.8 2018—2020年坝区各站降温天数逐月变化曲线

2.2.6 小结

白鹤滩坝区日照非常充足,受平均日照时数较多,太阳辐射总量高的影响,其气温变化呈以下特征:

(1)水电站峡谷区平均气温的季节性变化显著,全年平均气温的峰值通常出现在6—8月,平均气温可以达到26～28 ℃,7月气温比6月和8月偏低1～2 ℃。全年平均气温低值通常出现在12月至次年1月,平均气温达到10～15 ℃,且坝区气温比周边地区的气温偏高2 ℃左右。坝区气温的季节变化特殊,表现为夏季凉爽,全年无冬。4—5月升温快,9—10月降温快,但在7月出现夏季气温的低谷。

(2)坝区的极端最高气温通常出现在5—6月,且年极端高温经常超过40 ℃,极端最低气温出现在12月至次年1月,极端最低气温接近0 ℃。坝区的高温天气出现次数偏多,且最多出现在5—6月,可达到18～20 d。坝区内的降温出现次数极少,全年降温出现次数最多的6月,降温天数只有4 d左右。坝区6月降温过程集中,表现出与周边的特殊性。坝区在5—6月气温变化异常,表现为高温天多,降温天多,气候异常较多发的特征。

(3)巧家站1970年以来50年的长期观测显示,坝区及周边平均气温的年际变化整体呈上升趋势,相对于其他地区气温上升的幅度较小。离开坝区峡谷的站点,气温低于坝区的站点,且气温变化幅度较低,降温和高温天数减少。

2.3 降水变化特征

白鹤滩水电站坝区位于川西南山区,属于干雨季分明的亚热带季风气候。降水量是白鹤滩水电站生产的前提和基础。已有对白鹤滩水电站周边较大范围的降水研究表明,金沙江河谷两侧山地的年降水量为 900～1300 mm,特别是大凉山地区的年降水量高达 1500 mm 以上。白鹤滩水电站主要受季风性湿润气候的控制,但是同时受峡谷特殊地形的影响,坝区的降水量与周边地区有一定差异。由于对水电站坝区降水特征的研究较少,以下采用坝区 6 个观测站的日降水量和小时降水量观测数据,根据中央气象台关于强降水和暴雨的标准,讨论坝区"干"热河谷条件下的降水量、降水日数和强降水量等变化特征,并以宁南县和巧家县的部分测站为参照,对比坝区与周边地区降水量,尤其是在强降水变化上的差异,开展其周边降水量的研究。将水电站库区降水量与周边较大范围内进行对比分析,掌握干热河谷区降水变化特征的同时,可以有效提高水电生产的效率,并且有利于大坝周边地区的气象防灾减灾。

已有西南地区的降水量变化研究表明,自 1961 年以来攀西地区的年降水量主要呈减少趋势,但是大雨以上量级的降水出现次数在攀西局部却有增加的趋势(曾波 等,2019)。白鹤滩水电站位于攀西东南部地区,地势复杂多样,水电站周边的降水变化在水电建设中也受到大家的关注。对白鹤滩坝区降水的研究指出,1960—2019 年其年平均极端降水事件为 2～3 次,6 月和 7 月是极端降水的高峰期(陶丽 等,2020)。曹辉等(2018)和胥良(2004)指出坝区附近的年降水量在 500～900 mm,每年的 5—10 月为雨季,雨季降水量占年总降水量的 9 成以上,11 月至次年 4 月为干季,降水稀少。钱铖等(2018)对白鹤滩水电站所在的宁南县近 57 年来降水量变化趋势研究表明,该站降水量呈明显上升趋势,降水集中月份为 5—10 月。对邻近坝区的巧家县降水量和蒸发量的研究表明,其年、雨季和干季降水量分别呈显著上升、上升和下降的趋势(袁震洲 等,2015)。已有研究关注到坝区周边的降水变化特征,但基于坝区站点降水观测资料的研究较少,所以对降水变化的基本特征没有详细的分析。

2.3.1 基本特征

对降水量的分析参照中央气象台的降水量分级标准,以小时降水量大于或等于 20 mm 作为短时强降水时次,以小时降水量大于或等于 50 mm 为极端短时强降水时次。同时以日降水量大于或等于 50 mm 为暴雨日,超过 100 mm 为大暴雨日。将大于 0 mm 的降水称为有效降水,用有效降水时次占总观测时次的百分比定义了降水频率。

以坝区观测数据质量好的上村梁子、新田和马脖子站,以及坝区上游的骑骡沟站为代表,根据各站的逐日降水量和降水日数,分析坝区的降水基本特征,并将以上站点与邻近的宁南新村站进行对比,分析坝区与周边地区降水特征的差异。从坝区 2018—2020 年的日降水量观测数据,获得水电站河谷区的年平均降水量、年平均降水日数和平均日雨量,以了解坝区降水的基本特征。

从 2018—2020 年的年降水量(表 2.5)上看,坝区年降水量在 650～840 mm,与金沙江流域大区域内 900～1300 mm 或以上的降水量相比,明显偏少,体现了坝区的"干"河谷特征。各站的年降水量差异明显,其中降水量最少的站为葫芦口大桥站,年降水量为 653 mm。年降水量最多的测站是马脖子站,年降水量达到 836 mm。在离开坝区河谷,距离最近的四川宁南新村站和云南巧家站,年降水量显著增加,如宁南新村站平均的年降水量达到 1058 mm,巧家站年降水量为 905 mm,均高于坝区年降水量约 300 mm。坝区的降水量显著低于四川省其他地区,也低于邻近的宁南其他测站。由此可见,在相同的大气流场和气候背景条件下,处于地形幽深的金沙江河谷的水电站坝区,降水局地性强,且降水量明显偏少,属于四川省和云南省,也是西南地区少雨的地区。与攀西地区 800～1200 mm 的年降水量相比,更是明显偏少(周长艳等,2011),体现了降水量显著偏少的特征。

分析表 2.5 中各站的年平均降水日数和平均日降水量。坝区年平均降水日数在 79～99 d,平均日降水量在 7.0～8.5 mm,但各站降水差异较大。年平均降水日数和平均日降水量呈不对称分布特征,如骑骡沟站,降水日数最少,共有 79 d,但是平均日降水量却比较高,达8.4 mm,仅低于马脖子站,说明该站降水强度大。年平均降水日数和平均日雨量最多的是马脖子站,降水日数为 99 d,平均日降水量达 8.5 mm。新田站平均日降水量最少,仅有 7.0 mm,但年平均降水日数却高达 97 d,说明其降水强度相对较弱。巧家站平均日降水量达 9.2 mm,显著高于坝区平均日降水量约 1.3 mm。宁南新村站年平均降水日数达 120 d,比坝区站高20 d 以上,平均日降水量比坝区最高值高 0.3 mm。由此可见,坝区相较于周边地区,具有降水量少,降水日数少,以及平均降水弱,更具有干热河谷的气候特征。

表 2.5　坝区及周边各站 2018—2020 年平均年降水量、降水日数和平均日雨量

站名	降水量(mm)	年平均降水日数(d)	平均日降水量(mm)
新田	680	97	7.0
上村梁子	680	93	7.4
马脖子	836	99	8.5
六城坝	746	89	8.3
葫芦口大桥	653	93	7.0
骑骡沟	659	79	8.4
宁南新村	1058	120	8.8
巧家	905	98	9.2

2.3.2　日变化

日变化是天气气候系统最基本的变化周期,在降水上表现为昼夜之间强弱交替。根据坝区各站的小时降水观测数据,利用公式(2.1)计算小时降水频率。

$$小时降水频率 = \frac{有效降水的总时次数}{总观测时次数} \tag{2.1}$$

分析降水频率的日变化特征(图 2.9)。发现坝区降水频率较低,最高频率为 0.41%～0.50%,最低仅为 0.06%。相较于多雨的西南其他地区,坝区具有干热、降水日少和降水频率低的特征。对比分析各站降水频率的差异,降水频率最高的马脖子站,最高值达 0.50%,出现在凌晨 03—04 时。其次是上村梁子站和新田站,在 04—05 时降水频率达到最大值,为0.48%,表现为多夜雨的特征。相反在白天的 14—18 时坝区各站降水频率是日变化的低谷,最低达到 0.12%。

夜雨是干热河谷降水的一个特征,不同于陆地降水的日变化"双峰型"特征,即陆地降水更

倾向于集中在午后和清晨两个时段。在水电站坝区的气象调研中,也多次发现白鹤滩地区的降水经常表现出"每天晚上开始,白天停"的日变化特征。相较于西南其他地区而言,坝区降水频率低,是其干热气候特征的集中体现。总结坝区的降水日变化特征,与大多数地区降水双峰型的模态不同,其单峰特征是干热河谷特殊的特征。

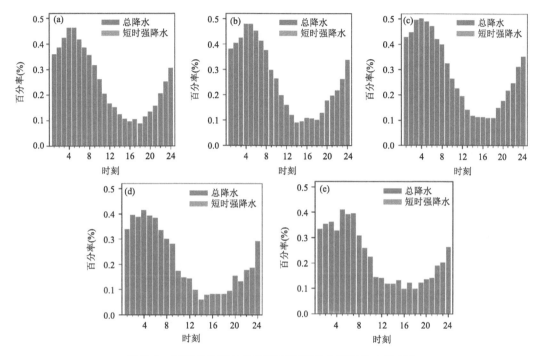

图 2.9　坝区各站降水频率和短时强降水频率的小时变化
(a)新田(2011—2020 年);(b)上村梁子(2016—2020 年);(c)马脖子(2014—2020 年);
(d)六城坝(2018—2020 年);(e)葫芦口大桥(2018—2020 年)

以上分析中发现,坝区降水频率的日变化呈现出显著的单峰单谷型,降水频率最高的时段在 23 时至次日 09 时,降水峰值在凌晨 04—05 时,体现了其多夜雨的特征。对比坝区降水日变化与其他地区的差异,发现其降水单峰的日变化特征,不同于我国中东部地区清晨和午后的双峰型(宇如聪 等,2014),也不同于青藏高原大部分地区下午和午夜双峰并存的模态。坝区降水日变化的单峰型,不同于长江中上游地区降水倾向于出现在清晨的单峰,比四川盆地午夜降水的峰值晚,不同于雅安"雨城"的夜雨,其降水日变化峰值出现在 24 时(陈林琳 等,2017)。坝区降水单峰型和 04—05 时降水频率高的日变化特征,是坝区河谷地形作用于降水的结果。

分析坝区多夜雨特征的形成,坝区多夜雨的降水日变化特征与攀西地区整体相似,且峡谷地形中间低两侧高,加上坝区所在地水汽条件充足,且不易散发,山谷风的日变化更有利于夜雨的形成。白天四周山地受到太阳辐射温度迅速升高,而峡谷区受水汽凝聚的云层遮挡,温度上升较慢,谷风形成且坝区内相对高压,因而不易降雨。夜间两侧山地相对于库区,温度迅速降低,河谷内由于水汽含量高,温度降低较慢,这时就形成库区内相对低压。这时候风从四周山地吹向河谷内,云层中的水汽受冷凝结,最终易形成降水,坝区就会多发生夜雨。

2.3.3 季节变化

根据白鹤滩水电站坝区各站观测以来的月降水量和降水日数,分析坝区降水的季节变化。通过图 2.10 发现,坝区降水的基本特征表现为,雨季为 5—10 月,雨季月平均降水总量超过 100 mm,各站月降水量和降水天数的变化均呈双峰分布,峰值分别在 6—7 月和 9 月,前者的降水峰值可达 200 mm 以上,后者的峰值为 150~200 mm。在干季坝区降水量极少,尤其是 12 月至次年 1 月,几乎无降水出现,总量趋近于 0 mm。在干雨季过渡的 4 月和 11 月,降水量分别出现陡增和陡降,表现出明显的干雨季转换。尤其是 11 月西南地区进入干季,坝区的降水活动也戛然而止,雨量骤降。总之,坝区降水时段集中,表现出干热河谷干雨季分明,以及季节转换明显的特点。

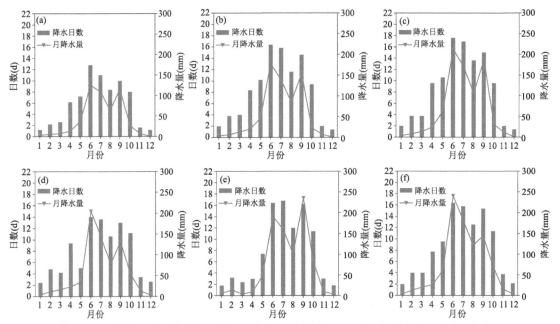

图 2.10 水电站坝区、宁南新村和巧家站月平均降水日数(柱状图)和降水量(折线)变化
(a)新田站;(b)上村梁子站;(c)马脖子站;(d)骑骡沟站;(e)宁南新村站;(f)巧家站

从月降水量的变化上看,对比图 2.10 中坝区各站与宁南新村站和巧家站的月降水量,发现宁南新村站和巧家站的降水过程同样集中在每年的 5—9 月,与坝区降水的季节分布特点相似。但对比月降水量的差异,发现宁南新村站和巧家站要高于坝区的测站,如巧家站 6 月与宁南新村站 9 月的平均降水量接近 250 mm,是各站月降水量中的最高值,雨季降水天数在 15~16 d。而坝区马脖子站和骑骡沟站 6 月降水量在 200~220 mm,雨季的月降水日数在 14~16 d,其余站雨季月降水量低于 200 mm,降水天数少于 12 d,因此,坝区的降水天数和降水量均低于宁南新村和巧家站。

对比坝区河谷与周边地区降水季节变化的差异,讨论其降水的特殊性。坝区月降水从 4 月开始快速增加,在 6—7 月达到月降水量和降水天数的峰值。相对于我国长江中下游地区 7—8 月主汛期(张录军 等,2004),雨带徘徊在汉江流域,盛夏 8 月降水达到年最大值(陈林琳 等,2017;汪卫平 等,2015),以及初夏 6 月降水量相对较少的特征,坝区 6 月降水量达到峰值,说明坝区河谷除雨季降水集中外,还有主雨季出现偏早的特征。对照周长艳等(2011)提出的川西南山地5—9月为雨季,坝区的秋雨比较明显,其10月降水量在上村梁子和马脖子站仅略低于9月,骑骡沟站10月的降水量在100~150 mm,高于9月10~20 mm,因此与攀西地区5—9月的雨季相比,体现了坝区具有较强的秋绵雨特征。到了11月雨季的降水活动停止,雨量骤降到40 mm以下,干季特征明显增强。因此11月至次年4月确定为干季,对白鹤滩水电站非常适宜。在8月坝区各站降水量减少,如马脖子站8月降水量比6月和7月平均下降了约60 mm,上村梁子站减少了70 mm以上,而且8月降水量还低于9月,加上8月气温高、蒸发强,因此坝区8月伏旱期更明显,这与我国其他地区8月汛期降水的峰值形成鲜明对比。总之,坝区雨季集中在5—10月,6—7月和9月是月降水量的峰值,干雨季转换明显。初夏6月降水偏多,显示降水集中时段偏早,8月伏旱季明显,降水偏少,且坝区10月还呈现秋绵雨的特征,以上为坝区干热河谷特殊的降水特征。

2.3.4　年际变化

在此对照各站2017—2020年的降水量,分析降水量年际变化的差异。对比分析各站逐年月降水量变化(图2.11),发现各年降水量差异显著,且月降水量均非常集中,但集中出现的月份差异大。如2017年降水明显集中在6月和9月,多雨月的降水量比少雨月的降水量高100~200 mm。但2018年降水集中在6月,2020年集中在9月,以上两个月的降水量都达到年总降水量50%左右。

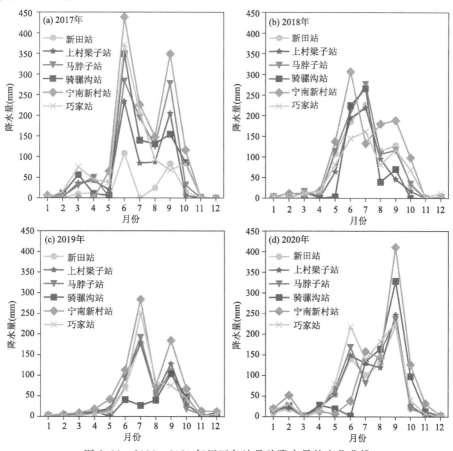

图2.11　2016—2020年坝区各站月总降水量的变化曲线

对比各站降水量的差异,发现骑骡沟站逐月的降水量相对较大,在降水旺季的月降水次数较多,一个月中降水天数超过 15 d,在 2017 年 6 月和 2020 年 9 月降水量达到 350 mm 以上,是月总降水量的最大值,但在其他月份降水量均在 150 mm 以下,表明坝区虽然降水总量小,但是降水量非常集中,且各年降水集中出现的时期差异较大。对比图 2.11 中降水量的年际差异,发现 2017 年和 2020 年的降水量相对偏多,尤其是在 2017 年 6 月和 2020 年 9 月降水非常集中,其次是马脖子站和骑骡沟站的降水量较多,坝区其余站降水量较少。与宁南新村站的降水总量对比,坝区各站的降水量明显偏低,且各站的降水量年际差异非常大,但坝区与周边地区降水时段集中的特征非常相近。

近年来各地降水格局和区域性差异增大,旱涝事件多发,在此分析降水量的年际变化。从坝区各站 2016 年后总降水量变化曲线(图 2.12),分析发现各站降水量年际差异大,自 2016 年之后,坝区年降水量持续降低,在 2019 年达到近年降水量的极小值,比降水较多的 2016 年和 2017 年降水量减少了约 400 mm,其中年降水量最少的骑骡沟站,2019 年降水量只有 287 mm,其余站点年降水量在 450~600 mm,显著低于其他年份,更低于周边的宁南新村站,是坝区降水严重偏少的年份。2020 年坝区降水量开始明显增加,骑骡沟站降水量由 2019 年的 287 mm 陡增到 800 mm 左右,在年降水量上呈旱涝急转。对照宁南新村站,其每年的降水量值都显著高于坝区,年总降水量平均超过坝区约 200 mm。由于坝区观测数据时间短,已有数据仅显示降水年际差异大、旱涝不均和旱涝急转的特征,不足以获得坝区降水变化的趋势。

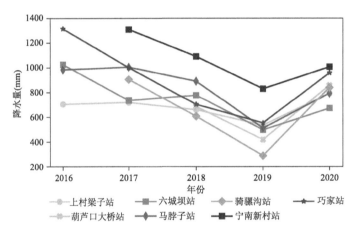

图 2.12 2016—2020 年坝区和周边各站的年总降水量变化曲线

2.3.5 短时强降水和暴雨

随着各地气候异常事件的增多加剧,暴雨和极端降水事件的频率也随之增大。短时强降水有利于快速增加流域地表径流量,提高水电站的库容,但同时会在周边的坡地诱发滑坡、泥石流和崩塌等次生地质灾害。周长艳等(2011)对四川省降水研究表明,凉山州和攀枝花地区年均暴雨和大雨日数和强度有增多增强趋势,直接导致攀西等地地质灾害的频发。在此从短时强降水和暴雨的频次上,分析坝区强降水事件。坝区短时强降水频率的变化特征分析,结果发现坝区短时强降水的频率低,发生频率在 0.01% 以下,主要发生在上村梁子站的 04 时、马脖子站的 24 时至次日 05 时,六城坝站的 23—24 时,以及葫芦口大桥站的 01—06 时。因此坝区短时强降水发生频率较低,且集中在夜间,尤其是凌晨前后。

分析坝区 2016—2020 年短时强降水的总时次数。从图 2.13 发现,坝区短时强降水总时次数最多的是马脖子站,有 13 个时次,最少的上村梁子站有 6 个,且集中发生在雨季的 5—9 月。与 8 月降水量偏少相对应,新田站和马脖子站 8 月短时强降水的时次数也偏少,骑骡沟站 8 月的短时强降水次数与其他月份持平。新田站 6 月、7 月和 9 月短时强降水各发生了 2 次,5 月还发生了一次极端短时强降水。上村梁子站在 7 月和 9 月各发生了 2 次短时强降水,在 6 月和 8 月各出现 1 次短时强降水。相比较而言,马脖子站和骑骡沟站的短时强降水时次数较多,尤其是马脖子站在 9 月共出现了 5 次短时强降水,骑骡沟站在 7 月出现了 4 次短时强降水。5 年中仅有新田站出现过一次极端短时强降水,在 2018 年 5 月 17 日 19 时,小时降水量达 60.1 mm。分析各站平均短时强降水的雨量,发现坝区短时强降水的小时雨量主要在 20~40 mm。由以上分析可以说明坝区属于四川省和周边大范围内,强降水少发生的地区。

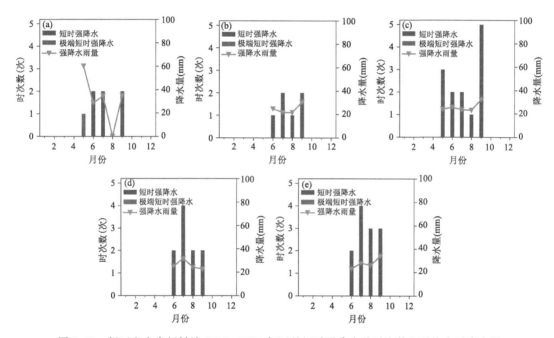

图 2.13　坝区和宁南新村站 2016—2020 年逐月短时强降水总时次数和平均小时降水量
(a)新田站;(b)上村梁子站;(c)马脖子站;(d)骑骡沟站;(e)宁南新村站

分析 2016—2020 年坝区及周边的暴雨日数,并与巧家站和四川宁南新村站数据进行对比,以了解坝区暴雨时空变化特征。如图 2.14 所示,5 年中坝区暴雨日数最多的马脖子站和骑骡沟站,为 8 d,新田站和上村梁子站暴雨日数较少,分别为 6 d 和 3 d。从季节变化上看,8 月暴雨日数明显比 7 月和 9 月少,在 10 月后未有暴雨的记录。周长艳等(2011)对四川暴雨日数的统计表明,盆地西部年平均暴雨日为 6 d,盆地东北部超过 4 d,川西南山地的凉山州南部和攀枝花年暴雨日数超过 4 d,但坝区 5 年暴雨日数只有 6~8 d,显著低于四川省,也低于攀西地区,是暴雨日数最少的地区。

分析图 2.14 中坝区及周边的大暴雨日数,发现该地区 5 年来共出现大暴雨 2 次,分别在骑骡沟站的 7 月和巧家站的 6 月。通过查询降水观测记录,这两次大暴雨的日降水量分别达 110.0 mm 和 106.5 mm,也是坝区观测以来的极端日降水量。其中前一次过程骑骡沟站只有一天的降水量强,达到 110.0 mm。后一次巧家站的大暴雨从 2016 年 6 月 10 日开始,持续

7 d,累计过程降水量为 178.0 mm,6 月 15 日降水量最大,达到 106.5 mm,降水持续性强。因此,白鹤滩水电站的干热河谷区的暴雨和大暴雨等强降水事件发生的频率低,暴雨日少,降水连续性差,体现了干热河谷区强降水较少发生的特征。由以上分析可知,坝区的暴雨天气较少,大暴雨的天数更少,因此白鹤滩坝区与短时强降水较少发生相对应,与周边地区相比,也是明显的少暴雨地区。

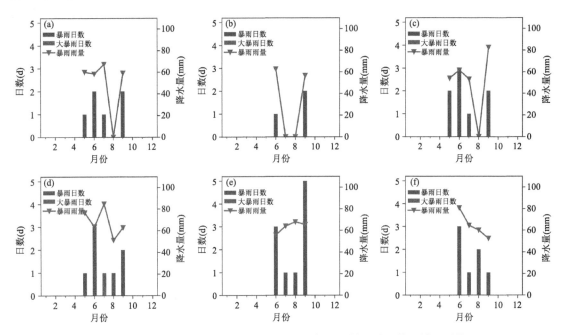

图 2.14　坝区、宁南新村和巧家站 2016—2020 年逐月暴雨总日数和暴雨平均雨量
(a)新田站;(b)上村梁子站;(c)马脖子站;(d)骑骡沟站;(e)宁南新村站;(f)巧家站

对比分析坝区短时强降水时次数占有效降水时次数的比例,以及暴雨日数占有效降水日数的比例,说明坝区强降水频率的变化特征,及其与周边地区的差异。短时强降水百分比 γ 用公式(2.2)表示,暴雨日的百分比 η 用公式(2.3)表示。

$$\gamma = \frac{\text{短时强降水时次数}}{\text{有效降水时次数}} \times 100\% \tag{2.2}$$

$$\eta = \frac{\text{暴雨日数}}{\text{有效降水日数}} \times 100\% \tag{2.3}$$

根据坝区各站的小时降水量,按照公式(2.2),计算得到短时强降水百分比。分析 2016—2020 年坝区及周边的暴雨百分比,并与巧家和四川其他地区进行对比,以了解坝区暴雨时空变化特征。从坝区 5 个站短时强降水的百分比来看(图 2.15a),各站强降水百分比不超过0.56%,其中新田站和上村梁子站较其他 3 个站点的强降水百分比明显偏低,综合来看该地区短时强降水的百分比非常低。通过公式(2.3)计算坝区暴雨的百分比,分析坝区暴雨的百分比的变化(图 2.15b)。各站暴雨出现的百分比不超过 2.1%,其中上村梁子站的百分比最低,约为 0.6%,宁南新村站暴雨百分比最高,达到 2.1%。因此与坝区短时强降水的百分比结果一致,该地区暴雨发生的概率也很小,与周边地区相比,是短时强降水和暴雨的少发生区。

由于水电站坝区的观测时间短,且强降水事件出现频率较低,在此以坝区及周边四川省宁

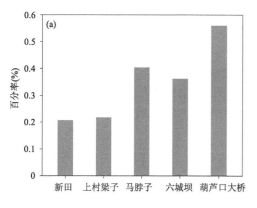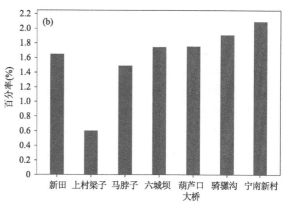

图 2.15 白鹤滩坝区短时强降水(a)和暴雨(b)的百分比

南新村站及云南省安居、马洪和巧家站 2018 年后日最大降水量和小时最大降水量,进行坝区极端降水事件的分析。统计 2018—2020 年各站的日极端降水事件,获取过程雨量和持续时间见表 2.6。发现坝区日极端降水事件通常持续 1~2 d,过程降水量最大值和日降水量最大值达到 110.0 mm,出现在骑骡沟站,最少为六城坝站,为 56.0 mm。日极端降水事件中在 2018 年 7 月 6 日,骑骡沟和云南安居站都产生了极端降水,日最大降水量分别达到 110.0 mm 和 90.0 mm,安居站连续 12 d 出现降水,过程降水量达 240.0 mm,但骑骡沟站只有 1 d 出现降水。2020 年 9 月 6 日的降水最为突出,新田站、马脖子站和六城坝站 3 个站都出现了极端强降水,最大日降水量在马脖子站达 97.0 mm。

对照表 2.6 中坝区周边站的极端降水事件,发现在宁南新村站的日极端降水过程,有持续超过 7 d 的降水记录,其降水主要集中在 1~2 d,降水量为 68.0 mm,未达到大暴雨的量级,过程总降水量为 105.0 mm。坝区周边的安居站和马洪站,观测的极端降水事件为 2018 年的 7 月 6 日和 6 月 22 日,日降水量分别为 90.0 mm 和 74.0 mm,但降水连续性明显增强,分别出现 12 d 和 7 d 的连续雨日,安居和马洪两站过程降水量分别达到 241.0 mm 和 118.0 mm。由以上对比分析可见,坝区极端降水分散在整个雨季,且持续时间短,较少有连续阴雨出现。

表 2.6 坝区及周边 2018—2020 年的日极端降水事件

站点	日期	24 h 降水量(mm)	过程降水量(mm)	持续天数(d)
新田	2020-09-06	68	96	2
上村梁子	2020-06-30	63	63	1
马脖子	2020-09-06	97	97	1
六城坝	2020-09-06	56	59	2
葫芦口大桥	2020-07-09	83	89	3
骑骡沟	2018-07-06	110	110	1
宁南新村	2020-08-17	68	105	7
巧家	2020-06-30	94	94	1
安居	2018-07-06	90	241	12
马洪	2018-06-22	74	118	7

再分析坝区 2018—2020 年小时极端降水事件(表 2.7),发现最大小时降水量出现在新田站,在 2018 年 5 月 17 日 19 时降水量达到 60 mm,是该站观测历史的极值,也是白鹤滩坝区短时强降水的峰值。其余各站包括宁南新村站和巧家站,短时强降水的极值大多为 30~45 mm,最小的上村梁子站为 24.6 mm,比起西南其他地区的降水量,表现出极端降水强度弱的特征。从时间上来说,坝区短时强降水的极大值多集中在夜间,如上村梁子站发生在 23 时,马脖子站出现在 04 时,与坝区夜雨频繁相对应。发生在日间的强降水事件较少,只有六城坝和巧家站分别出现在 10 时和 16 时。从季节上说,极端降水除了在 6—7 月多发外,有多次极端降水发生在 9 月,体现了河谷地形区强降水的特殊性。总之,坝区的极端短时强降水和暴雨事件发生少,但发生在夜间的概率大,且夜间强降水较多,但降水强度通常较弱,且在雨季 5—9 月的分布上具有随机性。

表 2.7　坝区各站和周边站 2018—2020 年的小时极端降水事件

站点	日期	发生时次(时)	小时降水量(mm)
新田	2018-05-17	19	60.1
上村梁子	2018-06-22	23	24.6
马脖子	2020-09-06	04	43.1
六城坝	2019-09-08	10	29.1
葫芦口大桥	2020-09-15	06	39.4
骑骡沟	2018-07-31	03	43.8
宁南新村	2018-08-26	00	33.6
巧家	2019-08-13	16	27.5
安居	2018-07-06	00	49.4
马洪	2018-06-22	00	39.0

2.3.6　降水集中度和集中期

降水集中度是用来表征单站降水量时间分配集中的属性,是衡量降水特性的一个指标。参照张录军等(2004)用矢量方位角定义的降水集中度,分析坝区降水在一年 72 候中的分布特征。该方法可以反映降水总量在研究时段内各个月或候的集中程度,并说明一年中最大月或候降水量的出现时间。当集中度指数小,接近 0 时,表示降水分散在更多的雨日内,当集中度大,接近 1 时,代表降水集中在少数的雨日内。计算公式如式(2.4)和式(2.5)所示。

$$CN_i = \sqrt{R_{xi}^2 + R_{yi}^2} / R_i \tag{2.4}$$

$$D_i = \arctan\left(\frac{R_{xi}}{R_{yi}}\right) \tag{2.5}$$

式(2.4)和式(2.5)中,CN_i 和 D_i 分别为研究时段内的降水集中度和集中期,$R_{xi} = \sum_{j=1}^{N} r_{ij} \sin\theta_j$,$R_{yi} = \sum_{j=1}^{N} r_{ij} \cos\theta_j$,$r_{ij}$ 为某候降水量,i 为年份,j 为降水量的候序。设一年的方位角为 360°,将 360°圆周在 72 个候平分,θ_j 为各候对应的方位角,如第 1 候 θ_1 为 $1 \times 360/72$,其余类推。

降水集中度是定量分析降水集中特征的参数,以候降水资料为基础,计算坝区各年的降水集中度参数。从坝区近年的降水集中度变化曲线(图 2.16)看,坝区上村梁子站和马脖子站的降水集中度有年际波动,上村梁子站最高在 2018 年达到 0.79,最低在 2016 年,为 0.62,5 年

平均值为 0.65。马脖子站的最低值为 2016 年的 0.60,最高值为 2019 年的 0.75,平均值为
0.65。骑骡沟站降水集中度平均值为 0.70,是各站中最高的。新田站的平均值为 0.66。对比
周边的巧家站,其降水集中度平均值为 0.64,宁南新村为 0.67,比坝区略偏低。

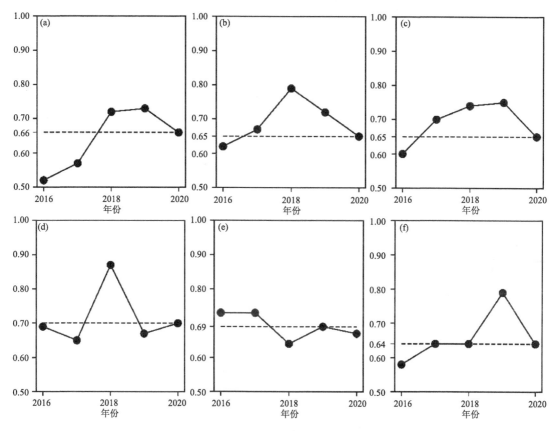

图 2.16　坝区和周边站 2016—2020 年降水集中度的年际变化曲线(虚线为平均值)
(a)新田;(b)上村梁子;(c)马脖子;(d)骑骡沟;(e)宁南新村;(f)巧家站

将坝区的降水集中度,与相同算法在其他地区的降水集中度参数进行对比,以说明坝区降
水的变化特征。袁瑞强等(2018)在山西省降水的分析中,确定当地降水集中度为 0.59~
0.64。王纪军等(2010)表明,河南省平均降水集中度为 0.515,即使在多雨年,降水集中度偏
高,平均值也只达到 0.56。张录军等(2004)指出,长江上游地区降水集中度强,多年平均值为
0.51,全流域平均降水集中度为 0.39。白鹤滩坝区的降水集中度比张林梅等(2009)指出的新
疆地区降水集中度值高,比我国平均的降水集中度值 0.38(刘向培 等,2021)也偏高。总之,对
比我国干旱地区、华北和长江中下游等不同降水格局下的降水集中度,都会发现坝区的降水集
中度有显著偏高的事实,说明坝区特殊的干热河谷地主雨季时段短,降水量高度集中是其重要
的降水季节变化特征。

2.3.7　小结

白鹤滩水电站坝区为典型干热河谷,通过对比坝区各站与周边地区降水的差异,分析了该
河谷地带降水的变化特征,得出如下结论:

(1)坝区降水基本特征表现为河谷降水局地性强,主雨季时间短,雨日少,降水量小,降水高度集中,干雨季分明和雨量集中的干热河谷特点。坝区 5—10 月是雨季,雨季降水有 6—7 月和 9 月两个峰值,初夏 6 月是月降水量的最大值,主雨季比其他地区略偏早。4 月和 11 月降水分别陡增和陡降,干雨季转换明显。盛夏 8 月降水量和降水天数偏少,表明坝区伏旱季显著。10 月持续发展的降水表明坝区有秋绵雨的特征。

(2)坝区河谷降水的日变化表现为夜雨频发,降水时次倾向于集中在 04—05 时,呈单峰和单谷型。与长江流域和青藏高原常见的双峰型不同,比四川盆地夜雨集中在午夜前后的峰值偏晚,是干热河谷区特殊的降水日变化。坝区年降水量自 2016 年以来,持续偏低,在 2019 年达到近年的最低值,2020 年降水略有增加。因此坝区降水年际差异大,旱涝不均和旱涝急转现象时有发生。

(3)对坝区短时强降水、暴雨和极端降水事件的分析表明,坝区强降水的百分比低,在 2016—2020 年,短时强降水共有 13 个时次,暴雨有 8 d,日降水量超过 100 mm 的大暴雨和小时降水量超过 50 mm 的极端短时强降水仅出现过 2 次。与周边和攀西地区相比,强降水过程明显偏少,并且夜发性强,随机分布在雨季的 5—9 月。

白鹤滩水电站建于金沙江河谷地带,能够代表干热河谷的降水特征。但水电站观测时间较短,加上部分观测资料缺失,数据完整性较差,增加了分析的难度,并影响了研究结果的确定性。后期在更多观测数据的基础上,可以对干热河谷区的降水进行深入分析。

第 3 章　白鹤滩水电站大风特征

　　白鹤滩水电站所在的金沙江流域位于青藏高原东侧,属于滇北高原北部的横断山脉区。受横断山脉的地形影响,坝区所在的峡谷为南北向的狭长地带,地形起伏多变。由空气运动形成的风,是由许多在时空上随机变化的小尺度空气分子脉动,叠加在大尺度规则运动上形成的大气流动。大风天气作为表征气候变化的重要气候因素之一,具有很强的地域性,且具有脉动性和阵性等特征,尤其是在复杂地形区。

　　通过地面观测站收集的风数据,包括 2 min 和 10 min 的平均风向和风速,并统计分析获得小时的平均风速、瞬时风速、最大风速和极大风速,以及对应的风向和风速谱变化。通过对以上各类风数据的分析,能够掌握大风天气的日变化、月变化和年际变化,这是分析大风天气的主要研究数据。研究大风天气的变化,除了利用地面观测资料外,还经常用到高空探测数据,以及均匀格点的再分析风场数据,来获取对流层不同高度的风速和风向变化特征。

　　大风天气变化复杂,地区差异大,且大气流场的类型多样。从产生大风的环流系统上分析,大风有天气尺度系统产生的大范围持续性大风,如冬半年影响中高纬度地区的寒潮大风,就是北方冷空气作用下形成的锋面大风。台风发展中伴随的区域性大风天气也是系统性大风的一类。中小尺度系统的强对流天气会导致局地短时间内大风的发生,强天气引发的小范围内强风,如雷暴大风、龙卷风、下击暴流、飑线和中气旋形成的大风,都属于该类型。对于从地形作用特殊流场上分类,有山谷风、峡谷风、湖陆风和海陆风等。局地热对流形成大气湍流运动,也会导致大风的出现。从大风天气的流场运动上说,有上升气流产生的大风、近地面的辐散性大风、涡旋气流形成的大风,以及低空急流形成的大风等。此外,对流层中层和高层大气急流运动是另一类型的大风。与大风有关的强风切变也是大风天气研究的核心,尤其是在机场和风电场等特殊地区受到很多关注。

3.1　复杂地形区的大风

　　大风天气的研究中,通常在大范围内发生的寒潮大风、夏季的雷暴大风和台风大风会受到较多关注。通过对大风形成的环境进行天气学分析,并进行大风及相应天气的预报预警研究,都是此类研究的重点。大风天气复杂多变,且受地形影响显著,因此,在局地的大风天气研究中,更多关注海陆边界、山脉的迎风坡和背风坡、峡谷地形处的风场,以及高原、海岛、湖面和洋面等特殊地区的风场分布和变化特征。局地大气环流中的风场特殊,最为常见的是山谷风、峡谷风、海陆风和湖陆风等,在白鹤滩坝区,大气流场的变化表现为多种类型风的耦合作用。

3.1.1　大风研究进展

　　大量观测事实和数据分析表明,大风天气的南北方差异大,且大风天气具有显著的季节性特征。研究表明,大风多以冬季春季的干季大风为主,其次在夏季还经常有雷暴大风出现。如云南大理过去40年大风总日数的95％出现在1—5月和11月、12月的冬春季(杨澄 等，2020)，且大风天气发生时，同期平均气温最低，天气通常多晴朗，没有降水出现，日照时数较长。新疆的一些地区是我国大风最频繁的地区，但大风的季节性比较特殊，其中石河子大风在4—7月发生次数较高，11月至次年3月很少出现，且近50年来该地的大风呈下降趋势(蒲云锦，2019)。夏季大风以短时强天气伴随的下击暴流、飑线大风和下沉运动产生的辐散性大风为主，少数的中气旋天气伴随龙卷风会形成上升运动产生的大风(樊李苗 等，2020)。赵金霞等(2014)分析了渤海湾大风的气候特征，建立了极大风速和当日最大风速的预报方程，并将WRF数值模式计算的日最大风速进行订正，代入预报方程来进行灾害性大风的预报。

风力的变化，尤其是大风的长期变化，对于地表能量平衡、水循环、霾和沙尘暴的发生，以及风能资源的评估具有重要意义。多时空尺度的变化是大风研究关注的焦点，大风的日变化特征和长期变化趋势区域性差异较大，如大理点苍山的大风研究表明，该地区大风主要出现在12—20时，在早晨很少能观测到大风天气(杨澄 等，2020；薛海乐，2021)。山区特殊地形下大风天气多，华山大风多发生在21时至次日凌晨，相反在午后至黄昏较少发生。新疆石河子的大风多出现在13—19时(蒲云锦，2019)。史国庆等(2019)对泰来县近61年大风日数和风速变化特征进行分析研究，指出年平均风速和年大风日数整体呈波动下降趋势。

大风天气的形成机制是大风研究的核心，也是大风预警的关键。黄海波等(2013)和汤浩等(2020)对新疆2007年"2·28"大风研究认为，该次大风是由重力波和强气压梯度使气流加速穿过峡谷形成的。王澄海等(2011)研究表明，强气压梯度作用下的动量下传和非绝热加热引起近地层湍流加剧，是引起大风的主要原因。卢冰等(2014)对新疆克拉玛依一次强风的模拟结果表明，重力波将上层能量往下传播，最终导致了地面大风的生成。张文军等(2019)分析指出，河西走廊大风的形成中，除动量下传作用外，冷平流作用也是其西部持续大风形成的关键因素，部分时段大风还与地面变压风有关。王宗敏等(2012)认为，太行山东麓大风天气是山脉背风波向下游移动导致的。赵建伟等(2017)对大理机场一次晴空大风天气的过程诊断分析，同样强调了动量下传是造成大风的主要因子。综合较多大风的研究，持续性的大风发生是特定的动力机制和地形作用的结果，其中动量下传、变压风、背风波和近地层湍流等是大风形成的动力机制，但同时各地大风的发生原因非常复杂(范元月 等，2022)。

近年来，有关大风的研究中，部分学者对寒潮冷空气大风与地形作用等方面进行了探讨，张俊兰等(2011)对天山地区春季大风进行了统计分析，并建立了大风预报模型。潘新民等(2012)总结了新疆百里风区的特点，理论上证明了地形对大风的影响。李燕等(2013)描述了渤海大风的气候特点，介绍了海陆分布差异对大风的影响。苗爱梅等(2010)探讨了近51年山西大风与地面冷高压强度、沙尘日数的时空变化的关系，并根据大风成因确定了预报指标。此外，还有部分学者针对对流性大风进行了分析，陈红玉等(2016)运用风廓线雷达资料，研究了强降水过程中的对流性大风。秦丽等(2006)研究了北京地区多年雷暴大风的气候学特征，归纳了雷暴大风的预报指标。

白鹤滩水电站坝区位于深切的峡谷地形区，表现出大风天气频繁，局地的山谷风环流和峡谷风的相互作用，呈现与大多平原地区截然不同的大气风场。坝区的大风天气对前期大坝的施工带来较大影响，而且对建成后的水电生产也有重要的影响。范维等(2013)以水电站坝区的新田站2012年大风天气为例，将该站的大风与邻近大坝的宁南县和巧家县进行对比分析，概括了坝区特殊的灾害性大风天气。研究表明，白鹤滩坝区大风在秋、冬和春季出现的频率明显高于夏季,特别是 1—6 月和 11—12 月发生持续性大风的频率最高。一年中坝区 7 级以上大风日数可达 255 d,占全年 69.8%,其中干季的 1—4 月和 11—12 月发生 7 级以上大风的日数达 187 d,占干季大风总日数的 86.4%。夏季坝区大风出现的次数少,但也有 68 d,占雨季天数的 41.2%,且研究表明,坝区大风通常具有强的局地性和涡旋性特征,大风天气集中在 17 时至次日 04 时,又以 21 时至次日 01 时出现次数最多。

3.1.2　山谷风

复杂地形区的山地是大气流场形成的重要因素之一,具体表现为局地的山谷风和中小尺度涡旋气流。在大尺度的山地存在由山风、谷风和山地—平原风组成的山地风系。严格意义上的山谷风是指由于地形高低起伏导致的热力差异,在局地范围内形成沿斜坡的风,如形成在三面环山的盆地附近。山谷风环流是由于山体表面与其对应高度上大气比热不同,导致白天盛行由谷地吹向山地,和在夜间盛行山地吹向谷地的近乎反向的风系。山谷风也指形成于沿山地平原交接地带的辐合气流。

山谷风是谷底与对流层的气温差形成的,是大气日循环变化的结果,以风向的日转换特征为主,坡风沿着山坡倾斜发展,即响应于辐射变化,并将辐射增温和冷却像齿轮一样逐步推动到山谷内部。山谷内部由于环境容量小,升温和降温速度高于平原地区,有利于山谷风的形成,表现为白天为谷风,夜间为山风,风向差达 180°。白鹤滩水电站坝区自 2021 年蓄水发电后,上游库区 50 km 内的山谷被深水填满,坝区谷底变为深厚且热容量大的庞大水体后,形成典型"U"型谷地,对应下游的"V"型谷地,地表辐射特征的明显变化体现在山谷风效应的变化上。水电站库区蓄水后,在上游增加了山谷风效应的同时,还会有局地的湖陆风作用,这些显著的风向和风速日变化在坝区附近影响局地环流,其对大气温度场、湿度场和环流作用,可能会促进局地中小尺度系统,诱发强天气的发生发展。因此水电站蓄水后局地气温会发生明显的变化,进而影响到局地山谷风环流的相应变化。

姜平等(2019)对复杂地形下的山谷风环流数值模拟研究表明,理想的谷风在山脊两侧坡度较大的近地面最为明显,风速可达 0.15 m/s,但在山坡和山谷地势较为平坦的区域不明显。在凌晨山谷的保温作用明显,且山坡辐射冷却较强,产生由山坡吹向山谷的山风环流。类似以上分析坝区两侧的山谷风特征,确定白鹤滩坝区山谷风的算法,分析山谷风对大风天气的贡献。

3.1.3　峡谷风

白鹤滩坝区的天气气候变化,受到当地峡谷地形的显著影响,表现出特殊性。坝区所在位置为南北向的深切峡谷,地形起伏大。坝区的峡谷从上游的金沙江中段,南向北流经巧家县西侧,从葫芦口大桥流入峡谷,在牛角湾处流出峡谷,河流再次转为东西走向。在白鹤滩水电站上游,水电站蓄水后,形成了开敞的"U"型河谷。谷底宽 200~500 m,最宽处可达 1000~2000 m,最窄处 100~150 m,水面宽 80~100 m。其余的大部分河段为连续的"V"型峡谷。河谷两岸的山地海拔 1500~3000 m,岭谷间高差达 1000 m 左右。

白鹤滩坝区的极端大风事件频发,每年有超过 200 d 出现 7 级以上大风,如 2016 年 5 月 19 日马脖子站监测到 36.5 m/s 日极大风速。坝区大风天数多,持续时间长,且风力强劲。水电站所处峡谷地形,对风向的限制作用,导致大坝附近以沿着峡谷走向的偏北风和偏南风为主,其中偏北大风最为频繁。研究表明,深切峡谷对流经气流有增强效应,峡谷越窄,风速的增强效应越显著。

特殊地形的峡谷风是形成大风天气的重要原因。张志田等(2019)对丘陵地区深切峡谷风实测数据进行分析,研究了其风场的平均风速、风向和湍流强度等特征变化,表明:深切峡谷地形对风向有锁定作用,且有加速气流的作用。峡谷风对各个风向下的湍流特性有明显的影响;深切峡谷顺风向湍流强度与平均速度的关系用反比例型函数拟合,拟合效果良好且高风速下接近规范值。李永乐等(2010)等对龙江大桥处风场特征研究表明,峡谷对风速有5%~15%的加速效果。王云飞等(2018)以复杂深切峡谷的大跨度悬索桥为例,研究了水电站大坝蓄水后对库区桥位风场特性的影响,结果表明无蓄水时该桥址区风速有较明显的加速效应,风速放大系数高达1.14,但蓄水后明显降低。朱乐东等(2011)研究认为,峡谷地区湍流强度大,阵风强烈频繁,非平稳特性突出。水电站通常位于深切峡谷地形中,突然的地形变窄,使得峡谷风增速,形成对大坝的压力。高耸大坝对峡谷风的阻挡作用,使得气流变为强迫垂直抬升运动,绕过坝顶时风速再次增强,形成大坝顶的强风。因此,对水电站大坝附近峡谷风的研究具有重要的意义。

3.2 大风多时空尺度变化

风向和风速是大风天气的最基本特征,其次风力等级、大风日数,风向频率,风速频率等都是与大风有关的重要参数。其中大风日数是局地大风天气的重要特征,反映了大风发生的频率。中央气象台的风力等级标准如表3.1所示。按照中央气象台的各级风速标准,以小时极大风速大于或等于13.9 m/s为7级,其余类推。根据坝区小时极大风速的观测数据,大风日是指某地当天一段时间内地面风速观测中,出现瞬时风速大于或等于13.9 m/s,或者目测估计风力达到或超过7级。

表3.1 中央气象台6级和6级以上风力等级标准对照

风力	6级以下	6级	7级	8级	9级	10级	11级以上
风速(m/s)	<10.8	10.8~13.8	13.9~17.1	17.2~20.7	20.8~24.4	24.5~28.4	≥28.5

3.2.1 基本特征

白鹤滩水电站坝区大风天气非常频繁,且风力等级高,表现出比周边地区更强烈的大风特征。对大风天气的分析中,以7级以上的大风日为主,确定大风的频率。7级以上的大风日是指在当天24 h风速观测中,存在任一时次的风力达到7级以上。以水电站坝区观测数据齐全的新田、葫芦口大桥、马脖子和荒田水厂站为例,使用小时观测数据,确定各站的大风日数。从坝区各站自观测以来的大风日数(图3.1)上看,坝区新田站的观测时序最长,其大风日数是各站中最多的。每年有250 d左右出现7级以上的大风,即约70%以上出现大风天气。其次是马脖子站的年大风日数较多,自2015年有观测以来,7级以上风日数在200~250 d。葫芦口大桥站的大风日数比马脖子站少10~20 d,年大风日数在200~220 d。坝区测站中大风日数最少的是荒田水厂站,年大风日数在70~100 d,占年总天数的27%左右。因此坝区大风天气发生频率高,且大风天气的局地性强。现有站点布设在不同的海拔高度上,且位于河谷地的不同宽度处,以及左岸和右岸不同位置,导致各站的风力和风向差异非常大,结果体现在大风日数的差异上。

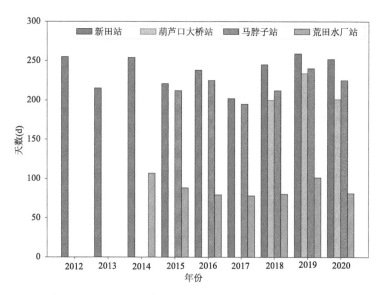

图 3.1　2012—2020 年坝区 4 个站 7 级以上大风天数变化

分析白鹤滩水电站峡谷区风向的变化特征,以靠近大坝的马脖子和荒田水厂站为例,并与大坝上游的葫芦口大桥,以及远离峡谷的宁南新村站进行对比。从多年 2 min 平均风向频率(图 3.2a)看,马脖子站和荒田水厂站风向频率最高的是北风,频率分别为 24.5% 和 22.0%,马脖子最高北风的风向频率加上其次的北北东和北北西风后,偏北风频率达 55% 以上。除偏北风外,马脖子偏南风频率较高,为 12% 左右。葫芦口大桥站风向高度集中,风向频率最高的是东北东风,频率达 32.1%。因此,水电站峡谷地风向集中,主导风向稳定,表现为顺着峡谷的偏北风和偏南风。葫芦口大桥位于峡谷出口,其东北东风的最高频率是受地形影响,主导风向发生偏转的结果。宁南新村站远离峡谷地形,与坝区各站风向频率分布截然不同,各方向频率的差异小,风向分散,频率较高的西南西风仅为 14.2%。因此,水电站所在狭窄地形区,主导风向与峡谷走向完全一致,以顺着峡谷的偏北风为主,其次为相反的偏南风,偏离峡谷走向的风向频率极低,地形强烈锁定气流,峡谷风效应显著。

通过以上分析发现,水电站坝区的主导风向集中在峡谷的方向,以逆着水流方向的偏北风为主,偏北风在各站频率达到最高。葫芦口大桥处,受河谷地形改向的影响,偏东北风频率最高。相反垂直于峡谷走向的风出现频率极低,肯定了峡谷地形对风向具有很强的锁定作用。离开坝区的宁南新村站,主导风向分散,风向频率不集中,与坝区峡谷地形区风向集中的特征完全不同。

分析水电站峡谷区各个风向上多年平均风速分布(图 3.2b),对比平均风速随风向的变化。发现马脖子平均风速最大,西北风的平均风速值最高,达 8.91 m/s,西风风速最低,为 1.64 m/s。葫芦口大桥的东北东风最大,平均风速为 6.4 m/s,低于马脖子站,北风风速最低,为 1.7 m/s。荒田水厂站的西北风平均风速最大,为 3.9 m/s,东北风的平均风速为 1.1 m/s,是最低的。宁南新村站各方向风速均匀,且平均风速值都很低,约为 2.0 m/s,表明离开坝区峡谷,风速显著降低。因此,水电站峡谷区各站最大风速的风向,与主导风向接近,表现为与峡谷走向一致的风速远大于其他风向,且偏北风频率和风速远大于偏南风,说明峡谷区北风频繁,地形锁定风向,并且显著增强了风速。

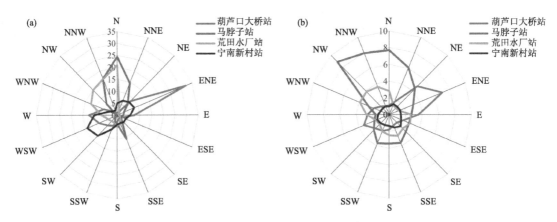

图 3.2　坝区各站和宁南新村站 2 min 平均风向的频率(a,单位:%)和平均风速(b,单位:m/s)的分布

总结坝区峡谷内风向和风力的分布特征,各站平均风速最大和频率最高的风向与该处南北向的峡谷基本一致,平均风速最小和频率最低的风向垂直于峡谷的走向,各站高频风向与该处峡谷南北走向一致的风速远大于其他方向的风速,且偏北风的风速大于偏南风。坝区的风速远大于宁南地区的风速,说明坝区地形对沿峡谷走向的风速有增强作用,同时削弱了其他方向的风速。

根据各站 2 min 平均风速频率的分布,对比坝区与周边的风速特征。从图 3.3a 上看,所有站均在 0～2 m/s 风速区间出现风速频率的峰值,宁南新村站频率最高,达到 7.1%,其次荒田水厂站达到 3.5%。马脖子站在该风速区的频率最低。随着风速增加,各站风速频率快速下降,尤其是宁南新村,4 m/s 以上风速频率低于 0.3%。马脖子站和荒田水厂站在缓慢下降中,还分别在 3～5 m/s 和 6～8 m/s 出现了次峰值,说明这两个站强风的频率高。马脖子站所在峡谷宽度比葫芦口大桥站小,其出现 9 m/s 以上高风速的频率超过 1%。以上分析说明坝区峡谷区与邻近地区风速差异显著,峡谷区强风速的频率高,峡谷对风的影响在地形宽度越小的地方越明显,对气流的增速效应越强。

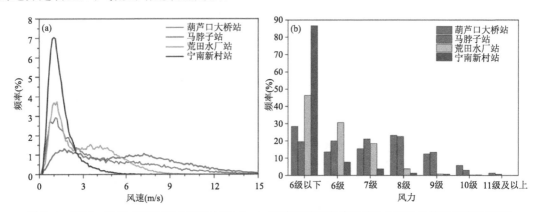

图 3.3　2018—2020 年坝区和宁南新村站 2 min 平均风速的频率分布(a)和风力等级频率分布(b)

通过对白鹤滩水电站坝区各站 2018—2020 年日极大风速进行统计分析,得到 3 个站各级大风出现日数的平均频率,结果如图 3.3b 所示。从图中可见,马脖子站大风最频繁,以 7 级和 8 级大风频次最高,超过总时次 20%,且高于 6 级和 6 级以下风的频率。6 级以上风频率的和

超过 80％，即 80％以上的时次出现 6 级以上大风。8 级大风频率达到 20％以上，且 9 级大风频率超过 10％，说明该站风力尤其强劲。其次是葫芦口大桥站，6 级以上风频率超过 70％，8 级以上大风频率在所有站点中最高，超过了 40％，说明葫芦口大桥站 8 级大风天气尤其频繁。荒田水厂站大风频率相对较低，6 级以上风频率不足 55％。因此，马脖子站和葫芦口大桥站这 2 个站大风最多。离开坝区的宁南新村站风力明显减弱，6 级以下风频率达 80％以上，只有约 15％的 6 级以上大风。以上对比说明峡谷区大风局地性强，荒田水厂站虽靠近大坝，但其所处海拔低，且地形开阔，风力较弱。马脖子站位于狭窄地形旁高地上，葫芦口大桥位于峡谷出口处，两站海拔高，风力强，7 级以上大风的频率明显偏高。

分析坝区大风天气的季节变化。对应着白鹤滩水电站周边天气气候的季节变化，其大风天气的干雨季节差异显著。从水电站峡谷区月大风日数的变化(图 3.4)，说明其干雨季大风的差异。发现大风多出现在干季，葫芦口大桥和马脖子站各月大风日数最多，干季 7 级以上大风每月均在 20 d 以上，其中 3 月达到峰值，平均有 27 d。荒田水厂站 7 级以上大风天数相对较少，11 月和 12 月大风分别为 5 d 和 6 d，1—5 月有 10～15 d。6 月后攀西地区进入雨季，坝区大风天气快速减少，7 月马脖子和葫芦口大桥站 7 级以上大风骤降到 6 d 和 5 d。8 月葫芦口大桥站 7 级以上大风日数降到全年最低，为 4 d，荒田水厂降到 1 d。9 月后葫芦口大桥站和马脖子站大风开始快速增加到 10 d 以上，荒田水厂站变化较缓慢，维持在 2 d 左右。马脖子站位于河谷东侧山腰上，葫芦口大桥靠近河谷西侧，这两个站大风天气多发，对峡谷地形风场的代表性强，说明气流从北向南到达坝区风速增强，离开大坝峡谷后风速减缓。

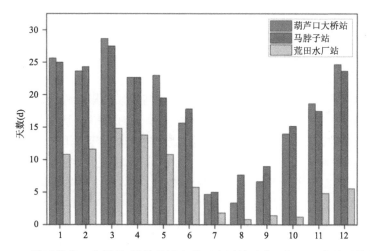

图 3.4　坝区葫芦口大桥站、马脖子站和荒田水厂站逐月 7 级以上大风天数变化

3.2.2　日变化

受太阳辐射日循环的影响作用，地面降水量和大气层中的风速风向变化也呈现显著的日变化特征，表现为风速在某时的明显增强，风向也表现为 24 h 的循环变化。对照坝区降水量的变化特征，发现白鹤滩水电站坝区附近的雨季和干季分明。在此以坝区风力强的马脖子站为例，该站位于河谷的右岸，对比分析其在干季和雨季风向频率的日变化特征。图 3.5 从马脖子站逐小时风向在 16 个风向角的分布，说明风向的日变化特征，以及风向在雨季和干季的

差异。

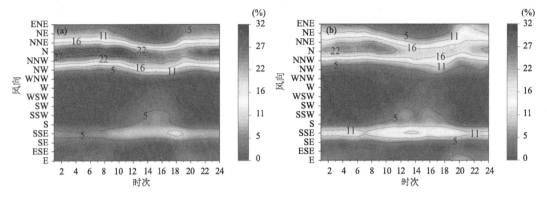

图 3.5　坝区马脖子站在干季(a)和雨季(b)的 2 min 平均风向频率的时次－风向剖面

白鹤滩坝区峡谷为南北向,受太阳辐射日循环和地形的共同作用,其天气特征的日变化显著,以马脖子站为例,对比干季和雨季坝区风的日变化特征。干季马脖子站的风向变化如图3.5a所示,偏北风频率非常高,全天都在20%以上。在23时至次日11时偏北风频率最高,达到27%以上,说明峡谷区风向高度集中,且集中在偏北方向上。其次南南东风频率较高,全天均在5%以上,16—20时频率略有增加,达到11%以上。因此坝区除了南北向主导风向之外,还观测到东西向风交替出现。图3.5a中19时至次日08时东北风和北北东风频率明显增加。对位于河谷东侧的马脖子站来说,偏东风为山顶吹向谷底,表明山风盛行,且该风向的频率在10%左右。相反在13—17时南南西风、西南和偏西风频率明显增加,反映气流倾向于从峡谷吹向山顶,谷风盛行。因此,水电站峡谷地受太阳辐射日循环影响,加上河谷和山地的下垫热力性质差异大,坝区风的日变化显著,呈现垂直于峡谷方向的局地山谷风环流,这与平原地区的大气流场截然不同(范维 等,2013)。

坝区所在的攀西地区自6月进入主雨季后,受西南季风的影响作用增强,区域性的偏南风和西南急流盛行。分析坝区特殊地形下马脖子站雨季风向频率的日变化(图3.5b)。雨季马脖子站仍以偏北风和偏南风为主导风向。偏北风频率在23时至次日09时达到30%左右,全天在22%以上,该频率高于干季的风向频率。偏南风占比全天均在10%以上,10—18时偏南风明显增加,因此坝区在雨季偏北风的频率明显增强。在19时到次日07时,马脖子站偏东风占比开始增加到20%以上,表现为山风,其中20—22时的频率最高,达到30%左右。13—18时偏西风占比较大,表现为马脖子站谷风盛行,出现频率在10%左右。因此,从东西向风交替的日变化,以及偏东和偏西风的频率对比表明,坝区风向的日变化体现了山谷风效应,雨季比干季风向的日变化增强,尤其是山风更明显。

以上结论与贾春辉等(2019)在延庆和张家口等地分析的"谷风持续时间为6～7 h,盛行时段为13—15时,山风持续时间为8～10 h,盛行时段为03—06时"相近。坝区山谷风的分析结果也符合张人文等(2012)在广州从化获得的山谷风特征。综上所述,坝区干季偏北风频率比雨季高,峡谷风效应比雨季强。雨季偏东风和偏西风频率增加,风向的日变化显著,尤其是谷风增强,说明坝区山谷风环流增强。山谷风从峡谷两侧的山顶与峡谷地形交错,削弱坝区盛行的南北向风,不利于坝区大风的发展,导致雨季大风日减少。

坝区气流局地性强,在风向的日变化特征上表现特殊。白天随着太阳对峡谷两侧斜坡的加热作用,大约从 09 时开始不稳定边界层向上发展,风向多变,而夜间边界层开始趋于稳定,风向变化小(Whiteman,2000)。图 3.6a 以坝区的荒田水厂站、马脖子站和上村梁子站为 3 个代表站,在干季风向日变化特征明显,长时间观测的平均风向以偏北风为主,偏北风也有风向的日变化。上村梁子站夜间偏北风和白天的偏东风交替,马脖子站夜间偏东北风和白天偏西北风循环,体现了各站的山谷风变化。上游的葫芦口大桥站在日间有稳定持续的偏东南风,风向的日变化较坝区 3 个站更明显,表现日间偏南风在干季增强。进入雨季,图 3.6b 中各站风向的日变化比干季更强烈,如上村梁子站日间直接转向为偏东风,马脖子在 18—19 时后的偏东风增强。葫芦口大桥站在日间由干季的偏东南风转向为偏南风。因此坝区峡谷区 08 时和 18 时为山风和谷风的转折期,也是山谷风交替发展的时间,且坝区雨季风向的日变化明显,表现出山谷风效应在雨季的增强。总之峡谷区风向的日变化干季和雨季差异大,雨季的山谷风环流增强,这与范维等(2013)的结论完全一致。

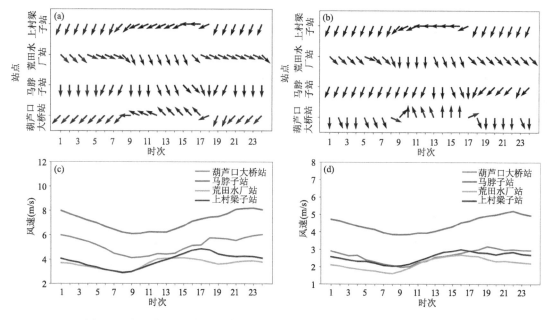

图 3.6　坝区各站干季和雨季平均风向(a,b)和平均风速(c,d)的逐小时变化

　　分析坝区各站风速的日变化特征。从图 3.6c 和图 3.6d 中各站风速的日变化曲线上分析,坝区所在峡谷的风速以马脖子站最强,在夜间平均达 8 m/s 以上,到白天降低到 7 m/s 左右,风速的日变化特征清晰。上村梁子站的风速相对较低,08 时最低为 3 m/s,17 时最高达 5 m/s。因此各站的风速日变化特征一致地表现为夜间风速增加,白天风力降低,尤其是在上午风速降到最低。进入雨季,坝区峡谷区的风速整体降低,但风日变化的位相与干季相似。对比各站风速的日变化特征,发现葫芦口大桥站风速日变化最显著,究其原因该站位于峡谷南部出口,地势高,是峡谷风和山谷风相互作用最明显的地区。马脖子站雨季夜间偏东的山风强,下午偏西的谷风强,是对应山谷风环流最显著的测站。

　　为了分析坝区风向和风速的日变化特征,以马脖子站为例,分析 2 min 平均风向风速的散点分布。在干季(图 3.7a)中,马脖子站大于 8 m/s 的高风速非常集中,且风速越高,风向越向正北方向集中,说明其强风速更容易出现在偏北方向,峡谷风的效应在干季更显著。对于小于 4 m/s 低风速,则风向分散,且主要分布在偏北和偏东,以及偏南方向。在雨季(图 3.7b)中,风向散点分布较干季分散,小于 4 m/s 的低风速风向集中在偏北、偏东以及偏南方向,且偏南方向最大。高风速主要集中在偏北方向,相比干季集中程度明显减小,因此雨季还是以偏北风为主,但是大风的频率明显偏小。以上分析说明,受山谷风的日循环作用,坝区雨季山风的频率相比干季的频率增加,东西向的山风从峡谷两侧的山顶吹向峡谷。在山谷风发展中,大气的位势能转化为动能,导致河谷区的风速增加,有利于大风的形成。但同时东西向的山谷风改变了顺着峡谷的气流风速,削弱了峡谷中南北向风的维持,减弱风速。

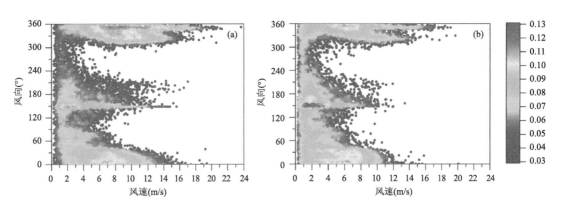

图 3.7　马脖子站干季(a)和雨季(b)2 min 平均风向和风速的散点密度分布

3.2.3　季节变化

　　白鹤滩坝址距宁南县城约 75 km,从天气系统上来说,处于在相似环流背景条件。新田站年平均大风日数可达 250 d,而以宁南新村站为例的宁南县年 7 级以上大风日数只有 7 d,新田站是宁南新村站的 25 倍。干季新田站平均大风日数 144 d,宁南新村站 3 d,干季平均大风日数新田站是宁南新村站的 45 倍。雨季新田站平均大风日数 35 d,宁南新村站 3 d,新田站是宁南新村站的 10 倍。由此可见,白鹤滩水电站的峡谷地形决定了坝区频繁发生超强大风,较周边地区,大风天气明显偏多,尤其是在干季。

　　分析坝区各站不同等级大风的天数。坝区各站 2018—2020 年日极大风速达到 7 级的平均天数上(图 3.8a),马脖子站年平均天数最多为 86 d,新田站为 79 d,荒田水厂站为 73 d,葫芦口大桥站年平均天数最少为 56 d,月平均天数最多是马脖子站的 10 月。新田站日极大风速为 7 级的年平均天数占全年总天数的 21.6%,其中干季 45 d,占干季日数的 21.2%。雨季 34 d,占雨季日数的 22.2%。葫芦口大桥站风速为 7 级的年平均天数占全年总天数的 15.3%,其中干季 37 d,占干季日数的 17.9%,雨季的大风天数是 19 d,占雨季日数的 12.4%。马脖子站风速为 7 级的年平均天数占全年总天数的 23.6%,其中干季 60 d,占干季日数的 28.3%,雨季有 26 d,占雨季天数的 17.0%。荒田水厂站风速为 7 级的年平均天数占全年总天数的 20.0%,其中干季 55 d,占干季日数的 25.9%,雨季 18 d,占雨季天数的 11.8%。由白鹤滩各站 7 级及以上大风平均天数的分析可知,坝区大风天数干季明显多于雨季,而且风力等级明显偏强。

　　分析坝区各站 2018—2020 年 9 级大风的变化特征(图 3.8b)。日极大风力为 9 级的年平均天数大于 40 d 的站点,分别为新田、葫芦口大桥和马脖子站,新田站年平均天数最多为 58 d,葫芦口大桥站为 45 d,马脖子站为 41 d,荒田水厂站 9 级大风天数最少,三年共出现 5 d,主要在 3 月出现 4 d,8 月 1 d。月平均天数最多的为新田站,2 月、3 月和 12 月平均天数为 9 d,葫芦口大桥站 3 月有 9 d 出现 9 级大风。新田站 9 级大风占全年总天数的 15.9%,其中干季 49 d,占干季日数的 23.1%,雨季 9 d,占雨季日数的 5.9%。葫芦口大桥站年平均 9 级大风天数占全年的 12.3%,其中干季 35 天,占干季 16.5%,雨季 10 天,占总日数的 6.5%。马脖子站年平均 9 级大风天数占全年 11.2%,其中干季 32 d,占干季日数的 15.1%。

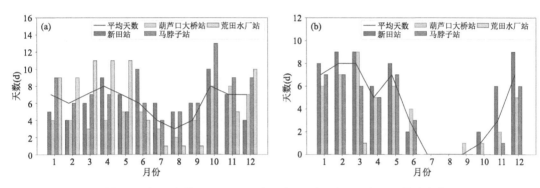

图 3.8　坝区各站 2018—2020 年 7 级(a)和 9 级(b)大风天数月变化

通常 10 级以上的大风天气是很少发生的,但在坝区还是经常会观测到 10 级以上的大风。从图 3.9 中坝区各站日极大风力达到 10 级以上大风的月变化曲线上,发现在 2018—2020 年,葫芦口大桥站 10 级以上的平均天数最多,为 21 d。其次是新田站,为 14 d,马脖子站为 9 d,荒田水厂站该时段没有出现 10 级以上大风。分析大风的季节变化,10 级以上大风最多出现在葫芦口大桥站的 3 月,平均每年有 5 d。各站 10 级以上的大风天气主要集中在干季,如新田站 1 月和 12 月最多,共出现 4 d。在 6—10 月各站均没有 10 级以上大风出现。进入 11 月后开始有 10 级以上大风出现,并逐渐增多。

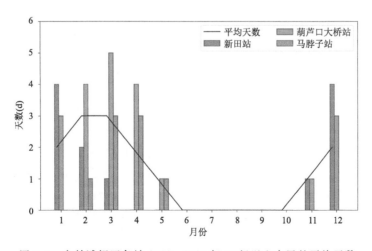

图 3.9　白鹤滩坝区各站 2018—2020 年 10 级以上大风的平均天数

图 3.10 对比分析了坝区各站大风天气的主导风向和次主导风向。从图 3.10a 中新田站 7 级及以上大风的风向特征,发现该站以偏北和偏南大风为主。干季偏北大风每月达到 20 d 以上,而偏南大风只有 2 d 左右。1 月后随着偏北大风日降到 20 d 以下,偏南大风频率上升,月日数达到 10 d 左右。进入雨季,大风日数达到年最低值,偏南大风仍很少发生。

图 3.10b 和图 3.10d 中,马脖子站和荒田水厂站大风的主导风向与新田站变化相似,都是以偏北和偏南大风为主,且偏北和偏南大风的季节变化一致。不同的是,这两个站大风的日数比新田站偏少,尤其是荒田水厂站,干季大风日数在 8～10 d,偏南大风也明显偏少。

图 3.10c 的葫芦口大桥站由于位于金沙江河谷的拐弯处,其 7 级以上大风日数与马脖子站相似,但是其主导风向与坝区其余 3 个站明显不同。葫芦口大桥站干季大风以偏东风为主,月大风日数在 15～20 d,干季的 11—12 月均为偏东大风。1 月以后,偏西大风增多,月大风日数超过 5 d,进入雨季,偏东和偏西大风均很少发生。从以上分析可以看出,葫芦口大桥站的偏东风与其余站的偏北大风变化相似,即偏北气流在河谷地形作用下,在河谷拐弯处偏转为偏东大风。

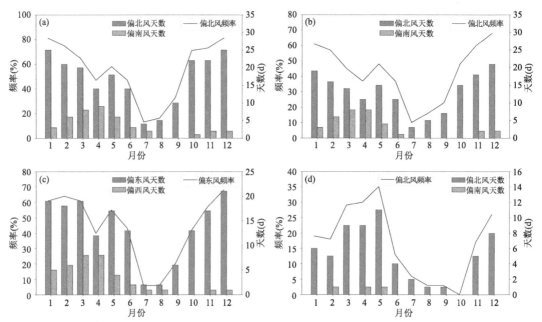

图 3.10 坝区新田站(a)、马脖子站(b)、葫芦口大桥站(c)和荒田水厂站(d)7 级及以上大风日主导风向和次主导风向的风频率和大风天数的月变化

3.2.4 持续时间

以坝区大风频繁的新田站为例,选择 2020 年分析其持续大风的变化特征。以连续 2 h、6 h 和连续 12 h 监测到 7 级以上大风的频数为基础,分析该站持续性大风的月变化特征(图 3.11)。从图 3.11 上看到,1 月、3 月和 12 月新田站出现持续性大风的次数最多,其中 1 月观测到连续 2 h 的大风有 29 次,连续 6 h 的大风 24 次,连续 12 h 大风有 14 次。在 3—8 月中,各站持续大风的次数,呈明显减少的趋势,其中 8 月连续 2 h 的大风是各月中最少,仅有 4 次,8—12 月持续性大风的次数逐月增加。7 月没有观测到持续 6 h 和 12 h 的大风,也是一年中大风频率最低的月。

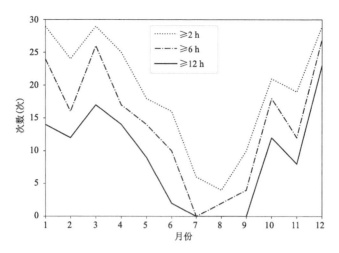

图 3.11　新田站 2020 年各月持续时间超过 2 h、6 h 和 12 h 的大风次数

3.3　峡谷风特征

白鹤滩水电站所在峡谷具有显著的峡谷风效应,对该地峡谷风特征进行研究,有利于明确大风的成因,在加强对水电站峡谷风效应认识的同时,能够提高对大风形成机制的理解,并提高对大风的监测预警效果,达到减少大风天气造成的财产损失和人员伤亡的目的。以下从坝区测站的小时风观测数据出发,根据中央气象台拟定的大风判识标准,分析坝区的峡谷风特征,并以宁南县的宁南新村站为例,对比分析坝区与周边地区风的特征差异。

3.3.1　峡谷风指数

(1)基于风向标准差的峡谷风指数

峡谷地形对风向的锁定作用是峡谷风的重要特征之一。利用多年平均风向和风向标准差,可以分析特殊地形下的峡谷风特征。风向标准差用来定量描述风向偏离平均风向的程度。参考姚增权等(1990)的方法,用风向标准差来定义峡谷风指数。该参数中,风向标准差值越小,风向偏离峡谷中轴线的角度越小,峡谷风的作用越强。分析时用 2 min 平均风向,峡谷风指数的计算中,先计算平均风向角。

用公式(3.1)计算各站的平均风向角 $\overline{\theta}$。

$$\overline{\theta} = \tan^{-1}\left(\frac{M_S}{M_C}\right) \tag{3.1}$$

式中,$M_S = \frac{1}{N}\sum_{i=1}^{N}\sin\theta_i$,$M_C = \frac{1}{N}\sum_{i=1}^{N}\cos\theta_i$,$\theta_i$ 为 i 时刻风向角,N 为样本数。

用公式(3.2)计算峡谷风指数 σ_θ。

$$\sigma_\theta^2 = \frac{1}{N}\sum_{i=1}^{N}\Delta_i^2 - \left(\frac{1}{N}\sum_{i=1}^{N}\Delta_i\right)^2 \tag{3.2}$$

式中,右端第 1 项的平方根是风向标准差,第 2 项是补偿 $\overline{\theta}$ 和算术平均风向 θ 之间的微小差别。Δ_i 是 $|\theta_i - \overline{\theta}|$ 和 $2\pi - |\theta_i - \overline{\theta}|$ 中的较小者。在计算 Δ_i 时,将偏北风和偏南风分开计算,以确定风向偏离峡谷走向的程度。如马脖子站偏北风的平均风向为 358°,偏南风的平均风向为 153°,计算马脖子某时刻偏离值 Δ_i 时,取风向偏离 358°和 153°的差值中较小一个。

（2）峡谷风的评估方法

特殊的峡谷地形作用，除锁定气流的风向外，对气流还有显著的加速作用。参考潘新民等（2012）对不同地形处峡谷风效应的估算公式，以定量确定峡谷对气流的加速效应。

$$U_2 = \frac{U_1 S_1}{S_2} \tag{3.3}$$

峡谷风的计算公式（3.3）中，U_1 为峡谷口的风速，U_2 为进入山谷狭窄处风速，S_1 和 S_2 分别对应 U_1 和 U_2 的横截面面积。在一些"U"型山谷中，可用不同位置峡谷宽度 L_1 和 L_2 来替代横截面面积（董安祥 等，2014），则峡谷风效应估算公式变形为公式（3.4）。

$$U_2 = \frac{U_1 L_1}{L_2} \tag{3.4}$$

（3）峡谷风效果检验

参照文献（胥雪炎 等，2007），采用统计量决定系数（R^2）来检验不同方法对峡谷区风速的整体拟合优度，说明拟合风速对实际风的解释效果。决定系数的计算公式如式（3.5）所示。

$$R^2 = 1 - \frac{\sum_{i=1}^{N}(y_i - f_i)^2}{\sum_{i=1}^{N}(y_i - \overline{y})^2} \tag{3.5}$$

式中，f_i 为拟合值，y_i 为实际风速，$\overline{y}$ 为平均风速值，N 为观测样本数。在此还用拟合准确率（P）来评价在不同风速区间拟合方法的优劣，说明各方法的应用效果（赵婉露，2019）。P 用公式（3.6）计算，其值越接近 100，表明拟合效果越优。

$$P = \left[1 - \frac{\frac{1}{n}\sum_{i=1}^{n}(y_i - f_i)}{\frac{1}{n}\sum_{i=1}^{n} y_i} \right] \times 100\% \tag{3.6}$$

3.3.2　峡谷风特征

利用峡谷风指数分析坝区峡谷对风场的影响作用。坝区干雨季和日夜间风变化显著，在此对比各站多年平均峡谷风指数的月变化和日变化（图 3.12），分析峡谷风效应的差异，发现在 11 月到次年 3 月，各站峡谷风指数值明显偏低，以图 3.12d 上村梁子站的季节变化最明显，干季峡谷风指数均低于 27°，最低达 20°。相反，在 6—9 月，各站峡谷风指数值升高，峡谷风指数均大于 32°。马脖子站雨季峡谷风指数大于 32°以上，荒田水厂站大于 38°，是各月峡谷风指数值最高的。以上分析说明，坝区干季峡谷风效应增强，在雨季相对减弱。再对比分析峡谷风指数的日循环，发现葫芦口大桥站峡谷风指数日变化最强，在 17 时至次日 09 时峡谷风指数值明显偏低，说明夜间至清晨峡谷风作用增强，相反，日间峡谷风指数上升，峡谷地形效应降低。相比而言，荒田水厂站和上村梁子站峡谷风指数日变化较弱。

综合以上分析，说明水电站峡谷风效应在干季比雨季强。在日变化上，当日 16 时到次日 08 时的夜间峡谷风作用最强，相反在日间峡谷风作用减弱。将峡谷风指数的变化，对应坝区干季大风比雨季频繁，以及夜间风力增强的事实，说明峡谷风是坝区风速增加和大风多发的关键因子。由于各站所处峡谷位置和海拔高度不同，峡谷风效应的强弱不同，葫芦口大桥站峡谷风指数的季节和日变化最明显，与该站所在峡谷宽度最小，峡谷风效应相对明显是分不开的。

3.3.3　峡谷风效应

由于白鹤滩水电站上游处在"U"型河谷为主的峡谷区，受坝区峡谷地形的影响，风力增强

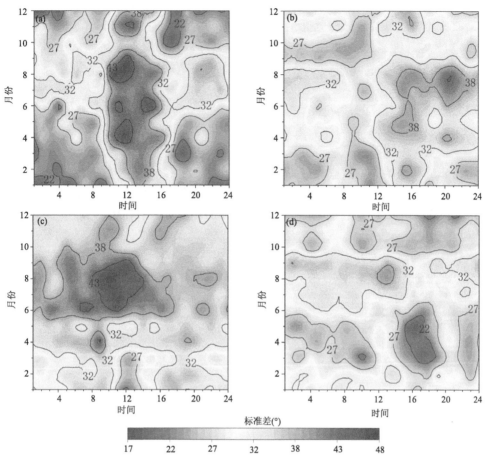

图 3.12 坝区 4 个站多年平均峡谷风指数的时次—月份分布
(a)葫芦口大桥站;(b)马脖子站;(c)荒田水厂站;(d)上村梁子站

且大风天气频繁。各站所处峡谷位置不同,峡谷风有明显的差异,在此根据各站风速间的关系,评估峡谷风对气流的增强和贡献作用。坝区的观测站中,马脖子站靠近水电大坝,处于峡谷中部,葫芦口大桥站处于库区上游河谷地,为偏北气流在峡谷的出口区,两站距离约 30 km,且是坝区所有测站中风速最大的。坝区海拔 900~1100 m 或以上为陡崖,葫芦口大桥站和马脖子站地形横截面近似为"U"型,河宽 2000 m。对于坝区盛行的偏北大风,气流经过马脖子站,再到达葫芦口大桥站。在此分析这两个代表站的风速关系,评估坝区峡谷风效应。

马脖子站和葫芦口大桥站多年 2 min 平均风速的相关系数为 0.69,呈显著相关性。首先用地形狭管效应公式(3.4),建立马脖子站多年 2 min 平均风速 U_1 与葫芦口大桥站风速 U_2 的关系。取葫芦口大桥处的地形宽度 L_2 为 2190 m,大坝处的宽度 L_1 为 1730 m,估计马脖子站和葫芦口大桥站的峡谷风关系式为公式(3.7)。

$$U_2 = 0.79U_1 \tag{3.7}$$

采用公式(3.7)评估坝区的峡谷风作用,当气流 U_1 经过马脖子站加速后,到达葫芦口大桥处风速为 U_2,则风速降低为马脖子风速的 0.79 倍。由此反向推断,当气流进入白鹤滩坝区时,由于峡谷地形的影响,风速增加了约 26.6%。这比李永乐等(2010)等对龙江大桥处风场研究时提出的"峡谷对风速有 5％～15％ 的加速效果"更显著,也是白鹤滩坝区深切峡谷地形作用的结果。王云飞等(2018)研究大坝蓄水前后的风速变化时指出,无蓄水时风速有较明显的加速效应,风速放大系数高达 1.14,但蓄水后明显降低。该研究结果略低于本节的加速效应,但本节的研究已经是蓄水后的结果,因此坝区的峡谷风效应明显强于王云飞等(2018)的山区地形峡谷风。

以狭管效应对峡谷风的估算中,由于坝区地形复杂,选择的地形宽度数值粗糙,建立的风速关系简单。根据公式(3.5)对狭管效应的评估,其决定系数(R^2)仅为 0.4426(表 3.2),说明该估算方法的效果不理想。但是该方程反映了马脖子站风速高于葫芦口大桥的事实,简单的算法模型为正确模拟峡谷风效应提供了思路。因此,为了更好地评估峡谷风效应,下面采用多种拟合方法建立两站之间的风速关系。从葫芦口大桥站和马脖子站风速分布的散点图(图 3.13),分析两站风速变化的关系。在低风速区的频率高,马脖子站和葫芦口大桥站风速分布密集,大致分布在 $y=x$ 轴线两侧。在 5 m/s 以上的风速区间,马脖子站的风速明显高于葫芦口大桥站。当风速大于 8 m/s 时,两者略呈线性关系。参照两站风速的正相关性,下面用线性拟合、多项式拟合和指数拟合的方法,分析坝区的峡谷风效应。

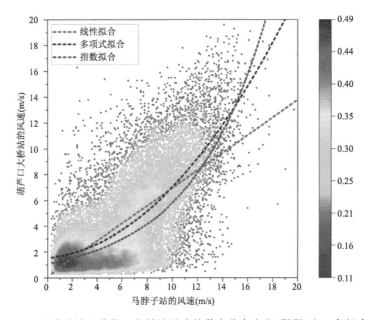

图 3.13　马脖子站和葫芦口大桥站风速的散点分布密度(阴影)和 3 条拟合线

从图 3.13 中分析 3 种方法对马脖子站和葫芦口大桥站间风速的拟合关系,其中多项式拟合的曲线与实际风速的分布较接近,尤其是在 5 m/s 以上的大风速区间内。再用决定系数 R^2 来对比各方法的效果,R^2 值越接近 1,拟合效果越好。三种拟合方法建立的风速关系方程和决定系数如表 3.2 所示,对各拟合方法的效果进行检验。表 3.2 中各拟合方法检验表明,3 种拟合方法的决定系数均大于 0.44,相比于狭管效应,说明拟合效果都略有提高。线性拟合方法比狭管效应的决定系数增加了 0.032,指数拟合和多项式拟合的决定系数更高,尤其是多项式拟合的决定系数达到 0.5078,是各种方法中应用效果最优的,因此以上方法对坝区峡谷风的拟合效果得到一定改善。

表 3.2　马脖子站和葫芦口大桥站风速关系的拟合结果和检验

拟合方法	拟合方程	决定系数(R^2)
狭管效应	$U_2 = 0.79U_1$	0.4426
线性拟合	$y = 0.68x + 0.14$	0.4747
多项式拟合	$y = 0.05x^2 + 0.08x + 1.54$	0.5078
指数拟合	$y = 1.11\,e^{0.17x}$	0.4927

坝区大风天气多，风速脉动强且变化复杂，决定系数(R^2)能够整体评价各站的风速关系，但却无法检验拟合方法在不同风速区间的应用效果。采用拟合准确率 P 分析多种方法在不同强弱风速的效果，实现对坝区峡谷风的分段拟合。将葫芦口大桥站每 0.1 m/s 间隔的风速值代入方程，求得对应的拟合值，按照公式(3.6)计算准确率(P)，获得不同方法拟合准确率随风速的变化(图 3.14)。对比分析各方法的拟合效果，发现 4 种方法的拟合准确率表现为：当风速小于 5 m/s 时，由于风脉动强，对于脉动强的低风速区间，各方法的拟合准确率非常低，远低于 70%。随着风速增大，拟合准确率快速上升。当风速增加到 10 m/s 后，准确率开始缓慢降低。对于 14 m/s 以上的较强风速，各方法准确率在 60% 上下波动，拟合的不确定性增强。

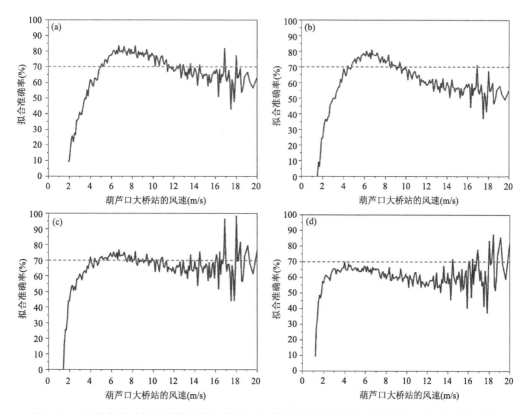

图 3.14　四种方法对坝区马脖子站和葫芦口大桥站间峡谷风效应的拟合准确率(P)变化曲线
（直线表示拟合准确率达 70%）
（a）狭管效应；（b）线性拟合；（c）多项式拟合；（d）指数拟合

对比分析图 3.14 中各方法拟合准确率的变化曲线,并以 70% 作为准确率的标准线。对 5 m/s 以下的低风速,各种方法的拟合效果不理想。对比准确率达到 70% 以上的风速区间,发现狭管效应和线性拟合的风速区间最宽,表明其准确率相对较高。图 3.14a 中狭管效应的准确率变化曲线显示,风速在 5.0~11.5 m/s 时,准确率能够到达 80% 以上,拟合效果最好。再对比各方法对 11.5 m/s 以上强风速段的拟合效果,发现多项式拟合的准确率最接近 70%,且准确率波动平缓,下降最缓慢,在各方法中相对较优,平均准确率可达到 65% 左右。由此说明,在通过葫芦口大桥站风速对坝区峡谷风进行拟合时,各种方法难以拟合 5.0 m/s 以下低风速。当风速在 5.0~11.5 m/s 时,可采用狭管效应拟合峡谷区的风速。当风速超过 11.5 m/s 时,可采用多项式方法来拟合峡谷风的作用效果。

综上所述,对于白鹤滩坝区峡谷的大气流场,对于 5.0 m/s 以下的低风速,各种拟合方法对峡谷风的拟合效果较差。当葫芦口大桥站平均风速在 5.0~11.5 m/s 时,峡谷风作用显著,可以采用狭管效应评估峡谷大坝的风速,该拟合情形下,坝区峡谷对风速有 26% 的加速效果。当葫芦口大桥站风速大于 11.5 m/s 时,可以采用多项式拟合方法来评估坝区峡谷风的作用效果。

3.4 干热风特征

干热风是一种高温低湿并且具有一定风力的灾害性天气,这种特殊的天气多出现在午后,夜间逐渐减少,并且局地性特征非常明显。干热风发生时温度显著升高,湿度显著下降,并伴有一定风力,经常会对农作物造成根系吸水不及时和干旱死亡的严重灾害,因为对我国北方小麦产量造成影响,因此长期以来在农业上受到极大关注。干热风在我国北方地区较常见,通常发生在雨季来临之前高温干旱和多风少雨的季节,研究发现,干热风天气对我国黄淮海和西北地区的影响较为严重。当气流翻山过岭时在背风坡绝热下沉而形成干热的风,导致在山脉背风坡易出现焚风效应(霍治国 等,2019)。候启等(2020)分析河西地区的气候特征时发现,除海拔较高地区没有干热风事件发生外,河西其余地区干热风均常见,近年来干热风频次呈现增加趋势,且增长幅度有明显差异。李森等(2019)利用干热风综合强度指数分析了黄淮地区干热风强度的时空变化特征,表明在气候变暖背景下,黄淮地区干热风强度总体呈减轻趋势。干热风天气条件的区域差异显著,我国黄淮海地区和西北地区受干热风影响较为严重,在西南地区少数地方也会发生,但是对西南地区干热风的研究较少。

干热风天气主要受天气系统的影响,在特殊的大尺度环流背景下形成,并且持续时间的长短与大气环流系统移动有很大关系,在大气环流系统移动缓慢的情况下,干热风的持续时间通常会较长。一般在大气层结不稳定时受地面热力作用会产生干热风(潘映梅 等,2020),主要特点为温度突然升高、空气湿度下降和风速较大。由于地形地貌、下垫面性质,以及生态环境条件的差异,导致干热风有较为明显的地区差异,干热风通常在低洼盆地、沙漠边缘、山间谷地、山脉背风坡等地较强(邓振镛 等,2009)。

干热河谷气候是我国西南山地河谷一种特殊的气候类型,分布于横断山区南部与云南高原的金沙江、元江、怒江、南盘江等沿江深切的河谷地带,这一地带除云南南部外都远离热带,却具有北热带的气候特征,但不同于一般偏湿的北热带气候,并且与周围地区有着明显差异。这些深切河谷存在显著的热量偏高、降雨量偏少的特征,且气候炎热、干燥,植被稀少,具有干热气候特征(罗成德 等,2017)。白鹤滩水电站坝区位于金沙江河谷区,热力性质不均匀,易形成与平原地区截然不同的干热风。虽然金沙江流域的干热河谷经常被提及,但是对该地区的干热风特征研究较少,对干热风的强度和多时空尺度变化特征研究更少,有关该地区干热风的季节变化和强度没有明确的结果。

3.4.1 干热风定义

干热风的气象指标建立时,通常是考虑当地的气候特征和农作物抗旱能力,因此各地区之间存在不一致性。通常的干热风指标用日最高气温和当日 14 时风速,并引用相对湿度的观测值来定义,如对于高温低湿型的轻干热风,根据中国气象局对干热风的定义(霍治国 等,2019),日最高气温大于 30 ℃,且 14 时风速大于 3 m/s,为一个干热风日。重干热风为日最高气温大于 33 ℃,且 14 时相对湿度小于 30%,14 时风速大于 3 m/s。

在此参考张祖莲等(2022)的方法,以日最高气温、14 时相对湿度和风速 3 个气象要素组合,作为划分干热风等级的指标。3 个气象要素的阈值如表 3.3 所示。考虑到白鹤滩水电站坝区前期数据采集以日资料为主,对没有小时观测的数据以日相对湿度和日平均风速为参考。

表 3.3 干热风的定义

分类/指标	日最高温度(℃)	14 时相对湿度(%)	14 时风速(m/s)
重干热风	$T \geqslant 35$	$\leqslant 25$	$\geqslant 3$
中干热风	$34 \leqslant T < 35$	$\leqslant 25$	$\geqslant 3$
轻干热风	$32 \leqslant T < 34$	$\leqslant 30$	$\geqslant 2$

3.4.2 季节变化

以白鹤滩水电站坝区上村梁子、新田、马脖子和荒田水厂 4 个站为例,根据表 3.3 中的干热风定义,获取自观测以来各站的干热风天数,分析坝区干热风的季节变化和地区差异。从图 3.15a 中各站干热风平均天数的逐月变化曲线发现,坝区干热风从 2 月开始发生,随着春季来临,干热风天数增多,且强度增强。干热风多发生在 4—5 月,这两个月干热风天数为 6~9 d。对比各站干热风天数的差异,马脖子站和荒田水厂站出现干热风最为频繁,上村梁子站和新田站次之。坝区从 2 月开始出现干热风,但天数较少,仅有 1 d。3 月干热风天数迅速增加,为4~5 d,到 4 月和 5 月达到年日数的峰值,马脖子和上村梁子等站月平均天数最多,为 11 d。6月后坝区进入雨季,降水量增加,干热风天数快速降低,直至次年 2 月干热风都较少发生。

坝区干热风天气主要集中出现在 3—6 月,3 月和 6 月干热风天数较少。与邻近坝区的巧家站进行对比分析,坝区干热风天数明显偏多,巧家站在干热风多发的 3—5 月,仅有 2~3 d。与我国其他干热风频发的地区对比,水电站坝区的干热风集中在 4—5 月,而我国北方地区干热风频发集中在 5—6 月,比坝区的干热风季节偏晚。究其原因,4—5 月是攀西地区干季的末期,降水量仍然偏少。在晴热少雨的气候背景下,坝区地表植被覆盖条件差,受太阳辐射的影响,地面升温快,成云致雨的机会少,加上春季大风天气多,在这种条件下,容易形成干热风。我国北方地区比攀西气温回升晚,虽然冷空气条件下的风力较强,但温度条件差,导致干热出现季节晚,在 5—6 月频发。

分析坝区各站近年来重干热风的月变化曲线(图 3.15b),发现坝区重干热风集中出现在 4月和 5 月。其中 4 月和 5 月马脖子站平均重干热风的日数分别为 3.8 d 和 6.0 d,上村梁子站重干热风的平均日数分别为 3.2 d 和 4.8 d,荒田水厂站的平均日数分别为 5.9 d 和 5.1 d,新田站的平均日数分别为 3.4 d 和 4.2 d。对比各站的差异,距离坝区越近的站,如马脖子站干热风较其他站频繁。巧家站重干热风最多也是发生的4—5月,平均日数仅为2 d,明显低于坝区。坝区河谷效应对干热风的影响昰著,在相似环流条件下,比巧家站的干热风更严重。白鹤滩水电坝区的重干热风在4—5月最频繁,且以马脖子站、荒田水厂站和上村梁子站天数最多。

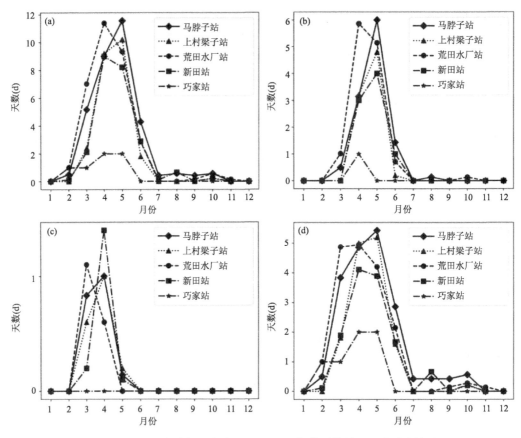

图3.15 坝区4个站与巧家站2012—2020年的干热风(a)、重干热风(b)、
中干热风(c)和轻干热风(d)各月平均天数变化曲线

由于坝区气象观测站的地理位置有差异,其干热风的日数也有一定差异。从气候背景上说,坝区各测站与巧家站在气温和湿度条件方面相似,但是干热风却明显偏多,且干热风强。究其原因,西南地区3—6月相对于其他月份,具有温度高和相对湿度小的特点,其中坝区5月的高温天气最频繁,有利于干热风生成,坝区的多个站点均在4—5月更易出现持续干热风天气。坝区与巧家站的风速差异较大,坝区各站处于河谷地形的狭窄处,峡谷风效应导致各站风速明显比巧家站强,风力加大,使坝区测站的干热风天气相对更为频繁。坝区各站中,马脖子站的海拔最高,达1022 m,对流层向上空气湿度越小,且风速越大,常年平均风速达到8 m/s以上。由此坝区的马脖子站比其余站更易出现重干热风天气。相反,巧家站高温天气较少,常年平均风速在2 m/s左右,明显偏低,重干热风天气较少。

3.4.3 年际变化

分析近年来坝区各站不同强度干热风的年际变化(图3.16)。虽然坝区自观测的8年以来,干热风天数总体呈现波动变化,但观测时间短,没有确定的趋势性变化(图3.16a),呈现出准双峰型,峰值分别出现在 2015 年和 2019 年,这两年马脖子站的干热风总天数分别达到 38 d 和 35 d,新田站的干热风天数分别达到 28 d 和 43 d。相反,2017 年的干热风天数最少,尤其是上村梁子站和新田站,只有 13 d。

对比分析整个时段内重干热风天数的年际变化(图 3.16b),发现各站中,荒田水厂站的增加趋势显著,由 2016 年最少的 2 d 增加到 2019 年最多的 23 d。其余站点干热风天数波动变化,无明显的增减趋势。受测站观测资料限制,坝区干热风年际差异显著,短时间内未出现明显的趋势性变化。

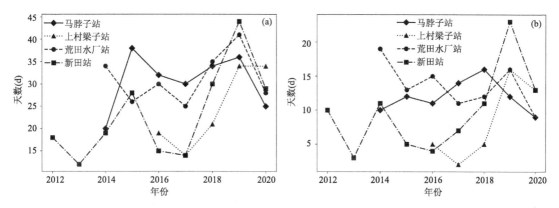

图 3.16　坝区干热风(a)和重干热风(b)年总日数的变化曲线

3.4.4　干热风持续性

干热风具有连续发生的特征,且持续时间越长,干热风的强度越强,由此产生的气候异常造成的影响也会越严重。分析白鹤滩水电站坝区各站连续干热风天数(表 3.4),发现各站连续干热风日数存在显著差异。就连续 2 d 的干热风次数而言,荒田水厂站发生次数最多,过去 8 年达 21 次,其次是马脖子站和新田站,连续 2 d 的干热风次数分别为 11 次和 19 次。对于连续 3 d 的干热风次数,马脖子站为 11 次,新田站和荒田水厂站分别降为 6 次和 9 次。连续 4 d 的干热风次数,马脖子站、新田站和荒田水厂站次数最多,达到 5～6 次。5 d 以上的连续干热风次数,仍然是马脖子站、新田站和荒田水厂站最多,为 11～12 次。马脖子站在 2020 年以前的 8 年中出现了 12 次连续时间超过 5 d 的长时间干热风,是干热风最频繁的站点。坝区干热风持续最长时,可达 13 d。因此,坝区连续性的干热风天气频繁,且以马脖子站最为严重,其次是新田站和荒田水厂站。上村梁子站发生连续性干热风的频率较其余测站偏少。

表 3.4　2012—2020 年坝区连续干热风的次数分布

连续日数(d)	马脖子站(次)	上村梁子站(次)	新田站(次)	荒田水厂站(次)	巧家站(次)
2	11	4	19	21	3
3	11	7	6	9	0
4	6	3	5	6	0
≥5	12	6	11	11	0

对比坝区干热风与巧家站的差异,从表 3.4 中发现巧家站除了发生过 3 次连续 2 d 的干热风外,未出现 3 d 以上干热风,比坝区的干热风强度明显偏低,说明水电站所在峡谷区干热

风明显偏多偏强,离开坝区河谷的周边地区干热风次数减少,强度降低。因此,干热风气候特征是白鹤滩水电站峡谷地形作用于当地天气气候变化的必然结果。

坝区连续多日的干热风天气频繁,尤其是马脖子站。分析其原因,由于马脖子站位于金沙江河谷地形的狭窄处,且位于河谷东侧的高地上。测站海拔高,峡谷风效应导致风速偏强,大风频繁。马脖子站的风力是坝区测站中最强的,且干热风次数最为频繁,持续时间也最长。巧家站由于地理位置差异,处于较为开阔地带,风速明显比坝区站低,因此出现干热风的频率低,且干热风的强度小,最长仅为持续 2 d 的干热风天气。对比以上站点多年温度的分布,发现坝区干热风多发的 4—5 月,该时段坝区的气温经常高于 30 ℃,是一年之中高温天气占比最高的时段,干热风频发的时间与金沙江干热河谷最热出现在 5 月对应(刘方炎 等,2010)。邻近坝区的巧家站气温在 4—8 月较高,但是日最高气温多分布在 30~34 ℃,较少出现 35 ℃的高温天气,高温强度低于坝区各站点,加上巧家站的风速低,因此干热风较少出现。

3.4.5 干热风形成机制

坝区的干热风多发生在初夏的高温少雨季节,一般持续时间在 3 d 左右。从形成原因上说,由于坝区气候炎热,雨水稀少,下垫面增温强烈,在坝区气压迅速降低时,形成很强的热低压,河谷地的下沉运动增强,大气的干绝热下沉增温导致升温。同时在热低压的周围,气压梯度随着气团的升温而增加,形成的一股又干又热的风。

已有研究表明,干热风是在西太平洋副热带高压西部的西南气流影响下产生的。西太平洋副热带高压(简称副高)是一个深厚的暖性高压系统,自地面到高空都是由暖空气组成的。春夏之际,西太平洋副高滞留在江淮流域上空,以后逐渐向西和向北移动。在副热带高压作用下,对流层高层为顺时针风向,在副热带高压西部,盛行吹西南风。在副热带高压偏北部和西部地区,受这股强西南风的影响,与坝区近地面的热低压相互作用,下沉运动增强,易诱发干热风天气。此风向是导致干热风形成的关键气象要素,考虑到坝区各站气温变化的差异性较小,在此对比干热风日与非干热风日的风向差异,讨论坝区不同风向对干热风的影响作用,探究坝区干热风的形成机制。

分析马脖子站干热风的风向频率分布(图 3.17a),发现在干热风日,该站以偏南风为主导风向,最高频率的风向为南南东风,频率达到 24%以上。其次是南风和南南西风,风向频率分别为 13%和 9%。对照马脖子站非干热风的风向频率(图 3.17b),发现在非干热风日,该站偏北风频率明显增加,最高的北风频率达到 28%,其次是北北西风,频率为 19%。上村梁子站在干热风日也是以偏南风为主,南南西风的频率最高。相反,在非大风日,该站以偏北风为主,北风的频率最高,达 28%。由此说明坝区干热风的发生,通常是受偏南风的作用,而非干热风时以偏北风为主,两者形成鲜明对比。

坝区干热风日与非干热风日的风向形成南北相反的状态,说明偏南风在 3—5 月增强,是导致干热风形成的重要原因。对于坝区盛行的偏北风,影响干热风发生的机会较少。在 3 月之前冬季和初春季,坝区的大风天气多发,盛行顺着峡谷的偏北风。偏北风的气流多为干冷空气,由于气温低,到达坝区的峡谷边坡,虽然有绝热下沉增温作用,但很难达到干热风的高温标准,以降温天气为主,不利于干热风的形成。相反,进入 4—5 月后,坝区逐渐转为受西南夏季风影响,偏南风的频率增加。西南季风的暖湿气流增加,逐渐在云南和四川地区盛行,偏南气流在云贵高原地区的湿绝热上升降温,凝结成雨。相反,当气流在下沉进入到云南和四川交界的金沙江河谷时,加上太阳辐射导致地面升温快,季风的降水未能形成,显著的干绝热下沉增

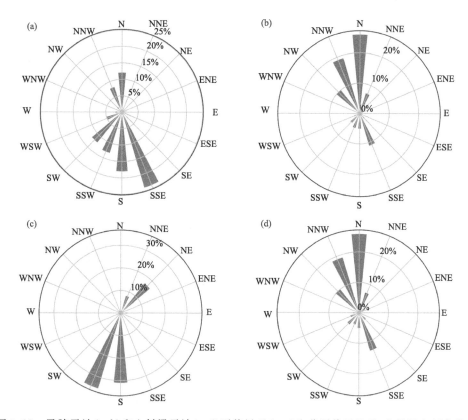

图 3.17　马脖子站(a,b)和上村梁子站(c,d)干热风日(a,c)和非干热风日(b,d)的风向频率分布

温,综合结果形成了坝区的强干热风特征,导致坝区的干热风增强和频繁发生。但西南季风一般在 5 月下旬进入金沙江河谷一带,降水开始,干热风完成消失。

综上所述,3 月后西南地区从冬季风转换为夏季风后,盛行的偏南风多为暖湿气流,在山脉迎风坡上升过程中水汽逐渐饱和,凝结形成降雨。到达背风坡时大气缺少水汽,形成相对高温和干燥的气流。偏南气流在云贵高原地区经过湿绝热上升降温,远距离输送到西南内地后,下沉进入金沙江河谷区产生干绝热下降增温,再加上水电站附近的峡谷地形为南北向,由较为空旷的地区进入山地峡谷口时,空气质量堆积,气流加速通过,导致风速加大,干燥、高温和强风速极易满足干热风判断指标,因此在水电站坝区干热风多偏南风。总之,处于干热河谷的白鹤滩水电站坝区,干热风主要发生在 4—5 月,比我国北方地区的干热风季节偏早 1 个月。

3.4.6　干热风特征讨论

干热河谷地形在西南纵向岭谷区的金沙江及其支流分布较为广泛(明庆忠 等,2007),白鹤滩水电站处于青藏高原东南边缘的大裂谷中(卿文静,2008),属于攀西典型的干热河谷区。在冬季北半球西风带南移,青藏高原南侧的西风急流将西亚、南亚的干热空气输送到攀西河谷地区,使得冬季天气晴朗、干燥少雨,以及日照百分率高(罗成德 等,2017),11 月至次年 4 月的干季,降水量仅占全年的 10% 左右(刘方炎 等,2010;姜琳 等,2014)。相反,在坝区进入夏季后,受西南季风影响,雨水充沛。

在我国大多数地区,为雨热同季,即 7—8 月降水量充足,且是一年中气温最高的季节。但受白鹤滩坝区季风交替影响,形成了干雨季分明、存在明显的雨热不同季的现象,雨热不同季也是干热风出现的根本原因。冬春连旱是坝区鲜明的气候变化,最冷月出现在 12 月,最热出现在 5 月,与我国大多地区最冷月出现在 1 月和最高温度出现在 7—8 月明显不同。其次,坝区的 6—7 月和 9 月出现两个降水峰值,形成 5 月干旱少雨季和高温叠加的季节。坝区河谷附近复杂的下垫面升温快,也是干热风比邻近地区偏多的原因。在全球气候变化和我国西部气温升高趋势的背景下,金沙江干热河谷的年平均气温变化与周围地区基本一致,但年平均降水量略有减少,整体表现为干热强度轻微增强(罗成德 等,2017),因此,近年来的气候变化对该区域干热风存在较大影响,如 2019 年坝区降水量偏少、气温偏高,使得干热风显著偏多偏强,与西南大范围气候异常变化有密切的关系。

坝区的峡谷地形加强了干热风的频率和强度。进入 4 月后,偏南的大风在坝区开始增多盛行,但该时段西南地区的雨带集中在云贵高原以南地区,如春季的强对流、冰雹和降水明显增多,但高原以东的攀西地区仍属于干季。坝区所在的河谷位于川滇间金沙江下游拐弯地带,也是南北走向横断山脉的白林山、龙帚山、鲁南山与百草岭、三台山、拱王山等接壤处,山高谷深,构成相对高度达 2000~3000 m 的大峡谷,受地形影响使得对流层中的气流在背风坡下沉时绝热增温强(罗成德 等,2017)。从孟加拉湾等热带海洋北移而来的水汽随着地势增高不断凝结形成降水,等暖湿气流到达偏北地区时,水汽大量减少。当气流从高原上空横扫而过,河谷地区无降雨出现,或者当气流流经河谷地区,在下沉过程中出现焚风效应,而使河谷地区变得干热(明庆忠 等,2007)。暖湿气流在云贵高原北侧的绝热下沉过程中逐渐升温,空气中的水汽不易达到饱和状态,因此降水较少,湿度小(孙宗宝 等,2014),焚风效应的作用在坝区的峡谷地形区有利于干热风的形成(尤凤春 等,2007)。白鹤滩水电站坝区位于我国横断山脉东侧,一般当焚风较为强烈时,温度快速上升,湿度降低,导致干热风形成,因此,我国横断山脉的焚风效应对坝区干热风的出现也存在较大影响。

峡谷地形加强了风速,促进干热风频发。白鹤滩水电站位于“V”型深切峡谷区,当盛行的偏西南季风在开阔的巧家县转为南北向气流时,自然切割的峡谷地形强烈变窄,空气质量无法大量堆积,河谷的狭管效应增强风速。在前文峡谷风的研究中,坝区地形致使风速加大 26%。大坝附近的马脖子站、上村梁子站和新田站均位于地形最狭窄地带,风速变大,马脖子站常年平均风速在 9 m/s 以上。荒田水厂站风速多在 2~9 m/s。风速的加大,使偏南风增强,干热效果加剧,干热风频繁。巧家站位于比坝区更为开阔的地带,风速小于坝区测站,在满足温度和相对湿度的条件下,其风速较小,不易出现干热风天气,比坝区的干热风频次、强度和持续时间明显偏弱。

第 4 章　白鹤滩坝区大风环流形势特征

我国一些大风天气频繁发生的地区,如高原、峡谷以及山地等引起大家的关注,其次是沿海地区、山区和特殊地形区的大风天气也是研究关注的焦点。影响大风的天气系统有很多种,其中最重要的一类是由各类天气尺度、中小尺度系统在发生发展、移动和相互作用中引起的大风天气。其次是在一定下垫面条件下,地形作用下产生的大风,如在峡谷、高原、海岸等地形的动力以及热力效应下产生的大风。我国幅员辽阔,各地大风天气存在显著的差异,影响大风的天气系统也各不相同。

我国北方大部分地区的大风天气多受偏北的强冷空气影响,集中出现在冬春季。西南高原地区大风天气集中在冬季,而东南沿海地区的大风天气在各个季节均匀分布。产生大风天气的环流系统,以及成因机制非常复杂,分析大风形成原因时,需要关注天气系统的类别、位置和强弱变化。

4.1　大风天气系统和环流分型

对流层不同高度上的环流形势分析是确定寒潮、降水、大风和各种天气类型的关键。特定的环流形势背景为各种天气的发生提供了有利的环境,并导致其最终爆发,大风天气也是如此。在已有大风天气的研究中,确定了影响大风的不同高度天气系统类型,并概括为低涡型、气旋型、低槽型、高脊型、高低空急流型,以及低空锋面型等多种类型。通过对以上天气系统的分析,讨论大风等多种天气现象的形成、发展和消亡,使天气学原理在气象预报上获得更好应用。

已有影响大风天气发展的环流形势研究指出,海平面气压场的变化是引起地面大风天气形成的关键。研究根据大风发生时海平面气压场的分布特征,以及我国"东高西低""北高南低"或者相反的气压距平场,从等值线的密集程度,判识气压梯度力增大的地区,从而认识导致中国区域性寒潮大风天气发展的原因。低涡周围也是易发生大风的地区,这种低涡的作用不仅反映在中国北方地区的东北冷涡,而且在南部海洋上也易产生大风天气,如在东北冷涡后部,强烈冷空气作用下形成偏北大风,以及冷涡前部暖平流作用下形成的偏南大风。宋洁慧等(2019)在对北部湾夏季大风的分析中指出,海面的西南大风是一种低压或者低涡影响下的大风,当北部湾海面不断有南海热带低压、西南低涡和北部湾低涡等低值系统生成发展或移动时,会导致该地区大风的生成。在中国西部地区,西南涡和高原涡增强发展或东移时,其附近也易发生大风天气。

中小尺度天气系统是局地大风形成的环流机制,如在小范围内监测到中气旋和中低压出现时,经常会产生雷暴对流云体,尤其是在超级单体雷暴云中,强烈上升气流伴随的龙卷大风、雷暴云后部强烈下沉气流形成的下击暴流、周围下沉气流形成的辐散大风,都是局地大风的重要原因。从大风的形成机制上说,以上不同环流形势有利于大风天气的形成,从根本上说都是因为在特殊的环流形势作用下,对流层局地的气压梯度力增强,水平的辐合和辐散,以及垂直运动作用加剧形成大风。其次对流层高空急流的强动量有时会传递到低层,诱导低空风速加大,形成近地面的强风。强对流性天气发展中,大气层结不稳定能量在对流层的积累,到最终产生垂直向上的对流运动,也是导致大风天气发生的原因。

位于四川省西南部的攀西地区高山峡谷纵横,在安宁河沿线,以及一些风速较大的平坝、山口和河谷都是大风天气频发的中心。已有对攀西大风天气的研究中,根据影响大风的关键天气环流类型,将重要的天气形势概括为:高原低槽东移型、下滑槽南压型、南支槽型、中低空切变型、高原涡型和西风急流型等多种环流类型,并根据对以上环流形势的分析,进行攀西地区大风天气的预报预警。但以上分析中,影响攀西地区大风的环流形势类型多,且对环流形势的分析依赖于预报人员的主观判断分析,对影响大风强度的气压梯度,高空急流动量下传的强度,以及冷暖气流的路径和强弱等,较少进行客观定量分析,因此,在坝区大风等天气预报的业务中较难直接应用。

对特殊天气进行环流形势的分型,是天气预报的重要方法,也是建立天气概念模型,帮助大家深入了解和掌握不同天气动力演变过程的关键。基本的环流形势分型方法是通过分析不同高度上大气运动的风场、位势高度和涡度场等物理量分布,归纳总结影响天气变化的关键环流系统,并根据天气学分析的基本原理,研究天气变化发展的成因机制,进行灾害性天气的预报预警。因此,进行环流系统的分析是天气预报预警的基础。环流形势分型是在天气学原理的基础上,经历了研究人员对多次天气过程的分析总结,并且融入了长期以来众多预报人员的切身体会和智慧,是一种简洁有效的天气分析方法。如高涛等(2016)根据内蒙古15次强沙尘暴天气的分析,将影响沙尘暴过程的环流形势划分为:蒙古气旋型、冷锋型和副冷锋型,并指出其中的蒙古气旋和冷锋型是关键环流型,这几种环流型在海平面气压场上均表现为"西高东低"的形势。

传统主观的环流形势分型是最常用的天气分析方法,该方法是建立在实际预报工作经验和历史天气普查的基础上,对重要的环流形势及其高低空配合进行归类,并建立对应的环流模型。环流形势客观的分型是天气学分析的另一种重要手段,该方法已经应用在沙尘暴(高涛等,2016)、寒潮(段雯瑜 等,2014)、大风(滕华超 等,2018)和强降水(邓伟涛 等,2015;滕华超,2016)等多类型天气过程的辨识和预报中。客观环流形势分型的诊断思路和方法来源于天气学的主观分析,但又提高了主观分析的判断依据,在天气学分析应用上表现出一定的优势,该方法的优点是获取的结果具有明确的天气学含义,且能够定量地提取多种天气尺度环流系统的信息,包括环流系统的类型、位置、强度和路径等,并用来确定环流形势的形态,如低槽东移、切变线南压,以及北高南低或西高东低等。

客观分析的环流形势分型方法克服了主观分析存在的局限性和不确定性。随着大气探测技术的发展,全球范围内高空探测和地面观测的时空加密,以及卫星和雷达等非常规探测手段的数据采集,加上融合多源探测数据的全球和区域再分析格点数据的大量应用,高时空分辨率的海量气象数据已经进入到各地的预报业务平台。建立在主观思考上的环流系统天气学分型方法,难以在天气复杂变化的短时间内,快速地捕捉到对流层广阔区域大气变化的多源信息,从而影响对天气系统类型和位置的准确判断。因此在多源数据快速采集传播的今天,天气系统的客观分析成为预报业务发展的必然方向。

天气分析的客观环流形势分型方法在应用中,通常是建立天气个例库,采用各种算法语言,对天气个例中的多种大气物理量进行计算和天气分析,以确定关键环流系统的判识依据,因此该方法能够有效避免遗漏弱天气系统的问题。例如,对较平滑的低槽系统,主观分析不好确认时,客观分型方法可以通过不同高度的位势高度距平,利用定量的数值来揭示这类天气系统,确定其中心位置。同时,客观分型的方法可以便捷准确地获取天气系统的强度,如在查找到低压中心位置的同时,通过低压中心的位势高度值确定其强度,并在此基础上获取不同环流类型的定量化判别指标。尤其是对环流形势的客观分型,方便计算地转风和涡度等相关参数,有利于建立相应的天气系统概念模型,用于探究天气现象的形成机制。因此,在大范围内针对某类天气现象,进行大气环流的客观分型研究,已成为大气科学领域天气学分析的关键手段。

在对各种天气环流形势的客观分型方法中,目前较先进的是 Jenkinson 和 Collison 基于天气学分析,通过定义指数和量化分型标准,将主观分型法客观化,发展成的 Lamb-Jenkinson 分型法,简称 L-J 法。这种大气环流分型的方法,对大气观测数据的计算量小,近年来在全球范围的天气学研究中得到较好应用,在我国也得到了推广。朱艳峰等(2007)、段雯瑜等(2020)和滕华超等(2018)将 L-J 客观环流分型方法,应用在我国多类天气学分析和气候特征研究中。L-J 法通常采用大范围的海平面气压场来进行环流形势分析,如朱艳峰等(2007)利用 L-J 的环流分析方法,研究了中国 16 个区域不同季节各种环流类型出现的频率及变化特征。滕华超等(2018)分析影响渤海海峡的大风环流分型时,确定了海平面气压场的平直型是该地区大风的主要环流形势,且偏北平直型多于偏南平直型,得到不同环流型下大风天气的发生概率,以及大风天气的气候特征。高涛等(2016)利用 L-J 方法,分析确定了影响内蒙古沙尘暴过程的关键环流型。常美玉等(2020)对成都地区的环流形势进行了客观分型,认为在500 hPa 上,成都地区主要环流型和占比为:气旋型(9.7%)、西风气旋型(5.6%)、南风气旋型(5.5%)、西风型(58.7%)和西北风型(10.0%)。

白鹤滩水电站位于干热河谷地带,在天气气候特征上具有干雨季分明,且雨季早,风力大等气候特征。坝区河谷干季受到青藏高原南支环流影响,高空盛行西风气流,天气晴朗干燥,偏北大风天气多发。5月进入雨季后,受副热带季风西伸和西南季风加强向北发展的共同影响,降水开始频繁,大风日数减少,偏南大风天气增多。坝区峡谷两侧的地形高度相差较大,加上河谷的热力性质不均匀,以天气日变化表现的山谷风作用明显。加上坝区河谷特殊地形的狭管效应,使影响大风天气的环流形势复杂。因此,分析坝区大风天气中高低空的环流形势特征,是探索坝区大风天气成因和监测预警大风的基础。对坝区大风天气环流形势的分析,不仅有利于掌握不同环流型下坝区大风天气的气候特点,而且有利于获取大风天气的生消和发展机制,更有利于以后建立坝区大风的概念模型,为灾害性大风的监测预报预警提供思路。

4.2 大风环流形势分型

4.2.1 分型依据

在大气环流形势的分析中,由于气象观测站分布不均匀,难以给大气科学分析提供合理的环境条件。再分析方法提出了利用数据同化技术,把各类型与来源的观测资料与数值天气预报产品重新融合的思路。使用该类方法得到的再分析气象产品具有气象要素齐全、时间序列长和覆盖范围广的优势,被广泛应用于海洋水文要素的数值模拟计算中。目前常用的再分析气象产品主要包括美国国家环境预报中心(National Centers for Environmental Prediction,

NCEP)和国家大气研究中心(National Center of Atmosphere Research,NCAR)的 NCEP/NCAR 再分析资料、NCEP 与美国能源部(Department of Energy,DOE)的 NCEP/DOE 资料、NCEP 的气候预测系统再分析资料、ECMWF 的 ERA-15、ERA-40 和 ERA-Interim(ERA-I)资料,此外还有日本气象厅(Japan Meteorological Agency,JMA)的 JRA-25(Japanese 25-year Reanalysis)资料等。

全球大气科学再分析数据是基于大量地面和高空的基础观测结果,并且同化了卫星和雷达的遥感观测资料,已有的数据检验分析证明,再分析数据的各参数可信度较高(Kistler et al.,2001)。近年来由于再分析数据较好的效果,在全球各地环流形势的分析中得到广泛应用。再分析数据的物理参数非常丰富,包括常用的气象要素,如气压场、温度场、湿度和风场等,以及涡度、散度等动力学参数,这些参数能够直接和间接地为天气分析提供较好的数据基础。全球现有对外公布的多种再分析数据中,欧洲中期天气预报中心的 ERA5.0(简称ERA),由于采用了四维变分同化技术,结合改进的卫星数据误差校正等技术,相较于前几代再分析数据质量有了较大的提升,许多学者对该资料的适用性分析结果,普遍认为 ERA 数据是目标可信度最高的再分析资料之一(Mooney et al.,2011;施晓晖 等,2006)。

ECMWF 的 ERA 数据对外开放,可以通过官网 https://cds.climate.copernicus.eu/cdsapp#!/home 的 Climate Data Store 下载。数据的分辨率为 0.25°×0.25°,每天发布 08时和 20 时 2 个次,垂直方向包括 61 个气压层,用到气温、垂直速度、位势高度、比湿、涡度和散度等多个气象要素。在此采用 ERA 的再分析资料,基于 L-J 环流形势分型方法,结合主观环流分型结果,对影响白鹤滩坝区大风天气的对流层流场特征进行归纳总结,确定影响大风的关键天气系统,并对比不同环流形势下,大风天气的特征差异,确定导致大风形成的原因和机制。考虑到影响坝区大风的天气系统位置,本节选择的区域为中东亚大陆 70°~115°E,10~50°N的区域(图 4.1a),该区域包含了影响中国大部分地方的中高纬度天气系统。

4.2.2 分型方法

坝区天气变化的局地性强,影响大风天气的环流形势复杂,单纯依赖客观环流分型方法获取的结果存在较大的不确定性,在此根据 L-J 客观环流分型方法,并结合主观天气分析检验,对影响白鹤滩水电站的大风环流进行分型研究。在分析坝区大风天气环流形势中,根据2018—2021 年坝区大风天气个例,融合坝区大风预报的经验成果,利用 L-J 客观分析方法进行环流形势类型的划分。

通过对坝区大风天气的环流客观分型,能够掌握不同环流型下大风天气的气候特点,而且有利于探究大风天气的生消机制和演变特征。已有应用中多采用海平面气压场资料,但考虑到在白鹤滩水电站坝区,地形起伏剧烈,边界层大气环流运动复杂多变,海平面气压场的代表性有限,边界层大气流场对天气系统的表征作用低,因此依据 500 hPa 的位势高度场进行环流形势的分型。

在天气学分析中,500 hPa 高度位于对流层中层,该高度的天气系统形势稳定,清晰易辨识,高低层天气过程在该高度上都会有一定的印迹,且 500 hPa 高度受边界层作用影响较小,天气系统简单易判识。重要的是该高度上的环流形势,可以准确揭示地面天气的变化,且对低层大气变化的影响非常敏感。正因为如此,500 hPa 高度场显示的长波槽脊、气旋和反气旋流场特征,可以较准确地揭示地面阴雨过程的变化,在天气学分析中被广泛应用。因此,本章选择 500 hPa 位势高度场进行天气系统和客观环流分型的分析。

选取 2008—2021 年白鹤滩水电坝区的大风天气个例,通过对中纬度大气环流的分析,确定影响大风关键天气系统的活动范围。根据 500 hPa 位势高度的距平场分布,坝区大风天气多在北方大槽、南支槽和高原槽等系统影响下,在图 4.1a 研究范围区域内选取 28 个格点,分别为 P_1,P_2,…,P_{19},…,P_{28},这些格点能够覆盖以上大风个例中涉及的天气系统,便于后面通过距平场分析环流系统。

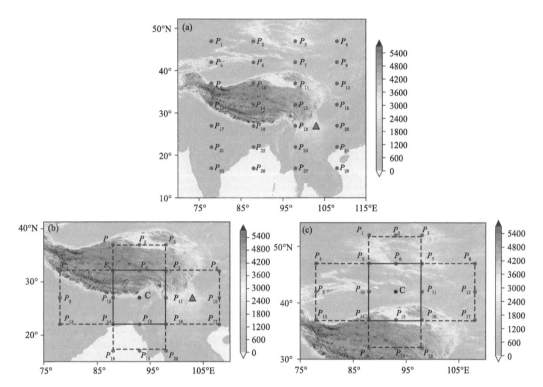

图 4.1 影响白鹤滩水电站坝区大风环流系统的关键区域(a)、南部区域(b)和北部区域(c),以及对应的差分格点
(中心黑色圆点选取的中心点,三角为白鹤滩所在位置,p 后数字为格点序号,
阴影为海拔高度,单位:m,蓝色是海洋)

依据 ERA 再分析数据的 500 hPa 位势高度场,使用 L-J 环流形势分型方法进行计算。在大气环流形势的分型中,首先需要确定影响天气发展的重要环流系统类型,及其发展和移动特征。通过确定影响坝区大风的天气系统格点区域,计算 500 hPa 高度的地转风和地转涡度值,对地转风和地转涡度的相对大小进行对比。按表(4.1)将环流形势分为平直型、旋转型、混合型三类。若环流型为 C 型,说明天气受气旋类天气系统控制,若环流型为 A 型,说明天气受反气旋类型控制。对平直型的客观环流分型,还可以划分为偏北气流控制的 N 型,偏西南气流控制的 SW 型,或者偏南气流的 S 型等。在获取天气系统基本类型的基础上,通过对环流形势的主观分析判断,最终获得影响坝区大风天气的环流类型。

计算 500 hPa 地转风和地转涡度值时,通过中央差分计算的方法。以图 4.1b 的格点为例,按照公式(4.1)—公式(4.6),坝区所在点 C(27°N,93°E)为中心,计算地转风(u,v)和地转涡度(ξ_u,ξ_v)。公式如下:

$$u = \frac{1}{2}(P_{14} + P_{16} - P_5 - P_7) \tag{4.1}$$

$$v = \frac{1}{\cos\alpha} \times \frac{1}{8}(P_7 + 2P_{11} + P_{16} - P_5 - 2P_{10} - P_{14}) \tag{4.2}$$

$$V = \sqrt{u^2 + v^2} \tag{4.3}$$

$$\xi_u = -\frac{\partial u}{\partial y} = \frac{\sin\alpha}{\sin\alpha_1} \times \frac{1}{2}(P_{18} + P_{20} - P_{10} - P_{11}) - \frac{\sin\alpha}{\sin\alpha_2} \times \frac{1}{2}(P_{10} + P_{11} - P_1 - P_2) \tag{4.4}$$

$$\xi_v = \frac{\partial v}{\partial x} = \frac{1}{2\cos^2\alpha_1} \times \frac{1}{8}(P_8 + 2P_{12} + P_{17} - P_7 - 2P_{11} - P_{16} + P_4 +$$
$$2P_9 + P_{13} - P_5 - 2P_{10} - P_{14}) \tag{4.5}$$

$$\xi = \xi_u + \xi_v \tag{4.6}$$

公式(4.1)—公式(4.6)中,P_n 中的 $n=1,2,3,\cdots,20$,P 是格点 n 上的 500 hPa 位势高度,α,α_1,α_2 分别为点 C、P_{15}、P_6 的纬度值,V 是地转风,u,v 是地转风的纬向分量和经向分量,$\xi = \xi_u + \xi_v$ 是地转涡度,ξ_u 是 u 的经向梯度,ξ_v 是 v 的纬向梯度。对坝区大风个例的 500 hPa 位势高度场进行计算,结果按表 4.1 进行分类。

在对环流形势的分类过程中,当选取图 4.1a 的 28 个格点进行计算时,通过与人工判识环流系统的结果对比,发现经常判识到不确定的类型,因此通过改变研究格点,以达到与人工判识一致的效果。经过对计算结果的试验分析,最后选定两个关键区域,如图 4.1b 所示的(75°～110°E,10°～40°N),该区域格点计算有利于分析高原及以南地区的低涡系统。其次为图 4.1c 的(75°～110°E,30°～55°N),这区域的格点更适合判识中国北方及以北地区的大型槽脊和涡旋系统,分别利用图 4.1b 和图 4.1c 对应的格点进行环流分型的计算。

表 4.1　大风天气的环流分型

基本类型	平直环流型	旋转型	混合型
判断依据	$\|\xi\| \leqslant V$	$\|\xi\| \geqslant 2V$	$V < \|\xi\| \leqslant 2V$
详细分类	N(北),NE(东北),E(东),SE(东南),S(南),SW(西南),W(西),NW(西北)	A:反气旋,C:气旋	CN,CNE,CE,CSE,CS,CSW,CW,CNW,AN,ANE,AE,ASE,AS,ASW,AW,ANW

4.2.3　环流形势分型

考虑到 2 min 平均风速比极大风速和最大风速值稳定且连续,在环流形势的分型中,为了确保获取的结论确定,因此依据 2 min 平均风速值来筛选大风事件。对于风力等级的阈值,通常以极大风速≥13.9 m/s 的 7 级大风作为阈值,在此考虑 2 min 平均风速较极大风速值小,因此以≥10.8 m/s 的 6 级作为大风的阈值,分析 6 级以上的大风天气。通过对坝区 2018—2020 年 3 年中各站 2 min 平均风速资料进行普查,从中选定大风持续时间超过 2 h,且上游葫芦口大桥站和大坝附近的马脖子站和新田站同时出现大风的个例,发现坝区共出现了 167 次大风过程。这些大风天气中有 139 次发生在干季的 11 月至次年 4 月,28 次出现在雨季的 5—10 月,大风的风向以北风为主,极大风速多发生在夜间。

坝区 2018—2021 年的大风天气中,以其中 17 次天气个例为代表,个例说明如表 4.2 所示。采用 ERA 再分析数据,根据对流层中层 500 hPa 的位势高度场和风场,参照文献(滕华超等,2018)的 L-J 方法分析步骤,计算各参数值,进行客观环流形势分型。从表 4.2 的客观分型结果来看,混合型的大风最多,有 11 次,其中有 9 次都表现为西风气旋的 CW 型,2 次表现为西风反气旋的 AW 型,5 次表现为平直气流西风 W 型,1 次表现为气旋 C 型。CW 型多出现于南支槽系统或高原槽系统中,在这两种环流形势下,坝区位于槽前脊后区域,这些大风天气个例集中在干季,因此将 2020 年 9 月 5 日和 2021 年 8 月 9 日的两次强对流大风天气引入进行分析。对于表 4.2 的两次夏季大风天气,分别以低涡和切变线作用下的气旋类为主。总之,影响坝区大风的天气系统,以 CW 型的气旋配合西风形势最多,尤其是对冬季的大风天气,环流形势均识别出了西风气旋 CW,也是频率较高的环流型,说明坝区受高层偏西风以及低压气旋的影响,产生大风天气最频繁,这与坝区在冬季风盛行时,高空西风急流带南移到高原及以南地区,同时与高空槽的出现相一致。

表 4.2　2018—2021 年坝区大风天气个例

序号	日期	风向	客观分型	500 hPa 系统	700 hPa 系统	结论
1	2018-01-02	N	CW	南支槽	切变线	南支槽
2	2018-01-06	N	CW	横槽型	低槽	北方横槽
3	2018-01-25	N	CW	南支槽	西南涡	南支槽
4	2018-02-15	N	CW	高原槽	低槽	高原槽
5	2018-12-06	N	CW	高原槽	低槽	高原槽
6	2018-12-10	N	CW	横槽型	切变线	北方横槽
7	2019-01-14	N	CW	高原槽	切变线	高原槽
8	2019-01-19	N	W	横槽型	低槽	北方横槽
9	2019-01-27	N	W	南支槽	低槽	南支槽
10	2020-01-08	N	W	高原槽	低槽	高原槽
11	2020-01-10	N	CW	南支槽	切变线	南支槽
12	2020-01-16	N	W	高原槽	切变线	高原槽
13	2020-01-20	N	CW	南支槽	低槽	南支槽
14	2020-01-24	N	C	南支槽	切变线	南支槽
15	2020-12-16	N	W	高原槽	切变线	高原槽
16	2020-09-05	N	AW	切变线	西南涡	低涡型
17	2021-08-09	N	AW	切变线	西南涡	低涡型

注:蓝色阴影为强对流型大风的代表个例,橙色阴影为低槽型大风的代表个例。

对于坝区大风天气环流形势的客观分型,在个例 16 和 17 的雨季识别出了 A 型的反气旋型,但对应个例的主观天气分析中,未发现反气旋 A 型,且通常情况下 A 型的环流形势不利于大风天气的出现,表明客观分析出现错误。因此,客观分型的方法更适合于天气尺度大范围环流形势的分析,在西南复杂地形区环流形势的分析上具有局限性。其次,在大风天气的客观分型中,仅采用了图 4.1b 和图 4.1c 的 20 个代表性格点进行环流形势的分析。由于采用的格点数少,加上格点数据的代表性有限,在夏季的大风天气判识到 A 型,这是不合理的结果。尽管如此,该方法还是有效地判识到坝区附近的强西风急流和低槽混合的环流形势。

对于坝区干季大风的客观环流分型结果,均围绕西风气旋 CW 和西风 W 环流,类型比较单一,仅判识出一次显著的气旋 C 环流,未判识出西北风 WN 和西南风 SW 等平直型环流形势。这是由于坝区对流层中层西风强盛,其他风向较弱,客观分型的算法无法仔细判断出这些风向。此外,影响坝区气旋 C 型或低值系统范围小,且在 500 hPa 高度上表现较弱,客观分型难以准确识别。总之,客观分型的方法适合于天气尺度大范围环流形势的分析,在西南复杂地形区环流形势的分析上具有一定局限性。

对坝区多次大风环流形势的分析,发现大风天气多受偏西气流的影响,这是因为西南地区受季风影响显著,冬半年西风带南移,对流层高层风向集中在偏西方向,80%以上为偏西风型。春季是大气环流由冬季风向夏季风的转换季节,北方地区的蒙古气旋、东北气旋和黄河气旋频发,大陆比海面回暖快,偏西南方向的季风活跃,坝区的偏南风开始增多。夏季降水和对流性天气增多,坝区的大风发生频率较低,影响大风的天气系统主要有黄河气旋和台风等系统。分析表 4.2 中坝区大风环流系统的分型结果,表明 17 次大风天气中,低值系统主要表现为南支槽东移型、高原槽东移型和北方横槽型 3 种类型,此外还包括西南低涡型。其中南支槽活动的类型有 6 次,高原槽东移型 6 次,横槽型有 3 次,其余 2 次为夏季的低涡和切变线型。以下分析结合客观环流分型的结果,建立每类天气系统的判识条件,并在更多大风事件分析中进行检验和应用。

对表 4.2 中白鹤滩坝区大风的环流形势分析表明,每次大风天气伴随不同纬度带的低槽东移过境,低槽是坝区大风天气对流层中层的重要环流系统。坝区的大风天气多受到低槽影响控制。低槽前部的偏西南风急流,以及低槽后部较强偏北风气流,都会引发坝区的大风天气。但受坝区峡谷地形走向的影响,大风的风向以偏北为主,只有较少情况下出现偏南大风。低槽型大风天气出现频率最高,且在冬、春、初夏和深秋各季节均可出现。

4.3 低槽型大风

影响坝区大风的对流层 500 hPa 低槽类型多样,根据低槽系统活动的区域,将影响坝区大风的低槽系统分为:高原低槽过境、北方横槽旋转或转竖南压,以及孟加拉湾北部到西藏南部的南支槽过境多种类型。有时在弱的短波槽背景下坝区也会有大风天气,总之,多种类型的低槽系统是有利于产生坝区大风的重要原因。这 3 类低槽分别出现在坝区以西的青藏高原地区,坝区以北的新疆和内蒙古地区,以及坝区以南的孟加拉地区。当以上对流层中部的低槽从东向西移过坝区时,低槽前部的偏西南急流增强,或者低槽后部的偏北风增强,会引发坝区中低层风速加大,产生大风天气。

4.3.1 南支槽型

(1)概况

南支槽也称副热带西风槽,指出现在 500 hPa 高度南支西风气流上的低槽系统,通常位于青藏高原的南侧和孟加拉湾地区北部。一般情况下,亚洲对流层高空的西风气流,受青藏高原大地形的阻挡,在中低空分成南北两支气流,并在高原东侧开始汇合,其北支气流带在高原北部形成高脊,南支气流在孟加拉湾以北地区形成半永久性的低压槽,就称为南支槽,亦称为孟加拉湾槽、印缅槽,或者南支波动(边巴卓嘎 等,2022)。南支槽是在副热带系统减弱南退,与中纬度西风带低压槽东移到高原南侧形成的。

通常情况下,南支槽于 9 月末或 10 月初在印度西北部开始建立,冬半年在青藏高原南侧到孟加拉湾一带非常活跃。11 月至次年 1 月，南支槽位置固定，但会加深加强，且范围扩大。南支槽的位置和强度对南亚和东亚地区的天气变化关系密切，如对中国南方地区的水汽来源、湿度锋区、冷空气强弱和低空急流进行分析，结果表明，南支槽影响的区域强降水和强对流天气多发。如林志强（2015）、索渺清等（2014）和张永莉等（2016）分别研究了南支槽对西藏暴雪、高原东南部强对流、高原降水，以及对南亚和中印半岛天气变化的影响。在南支槽活跃时，槽前的西南风急流加强，将孟加拉湾地区的水汽向中国大陆输送，为中国南方和西南地区提供水汽来源，为西风带干燥气流所控制的中国大陆，尤其是西南高原地区带来降水，同时还时常会造成暴雨和大风等灾害性天气。

　　南支槽作为冬季影响中国南方地区的重要天气系统，也是影响坝区大风的关键系统类型。确定南支槽的位置和强度时，需要定义其活动区域。索渺清等（2014）采用区域（17.5°～27.5°N，80°～100°E）平均的 700 hPa 位势高度距平值，作为判识南支槽强弱的指标。张永莉等（2016）采用 500 hPa 高度场上，区域（15°～27.5°N，80°～100°E）内沿经向平均的每隔 2.5°经度的平均位势高度最小值作为南支槽强度指数。

　　（2）环流形势

　　南支槽与坝区大风天气有密切关系，当南支槽在青藏高原以南地区活动时，坝区位于低槽前，受高空偏西南急流的影响，大风经常出现，且能够稳定维持。在此以表 4.2 中个例 3 和 14 为例，即坝区 2018 年 1 月 25 日和 2020 年 1 月 24 日的坝区大风过程，分析两次大风天气中对流层的环流形势特征。2018 年 1 月 25 日大风中，从图的 4.2a 中的 24 日 08 时开始，500 hPa

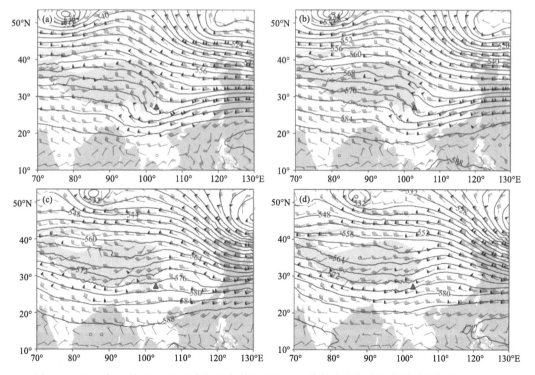

图 4.2　2018 年 1 月 24—25 日大风天气前后 500 hPa 位势高度场与风场分布（单位：dagpm）
(a)2018 年 1 月 24 日 08 时；(b)2018 年 1 月 24 日 20 时；(c)2018 年 1 月 25 日 08 时；
(d)2018 年 1 月 25 日 20 时

高度场上在高原及以南有南支槽发展,锋区最南到达孟加拉湾北部。低槽位于 20°~30°N 附近的南支锋区中,并沿南支锋区从高原南侧向东传播。在高纬度的 40°N 及以北附近,华北和东北地区有高脊加强发展,亚洲东大陆上形成南槽北脊的稳定环流形势。槽脊之间的 25°~35°N 为南北两支锋区的空虚地带,等高线稀疏,高原东侧为南北气流的汇合区。白鹤滩地区处于南支槽前的西南急流中,急流风速达 36 m/s 以上。坝区所在处等高线密集,气压梯度加大,有利于西风急流加速。南支槽前偏西南风带来印度洋暖湿气流的同时,为坝区风力加强带来强的动量。24 日 20 时南支槽加深(图 4.2b),25 日以后南支槽变平,坝区高空转为受较平直西风控制。该大风天气个例中,客观分析的西风气流 CW 型与南支槽的西风气流,以及高原南侧的气旋环流相一致。

分析坝区两次大风个例中 700 hPa 高度的环流形势特征。如图 4.3a 所示,在 2018 年 1 月 25 日的大风天气中,对流层 700 hPa 上在孟加拉以东有低槽维持,高原东侧和四川盆地有低涡发展,坝区位于西南涡东南部的偏西南气流中。在 2020 年 1 月 24 日的大风天气中(图 4.3b),高原以东的长江中下游地区有东西向的暖性切变线维持,坝区位于切变线以南的南支锋区北侧,受西南气流控制。因此两次大风中,在 700 hPa 高度上坝区受低涡和切变线的影响显著,且位于西南风急流带中,与 500 hPa 高空低槽前相对应,坝区大气流场辐合作用明显,有利于地面大风的形成。

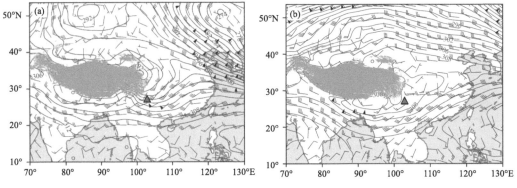

图 4.3　2018 年 1 月 25 日(a)和 2020 年 1 月 24 日(b)700 hPa 位势高度与风场分布(单位:dagpm)

分析大风天气中对流层低层 850 hPa 的风场特征,以揭示冷暖空气运动对坝区大风的影响。从图 4.4 中发现,两次大风中低空流场非常相似,影响坝区的北方冷空气表现为由蒙古国移到我国内蒙古和华北一带,加强后沿偏东路径向南运动。同时来自印度半岛和中南半岛的西南暖湿气流向北推进,与北方冷空气形成明显的汇合。两股气流在黄淮地区汇合后,转向西入侵到西南地区。冷空气在秦巴山区分成南北两股,偏南股冷空气在长江中游沿四川盆地南侧向西伸展,偏北股冷空气沿秦巴山区北侧,顺着高原东侧南下,到达盆地南缘,此后两股冷空气汇合南压。到达四川盆地的冷空气,受高原地形的影响,在盆地西侧绕流,形成明显的低涡气旋。两次大风天气中,低空流场均表现为偏东路的回流冷空气影响到西南地区,并进入坝区产生大风。对比两次大风天气中低层环流形势,发现南北向气流汇合的位置明显不同,2018 年 1 月 25 日大风天气中,由于西南暖湿气流强烈,冷暖气流汇合的位置偏北,在长江中下游以北,坝区位于低层偏南风控制区。在 2020 年 1 月 24 日的大风中,偏北气流较强,西南风较弱,冷暖空气汇合位置偏南,冷空气到达云贵高原东侧,坝区受偏北风控制。因此南支槽前的偏南气流与北方以偏东路径的回流冷空气交汇是南支槽型大风形成的重要环流形势,也是引发坝区大风的关键原因。

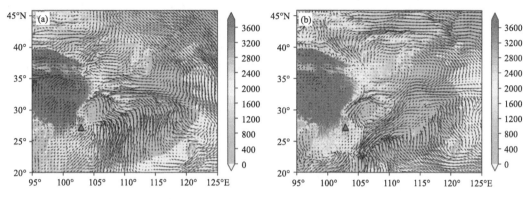

图 4.4　2018 年 1 月 25 日 15 时(a)和 2020 年 1 月 24 日 16 时(b)
850 hPa 风矢量场(单位:dagpm)和地形高度(阴影,单位:m)

分析两次大风天气中对流层高层的环流形势特征。在图 4.5 中 200 hPa 位势高度场和风场显示,欧亚大陆东部,两次大风天气中,对流层高层在 27°~38°N 纬度带上,有一条横跨中国大陆的东西向急流带,坝区均处于高空西风急流带中,急流中心大风速区风速达到 50 m/s 以上。两次大风的急流中心位置不同,2018 年 1 月 25 日的急流中心位于中国东部沿海,西南地区在急流核前的右侧。2020 年 1 月 24 日大风天气中的急流核位于高原中南部,坝区位于高空急流减速区的左侧。

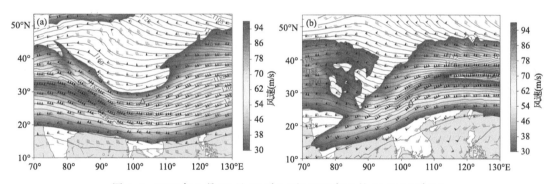

图 4.5　2018 年 1 月 25 日 15 时(a)和 2020 年 1 月 24 日 16 时(b)
200 hPa 位势高度场(单位:dagpm)和风场(阴影,单位:m/s)

分析高空急流带对坝区大风的影响作用,急流入口区的两侧在散度场表现为北负南正的特征,即北侧辐合,南侧辐散。由大气的质量连续原理,在高空急流的低层会出现与高空相反的辐合辐散配置。对应 2018 年 1 月 25 日大风天气,坝区高层的辐散使得低层存在辐合和上升气流,上升气流的反馈加剧了高空辐散的抽吸作用,促进对流层上升运动加强。结果导致地面气压下降,加剧了南北方向的气压差,有利于地面风速加大,最终形成大风天气。2020 年 1 月 24 日的大风天气中,坝区位于高空急流出口区的左侧,与个例 1 的大气运动场完全相同,对应于高空流场的辐散区,同样有利于促进大风的生成。

（3）客观识别依据

对以上两次南支槽型大风天气的环流形势分析,发现 700 hPa 的天气系统范围小,强度弱,但 500 hPa 位势高度场清楚,具有代表性。对该类型多次大风的 500 hPa 位势高度场分析,发现其在距平场上的表现具有一致性,在此以两次大风个例中 500 hPa 高度的距平分布(图 4.6),展示该类型大风 500 hPa 的环流形势。从距平场的特征上看,该类大风表现在东亚大陆鲜明的"东高西低"的距平形势,即坝区及其以南和以西地区的位势高度明显偏低,为显著负距平,相反华南和长江中下游的位势高度为正距平,因此以距平场作为判识南支槽型大风的条件非常适宜。图 4.6a 的个例 1 距平场上,高原以南负距平中心值为 8 hPa,华东地区的正距平中心值为 2 hPa,东西部位势高度差达到 10 hPa。个例 2 的图 4.6b 中国西南部负距平值为 8 hPa,正距平中心位于中国东部和海上,中心值为 6 hPa,东西向的距平差达 14 hPa。

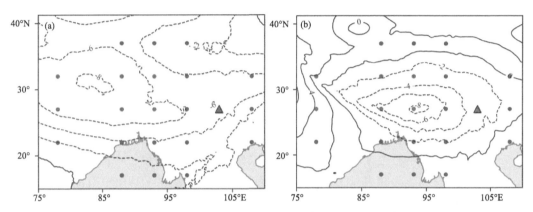

图 4.6 2018 年 1 月 25 日(a)和 2020 年 1 月 24 日(b)坝区
大风时 500 hPa 位势高度与 1 月平均位势高度的距平分布(单位:dagpm)

根据以上个例和多次南支槽型大风天气的分析,通过对中东亚地区"东高西低"的距平场,即高原南侧的负距平,长江中下游和华东的正距平,可以客观判断是否有南支槽发展,并且可通过中国大陆东西向的距平差,判识南支槽的强度。为了客观判识南支槽对坝区天气的影响,以负距平中心处于图 4.1b 中的 $P_4 \sim P_6$ 和 $P_9 \sim P_{11}$(图 4.6 中红色格点)区域,且中心强度大于 8 hPa,范围可达到 6 个格点及以上,作为判识南支槽的依据。

（4）形成机制

前面的分析已获悉到坝区的南支槽型大风天气中,坝区位于对流层中层的低槽前,对应高空急流引起的辐散运动显著,加上低层冷暖气流的汇合作用,大气的抬升运动明显。因此从坝区附近的垂直运动出发,分析大风的形成机制。从两次大风天气中,沿坝区所在的 27.2°N 风场的经度—高度剖面上,分析大风天气中的垂直运动特征。图 4.7a 中,2018 年 1 月 25 日坝区位于高原东侧垂直运动的下沉区,从对流层顶向下到低空 700 hPa,为一致深厚的下沉运动,最强运动达 0.12 Pa/s,且下沉运动区向东倾斜,其东侧为上升气流区。对应 200～300 hPa高空水平风速的大值区,说明下沉运动有利于高空急流的高动量向低层输送,到700 hPa 时开始减弱。个例 2 的图 4.7b 中,坝区及以东大范围内有下沉气流,下沉速度比个例 1 减弱,且下沉区域狭窄,尤其是在 700 hPa 以下,但水平风速的急流带从 200 hPa 的50 m/s向东部倾斜到400 hPa,等风速线呈西高东低,表现出高空动量对低空的影响作用明显。因此,对流层深厚的下沉运动,是南支槽型大风形成的关键,大风天气中白鹤滩处于强烈的下沉运动区域。

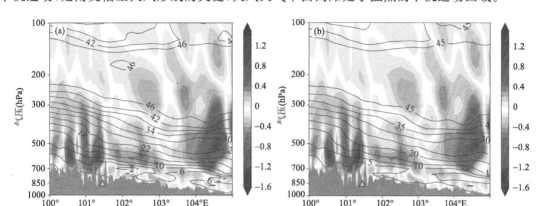

图 4.7　2018 年 1 月 25 日(a)和 2020 年 1 月 24 日(b)沿坝区 27.2°N
水平风(等值线,单位:m/s)和垂直速度(阴影,单位:×10 Pa/s)的时间—高度剖面

对两次低槽型大风 850 hPa 的流场分析可以看到,坝区大风天气中,对流层低层的冷暖气团作用显著,以 2018 年 1 月 25 日为例,通过 1000 hPa 大风前 24 h 变温场分布,来说明低空环流对大风形成的作用。大风发生前,青海和甘肃为强负变温区,北方有冷空气汇集,以上地区的气温下降达 5～8 ℃(图 4.8)。24 h 负变温中心向南延伸,冷空气经过四川盆地以冷舌作用到达攀西地区,负变温值减弱,坝区附近的值达到−2 ℃。同时在攀西以东为正变温中心,说明坝区位于冷暖空气的过渡带,冷空气前沿到达并影响到坝区。同期的 24 h 变压场上(图 4.8b),高原及东缘的 24 h 变压值为正,高原中心正变压最强,达 6 hPa。中国东部从北到南为负变压区,变压中心在−2 hPa 左右。攀西地区处于正负变压的临界区,说明地面有冷高压沿高原东侧南下,与东部的热低压对峙,地面气压梯度明显增强,气压梯度力加大,导致地面风加速。因此大风前坝区受冷空气影响,地面降温明显,而且气压梯度增强,有利于大风天气发生。

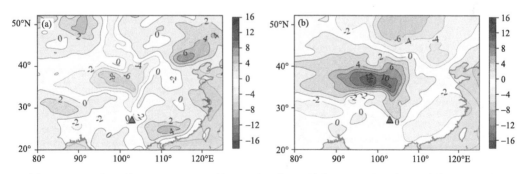

图 4.8　2018 年 1 月 25 日 1000 hPa 的 24 h 变温场(a,单位:℃)和变压场(b,单位:hPa)分布

综上所述,通过坝区两个南支槽型大风个例和其他同类型大风天气的分析,发现当南支槽快速东移,对流层低层西南低空急流维持,配合地面气压梯度的扩散,引导东路回流冷空气影响到坝区,是引起坝区大风天气产生的原因。对于该类型大风天气,在 200 hPa 高度上坝区处于高空急流的辐散区,500 hPa 青藏高原以南到孟加拉湾地区的低槽非常清晰,并且低槽向东移动经过坝区。大风发生前,高空西风增强,对应 700 hPa 高度上西南地区有低涡或切变发展,切变线以南的西南急流加剧。低层冷空气从东北和华北一带南下,冷平流到达华东后,以

偏东路径回流到西南地区,在坝区附近与孟加拉和南海的偏南暖湿气流汇合。大风天气中,坝区上空的下沉运动显著,高空急流的动量下传作用加大了风速垂直切变,引起低空湍流运动加大,使得地面大风得以持续。

4.3.2 高原槽东移型

高原槽一般指500 hPa高度以上,位于青藏高原上空的低压槽。高原槽经常会在越过青藏高原后,向东移动,影响到西南及以东地区。通常高原槽定义在(75°~100°E、30°~40°N)范围内500 hPa高度上,能维持12 h以上的低槽。高原槽活动频繁,每次活动都会带来一定强度的冷空气活动,可为高原及周边的强天气提供有利环流形势,并造成较大范围的降水或阴雨天气。夏季从高原中部向东移出的高原槽,在高原东侧与700 hPa低空急流输送的暖湿水汽在槽前辐合,通常可为高原东部的强降水和强风提供水汽和不稳定能量。以表4.2的个例4 2018年2月15日和个例5 2018年12月6日的大风天气为例,分析坝区高原槽型大风的环流形势和形成机制。

（1）环流形势

2018年2月15日坝区出现持续的大风天气,分析中东亚地区的大气流场特征,讨论影响坝区大风的环流形势。在2月14日14时的500 hPa风场上(图4.9a),大风发生前中东亚地区以西风环流为主,青海南部到拉萨以东上空有一明显的短波槽出现,槽线呈东北—西南走向。到14日20时,低槽东移到高原东侧,高原槽与南支槽在南北方向上叠加汇合,形成深厚的低槽,一起向东移动。此时段内白鹤滩坝区处于槽前的西南气流区,风速超过40 m/s。随后低槽在15日经过坝区,到达长江中下游,坝区开始转到槽后的高脊区。与上文的南支槽环

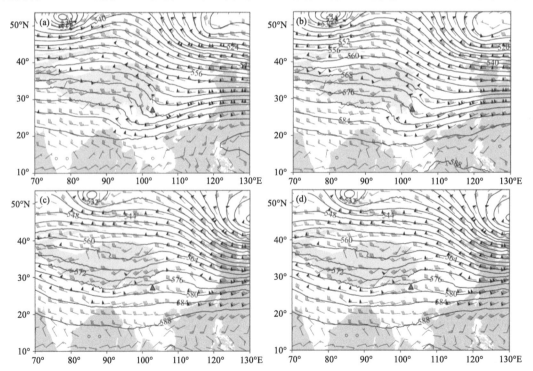

图4.9　2018年2月14—15日500 hPa的位势高度(等值线,单位:dagpm)和风矢量场
(a)2018年2月14日14时;(b)2018年2月14日20时;(c)2018年2月15日14时;(d)2018年2月15日20时

流形势相比较,此次高原槽过程的低值中心位置偏北,且在高原以南没有明显的锋区存在。对这次大风天气的 500 hPa 环流形势分析中,高原槽和切变线明显,与 CW 客观分型结果一致。

　　分析两次高原槽型大风天气中,700 hPa 的风场和位势高度场特征。从图 4.10 上看,高原槽型大风天气中,700 hPa 位势高度场表现为,在高原东北侧的偏北风与其南侧偏西南风的冷式切变线,形成汇合型的锋区,切变线上南北锋区的辐合作用明显,以上形势覆盖了高原东侧至长江中下游地区。白鹤滩坝区受切变线以南的偏西南风急流控制,且坝区位于切变线以南的低压槽内。因此,高原槽型大风天气中,700 hPa 的低压切变与 500 hPa 高空槽相对应,形成对流层的辐合运动,为地面大风的形成提供有利条件。

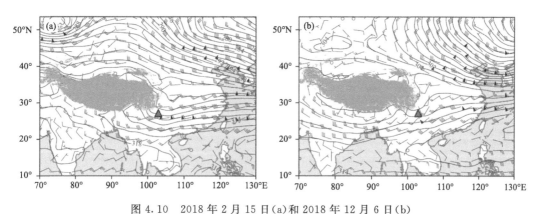

图 4.10　2018 年 2 月 15 日(a)和 2018 年 12 月 6 日(b)
坝区大风时 700 hPa 的位势高度(单位:dagpm)和风矢量场

　　分析高原槽东移影响坝区大风时的低空环流特征。通过两次大风天气的 850 hPa 风场(图 4.11)分析发现,2018 年 2 月 15 日的大风天气中,高纬度的冷空气由西伯利亚和蒙古国南下,沿河西走廊和河套一带向南入侵。在山东地区有一明显的反气旋系统,气流到达坝区东侧,在高原东北侧南下,绕过秦巴山区的阻挡后,沿四川盆地西侧向南入侵,表现为北方路径的冷空气活动。同时来自孟加拉湾的西南急流北上,在坝区的东侧与偏北冷空气汇合。图 4.11b 中,2018 年 12 月 6 日的大风中,850 hPa 的环流形势与个例 1 相似,均表现为西北冷空气从西北和华北沿偏北路径南下,表现为北方路径的冷空气运动。但个例 2 的路径更为偏东,

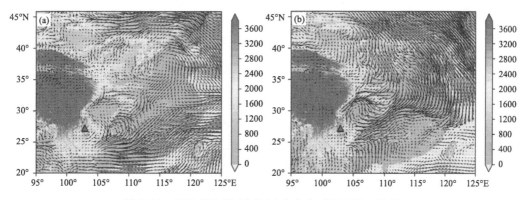

图 4.11　2018 年 2 月 15 日(a)和 2020 年 12 月 6 日(b)
850 hPa 水平风场(单位:dagpm)和地形高度(阴影,单位:m)

且冷空气范围更广,向东可延伸至海上,向西可达高原东侧。两次大风中坝区上空 850 hPa 高度场上一致地表现为北方路径的冷空气南下,与孟加拉湾的西南暖湿气流相交汇,是坝区高原槽型大风天气的低层环流形势特征。

分析坝区高原槽型大风的冷空气特征,在两次大风中,冷暖气团均交汇在四川盆地与大凉山交界处。坝区主要受偏南的暖气团影响,在西南风维持时,北方冷空气在 700 hPa 向南缓慢渗透,而低层由于山脉地形的阻挡,爬坡速度也较慢。大风发生过程中,700 hPa 以下持续冷平流,说明盆地低层的冷气团堆积,由于冷高压不断分裂的冷空气向南补充而在盆地内堆积。从地形图上看,坝区沿着金沙江河道到宜宾,海拔高度较两侧低,这就为盆地冷气团南压提供了一条通道。顺着金沙江的狭窄河道,气流不断得到加速,到了坝区河谷,峡谷地形的"狭管效应"加剧,很容易形成低层大风。

分析两次大风天气的对流层高层大气流场特征。在图 4.12 中,两次大风天气的 200 hPa 高度上,中东亚地区的环流形势非常相似,表现为高空急流轴在东亚上空明显加速,最大风速中心在我国江淮一带,且风速可达 90 m/s 以上。高空急流轴自西向东,从副热带地区向东亚北部伸展,且向北抬升到 30°～40°N 附近,在高原南侧形成明显的长波槽。两次大风天气中,白鹤滩水电站都处于高空急流带入口区略偏南的位置,对应对流层顶高空急流的辐散区,急流加速和垂直上升的次级环流形成,促进对流层深厚的上升运动加强,有利于大气层结的不稳定和大风的形成。

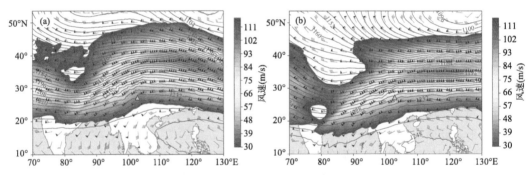

图 4.12　2018 年 2 月 15 日(a)和 2018 年 12 月 6 日(b)
坝区大风的 200 hPa 位势高度(等值线,单位:dagpm)和风矢量场分布

(2)客观判识依据

依据 500 hPa 的位势高度距平分布,来进行高原槽型大风环流形势的客观判识。从两次大风天气中 500 hPa 位势高度的距平分布(图 4.13)发现,在欧亚大陆东部与南支槽型的距平相似,呈"东高西低"的距平形势,但是"西低"的范围明显缩小,且强度减弱。高原及以南的位势高度距平为负,表明有低槽发展,中国东部为正距平。通过距平场的正负中心,可以客观判断是否有高原槽发展,并且获得高原槽的强度。为了判识高原槽对坝区大风的影响,分析当负距平中心位于表 4.1b 中 P_{10}、C、P_{11}、P_{14}～P_{16}(图 4.13 中红色格点)区域,且强度大于 4 hPa,同时有 5 个及以上格点距平为负值,作为判识高原槽的依据。

(3)形成机制

分析两次高原槽型大风天气的垂直运动特征。沿坝区位置的 27.2°N 做剖面,分析坝区的水平运动和垂直运动。从水平风速和垂直风速的经向－高度剖面(图 4.14)上分析,2018 年

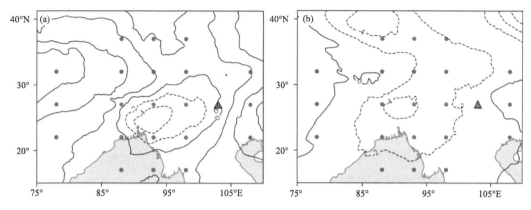

图 4.13　2018 年 2 月 15 日(a)和 2018 年 12 月 6 日(b)
坝区大风时 500 hPa 位势高度与月平均的距平分布(单位:dagpm)

2 月 15 日的个例中,坝区上空以下沉运动为主,下沉气流从对流层顶开始,在 500 hPa 附近垂直速度达到最大,到达 700 hPa 后向东倾斜,继续下降至低空,下沉运动在 700 hPa 可达 0.12 Pa/s 以上。下沉气流的东西侧为强烈的上升气流区。对 2018 年 12 月 6 日的个例进行分析,图 4.14b 显示下沉气流从对流层顶,延伸到 700 hPa 高度时,开始减弱,转为低层的弱上升运动。对流层 200~300 hPa 为西风急流的大风速带。因此,两次大风中,在 200 hPa 附近都有一明显的西风急流区域,最大风速可达到 55 m/s 以上。坝区及其以西在 300 hPa 以下的对流层中低层,为深厚的下沉气流控制,尤其是在高原东侧,下沉气流与地形高度吻合。

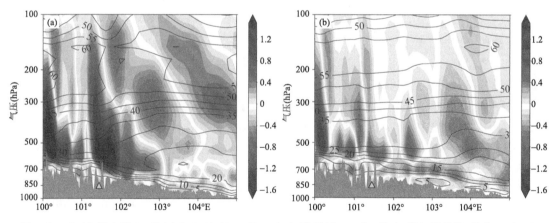

图 4.14　2018 年 2 月 15 日(a)和 2018 年 12 月 6 日(b)沿坝区 27.2°N 的水平风(等值线,单位:m/s)和
垂直速度(阴影,单位:×10 Pa/s)的时间—高度剖面

　　总结坝区高原槽型大风的形成,表现为 200 hPa 上白鹤滩处于高空急流的入口区,在 500 hPa 高原到坝区以纬向西风为主,青海到西藏或在高原主体上有深厚低槽东移的形势,白鹤滩处于高原槽前强的偏西南气流中。700 hPa 环流场上,白鹤滩坝区位于切变线以南,低槽与高空槽相对应,易引发动力抬升作用。槽后有强的偏北气流,使低槽南压移过坝区。中低层我国北方和西南地区表现为受北方路径冷空气的影响,偏北风与西南急流在坝区周边交汇,坝区处于偏南风的影响区域。垂直运动表明,坝区上空维持强烈的下沉运动,有利于将对流层高

空的强西风向低空传播,动量下传作用明显,为加大地面风速提供有利条件。

4.3.3 北方横槽型

横槽转竖和横槽旋转南压是影响我国寒潮天气发展的关键环流形势。在对流层中层的大气流场上横槽表现为,乌拉尔山以东及贝加尔湖地区为东北—西南向的长波脊稳定发展,亚洲西部近似东西走向的低压槽发展加强(朱乾根 等,2000)。乌拉尔山高压脊后有暖平流北上,促使高压脊继续加强或阻塞稳定维持,脊前偏北风不断引导冷空气在贝加尔湖附近的横槽内聚集,汇成一股极寒冷的冷空气。当横槽旋转或南压时,长波脊或阻塞高压的后部转变为冷平流与正涡度平流,长波脊开始减弱,阻塞高压后部有一冷舌,形成以西北地区为主的全国性寒潮爆发,降温和大风天气变化剧烈。

中高纬度的横槽在转竖和南下过程中,伴随强冷空气的堆积、酝酿和爆发,并影响到中低纬度地区,导致大范围的降水和降温天气发展。横槽发展时,槽前存在大范围冷平流区,为锋面和气旋类的天气发展提供了活跃的冷空气,并将冷空气不断输送至淮河及其以南地区。当横槽位于内蒙古西部至天山山脉一线,横槽底部的较强冷槽下滑到达青海省中东部至西藏东部一线,横槽达到最强。当乌拉尔山高压不连续后退,或阻塞高压崩溃时,横槽旋转成竖槽,冷空气猛烈向南发展,寒潮天气爆发。横槽转为竖槽后,南北向低槽东移到日本海附近,槽后的偏北气流加强,地面冷锋完全进入东海,寒潮影响的天气过程结束。

(1)环流形势

以2018年1月6日的大风天气为例,分析图4.15中欧亚地区500 hPa的环流形势。发现我国以北蒙古国有深厚的低压中心发展,在青海到川西北高原低涡增强,其南部有北方低槽发展,低压区内有东西走向的大横槽。随着时间推移,低压中心向东移动,以东西向的横向发展。横槽发展过程中在1月7日后,逐渐转为南北向的竖槽,且青藏高原附近有南支波动向东传播,在横槽前出现了阶梯槽形势。随后低槽快速东移南压,到达四川盆地西部,高空冷涡东移并南调,带动北方冷空气快速南下,南北两支高空槽合并,形成东亚大槽。攀西地区位于偏西南气流控制区,坝区处于低槽以南。

分析坝区上空的环流形势。坝区对流层500 hPa风速均达到急流的强度,坝区处于槽前偏西南气流的急流轴上,急流轴呈准纬向,中高纬的北支急流较弱。白鹤滩地区有宽广的低压槽,内蒙古以北地区和新疆以北地区有一高压脊,且白鹤滩附近等值线高度密集,其以南地区风速较大,天气形势为明显的长波槽型。在2018年1月6日20时(图4.15b),横槽开始转竖并向南加深,冷空气自低层到高层朝南爆发,横槽向南北方向发展,形成汇合型的槽,覆盖了中国东部地区。在图4.15c的7日08时,华北冷涡移动至我国东北地区附近,横槽迅速转竖,冷高压、冷锋均加速南下,引导大量冷空气向南爆发,此时坝区的等高线高度密集,强的气压梯度导致坝区内出现6~7级大风,高空槽前强锋区和冷暖空气活动表明横槽强烈发展。

分析两次横槽型大风中对流层700 hPa的环流形势。图4.16显示,在两次个例中高原东侧均有明显的东西向切变线出现,与500 hPa高度上的冷涡和横槽相对应,坝区位于横向切变线南侧,受偏西南急流控制。在2018年1月6日,青藏高原北部有一明显的低压中心(图4.16a),受边界层摩擦辐合作用,与500 hPa高度上的冷涡耦合发展,形成上升运动。当切变线东移,地面冷空气大举南下,为大风的形成创造有利条件。在25°~35°N范围内,有5根密集的等压线,气压梯度力增大产生强的风速,坝区附近有偏北大风。

通过对大风天气中850 hPa风场的分析,讨论横槽型大风天气中的冷暖气流特征。从

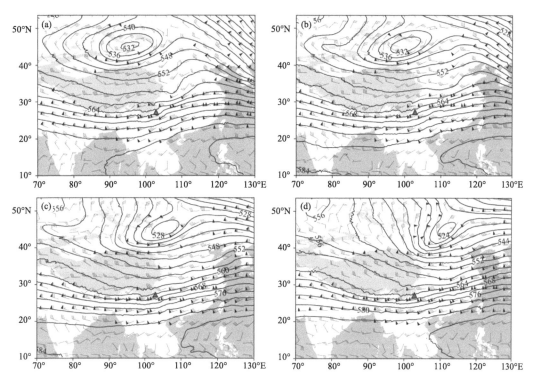

图 4.15　2018 年 1 月 6—7 日大风天气中 500 hPa 的位势高度场（单位：dagpm）和风矢量场
(a)2018 年 1 月 6 日 08 时；(b)2018 年 1 月 6 日 20 时；(c)2018 年 1 月 7 日 08 时；(d)2018 年 1 月 7 日 20 时

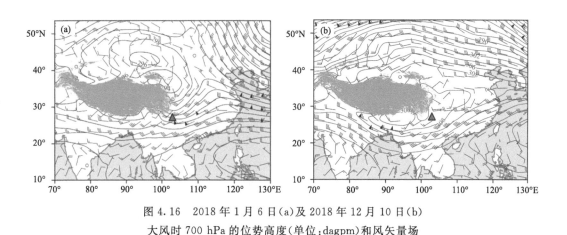

图 4.16　2018 年 1 月 6 日(a)及 2018 年 12 月 10 日(b)
大风时 700 hPa 的位势高度（单位：dagpm）和风矢量场

图 4.17 可以发现，两次横槽型大风中，在坝区东北方有明显的气旋系统发展，由于横槽转竖的原因，偏北气流加强，诱导冷空气南下。2018 年 1 月 6 日（图 4.17a），冷空气进入蒙古国和我国新疆后，沿甘肃河西走廊东南下，经过河套后，翻越秦岭和大巴山进入四川，这是最常见的西北路冷空气。冷空气越过秦巴山区后，沿高原东侧南下，到达盆地南缘。当这条路径的冷空气在南下时受到云贵高原阻挡或副热带高压西进影响时，若冷气团强度不足以克服地形高度或暖气团势力，经常与来自孟加拉湾的北上西南急流汇合，滞留于云贵之间而形成昆明静止锋。

在 2018 年 12 月 10 日 850 hPa 大气流场(图 4.17b)中,坝区大风天气的环流形势与前者相似,也表现为冷空气沿西北路径南下,但其路径略偏东,且偏北气流更强烈,冷空气范围更广,从内蒙古和陕西直接向南推移,冷空气前沿位置更偏南,到达四川盆地的冷空气,受高原东侧地形的影响,在盆地西侧绕流,形成低涡气旋。同时大风天气中,来自印度半岛和中南半岛的西南暖湿气流向北推进,与北方冷空气在云贵高原东侧聚合,由于 2018 年 12 月 10 日的西南暖湿气流较弱,其与偏北气流交汇的位置与 2018 年 1 月 6 日冷空气前沿相比偏南一些。

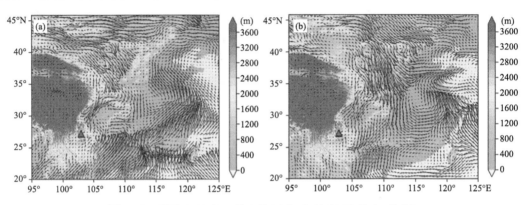

图 4.17　坝区 2018 年 1 月 6 日(a)和 2018 年 12 月 10 日(b)
大风天气中的 850 hPa 风矢量场和地形高度(阴影)分布

对横槽型大风天气的 200 hPa 环流形势进行分析。从图 4.18 的两次大风天气中,对流层高空形势具有共同点,表现为高空急流轴位于高原南侧,向东至我国华东地区,西风急流轴中心最大风速位于 25°~35°N 附近,急流达到 60 m/s 以上,急流核心区出现在我国江淮一带,超过 90 m/s。白鹤滩所在地区均处于平直高空西风急流带的低槽区,高空受西南气流影响显著,且位于高空急流入口区的右侧。2018 年 1 月 6 日的大风个例中,图 4.18a 显示中国以北地区有明显的低压中心,且呈东西向的椭圆形,与 500 hPa 的横槽系统相对应。两次大风天气的环流形势相似,坝区位于急流轴以北高空急流出口区,散度场表现为北负南正的形势,即北侧辐散,南侧辐合,形成垂直方向的间接次级环流,在偏南的地方有下沉运动,在偏北的冷区相反有上升运动。诱发低空气流从南向北运动,有利于坝区地面高压的加强,以及气压梯度力增强,导致大风天气的发生。在图 4.18b 的个例 2 中,坝区位于急流轴上,且在高空急流的出口

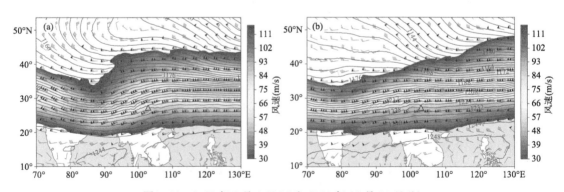

图 4.18　2018 年 1 月 6 日(a)和 2018 年 12 月 10 日(b)
200 hPa 位势高度等值线(单位:dagpm)和水平风场(阴影)

处,该区域的气流堆积,并向南北两侧辐散,诱使低空的辐合作用增强,有利于南北气流汇合,产生大风。

(2)客观判识依据

对横槽型大风天气中 500 hPa 高度的距平场进行分析,图 4.19 中,中东亚大陆的距平场整体呈负距平的分布,表现出环流形势"北低"的特征,坝区周边及以北地区均为宽广的负距平,中心位势高度比月平均值低 4 hPa,表明水电站坝区附近低空的气旋环流增强。两次个例环流形势的"北低"型,与南支槽型大风的距平场相比,负距平的范围更大,且更强,负距平的中心覆盖了高原、新疆和蒙古国以外地区。图 4.19a 中,个例 1 的横槽中心负距平中心强度达到 -12 dagpm,图 4.19b 的个例 2 横槽中心负距平中心强度达到 -8 dagpm,坝区东西两侧的位势高度差达到 -4 dagpm。因此,白鹤滩地区附近有明显的气旋系统增强趋势,有利于坝区大风的产生。

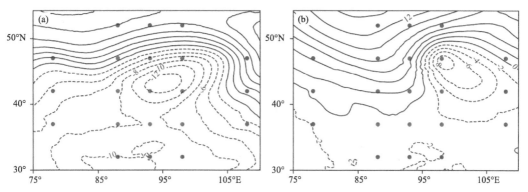

图 4.19　2018 年 1 月 6 日和(a)2018 年 12 月 10 日(b)坝区大风的 500 hPa 高度距平分布场
(单位:dagpm,红色为判识天气系统的关键格点)

综合以上对横槽型大风 500 hPa 的位势高度距平场分析,在坝区横槽型大风天气环流形势的客观分型判断中,选择 $P_5 \sim P_7$、$P_{10} \sim P_{12}$、$P_{14} \sim P_{16}$(图 4.19 中红色格点),当以上格点中出现负值中心,且范围可达到四个点以上,负值中心小于 -6 hPa,作为进行横槽型大风环流的判识条件。遵守以上条件,可以保证在中国北方及以北地区 500 hPa 高度的低槽环流发展,而且维持东西向的低槽。

(3)形成机制

由以上分析中发现,在横槽型大风中,四川盆地与大凉山交界处冷暖气团交汇,凉山周边为暖气团控制,在西南风向北推进的过程中,偏北风的冷气团到达盆地南缘,从高空向低层往南缓慢渗透。冷空气从西绕过盆地向南发展时受山脉的阻挡,爬坡速度较缓慢。通过温度平流及温度的剖面可以看到,在大风发生过程中,700 hPa 以下持续冷平流,说明盆地低层的冷气团由于冷高压不断分裂的冷空气补充而在盆地堆积。从地形图上看,坝区沿着金沙江河道海拔较低,为盆地冷气团南压提供了一条通道,且受金沙江的狭窄河道的"狭管效应"作用,导致低层大风。

从海平面气压场的分布(图 4.20)上看,大风天气中坝区多受到热低压控制。在高原东部有密集等压线分布,100°～110°E 有 7 条等压线,气流在等压线密集带处加强,引导强冷空气南下,对应坝区出现的偏北大风天气。但受坝区峡谷地形影响,有时还会有偏南大风。地面天气图(图略)新疆北部有1040 hPa的冷高压中心,由于白天700 hPa较强的西南风,坝区周边温度上升较快。6日20时坝区东部为950 hPa的冷中心,青藏高原地区为低压中心,坝区位于高低压之间的过渡带,等压线密集,气压梯度力加大,有利于大风天气的产生。6日20时地面图(图略)上新疆冷高压中心开始扩散冷空气南下,盆地大部为正变压,坝区附近有冷空气影响。

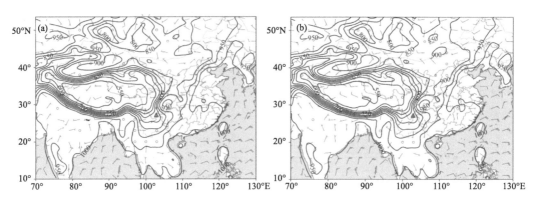

图4.20　2018年1月5日08时(a)和2018年1月6日20时(b)坝区大风的
海平面气压场(单位:hPa)和对应的水平风场

从两次大风天气中,沿白鹤滩坝区风场的经度—高度剖面(图4.21)中可看到,2次个例都有不同强度和不同高度的动量下传,第2次个例动量下传较为明显,在105°E的高空200 hPa有风速超过55 m/s的急流区,高空急流的动量通过下沉运动向底层输送,并向东倾斜,在下沉到700 hPa时减弱,下沉速度骤降,700 hPa以下转为上升运动。两次大风个例在白鹤滩西侧及东侧区域均各有一上升气流区。与南支槽型大风和高原槽型大风相比,横槽转竖型大风的动量下传较弱,垂直风速较小,高空风速也相对较小。下沉区的范围较宽,上升区域较窄,说明水平方向的风力增强是大风形成的关键。

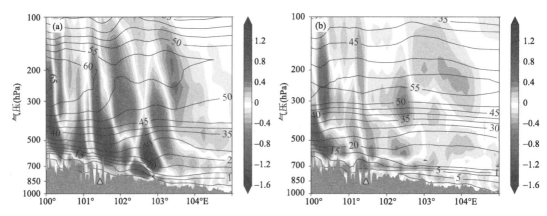

图4.21　2018年1月6日(a)和2018年12月10日(b)沿坝区27.2°N的水平风(等值线,单位:m/s)和
垂直速度(阴影,单位:×10 Pa/s)的时间—高度剖面

分析2021年1月6日大风天气700 hPa的风场和气温场。从图4.22中分析,坝区大风天气中,700 hPa高度温度槽落后于高度槽有利于低压系统的发展,且在横槽后有冷平流,横槽较稳定,白鹤滩附近有明显的冷式切变线发展。在850 hPa高度场上,同样存在温度槽落后

于高度槽的形势,槽后有明显的冷平流,冷平流促使高空槽东移发展。我国东部有一个冷中心,南部有明显的暖高压,坝区处于深厚的槽内,有冷平流向坝区内输送,为坝区产生大风提供有利条件。

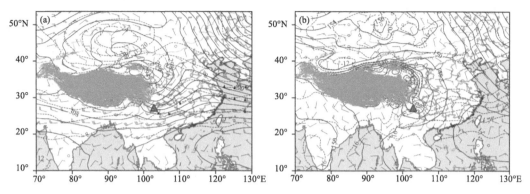

图 4.22 2021 年 1 月 6 日坝区大风中 700 hPa(a)和 850 hPa(b)
气温(红线,单位:℃)和位势高度场(蓝线,单位:dagpm)

分析横槽型大风天气中冷暖空气的影响作用。在 24 h 变温场图 4.23a 上,坝区北侧的青海、甘肃和高原东侧区域有负变温中心,24 h 气温下降超过 5 ℃,坝区是负变温的最南端,华北和华东地区为正变温中心,说明横槽型大风天气受到强冷空气的入侵,冷空气表现为偏西北路径。分析大风天气的变压场特征,在图 4.23b 中 24 h 变压场上,高原上的正变压中心达到 6 hPa 以上,并且向南延伸到坝区。中国东部地区的负变压中心达到 2 hPa 以上。因此,坝区低层受到西北路冷空气南下的入侵,高原东部有密集等压线引导强冷空气南下,冷平流显著。坝区位于正负变压场的过渡区,南北向的气压梯度加大,诱发地面大风天气的形成。

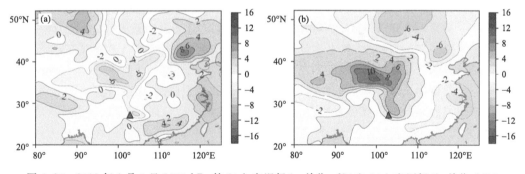

图 4.23 2018 年 1 月 6 日 1000 hPa 的 24 h 变温场(a,单位:℃)和 24 h 变压场(b,单位:hPa)

通过以上分析,总结横槽转竖型大风的共同点。分析结果表明,在 200 hPa 高度上白鹤滩处于高空急流区,大风发生前,我国北方有明显低压中心出现,并且向东延伸出东—西走向的横槽,随着时间推移,横槽转竖,带动冷空气南下。700 hPa 与 500 hPa 环流形势相似,均有横槽出现,且在四川东部地区有西南涡发展。大气垂直运动导致高层强风的动量下传,与南支槽型大风和高原槽型大风相比,横槽型大风的动量下传作用不太明显。横槽后面的东北风逆转为北风或西北风,促使横槽将转竖。横槽转竖过程中,偏西北风增强,对横槽转竖或南压的发展非常有利。

4.4 夏季强对流大风天气

夏季是白鹤滩坝区大风天气较少发生的季节,而且大风天气以强对流雷暴大风为主。对流性雷暴大风主要集中在坝区雨季的 6—10 月,有时在春季的冬夏季风转换时期,也会有强雷暴天气发生,伴随近地面的强风和强降水。坝区春季气温快速回升,雨季未来临时,天气晴热,呈现明显雨热不对称特征,也容易诱发强风。由于受青藏高原和云贵高原复杂的地形,及金沙江河谷热力效应的共同影响,午后易产生局地性、突发性短时强雷暴、大风、冰雹、强降水等强对流天气,表现出骤降骤停,同时伴随大风天气。坝区对流性大风天气,具有风向极不稳定,且历时短,生成到消亡发展快,通常持续几十分钟到 2 h,发生地点不确定,预报时效短,危害性大等特点。

春末夏初季,冷暖气团交汇和高空槽活动频繁,对应地面受弱变性高压控制,天气晴好,午后地面受太阳辐射升温迅速,不稳定能量积累,强对流天气开始多发。大气中的不稳定能量快速释放,在小尺度范围内产生强烈的上升运动和下沉运动,形成强风天气。当坝区在春夏季出现强对流天气时,伴随雷电、暴雨天气发生时的大风现象,风力通常大于或等于 6 级,且阵风大于或等于 7 级。这些中小尺度的运动与天气尺度的锋面天气系统相互作用,对应的天气多受到斜压锋生作用,按照动力学机制,该类型的大风天气属于我国典型的"高空冷强迫型"强对流天气形势,这种形势的温湿场和动力学特征,极易导致短时强降水和雷暴大风的出现,还可能伴随少量的冰雹。

在坝区的夏季,由于受低气压过境影响,会产生大风和降水天气。西南地区进入雨季后,低涡活动开始频繁,导致降水强度增加,且经常伴随强风天气。有时在低涡发展时,对流层上空的低涡环流并未完全形成,而是以切变线为主,在该类环流形势作用下,经常在坝区产生雷暴大风天气。低涡和切变型环流形势发展较弱,且高低空配置较为复杂,一般低涡和切变线后部有较强的偏北风或东北风,中低层有冷平流南下或地面有冷空气切入坝区,促使中低层切变向坝区移动。通常在大风天气中,伴随着雷暴、局地强降水,甚至冰雹天气,表现为雷暴大风。从夏季雷暴大风的环境条件上,绝大多数大风是由雷暴前部强烈的辐合上升气流,以及后部的下沉气流所导致的(Johns et al.,1992)。

强对流天气型的大风在坝区多发在春季和夏季。大风形成时,伴随对流层中低层700 hPa上川西巴塘附近的西南低涡发展东移,坝区以西有高原槽牵引低涡,配合地面出现冷锋或冷空气,川西地区切变线配合高空急流。该类型大风坝区多伴有雷暴和短时强降水,极大风速的出现主要与 700 hPa 低涡、切变过境基本同步。坝区上空有中尺度对流云团发展,在卫星云图上可以监测到强的 MCC 云团,雷达回波上有 40 dBZ 以上的强回波移近坝区。

大气强烈的静力不稳定、水汽潜热释放,以及抬升触发机制,能够产生较大的对流有效位能,这是产生对流形成大风天气的根本原因。大风发生时,位于雷暴前部的上升气流及其诱发的强下沉气流,都是形成大风的基本环境条件。雷暴高压中心温度比四周低,下沉气流极为明显,雷暴高压前部为暖区,有上升气流,就在下沉气流与上升气流之间,存在着一条狭窄的风向切变带,其为雷雨大风发生处,它过境时带来极强烈的暴风雨。下沉运动还受到降水粒子的重力、对流层中层干空气入侵和垂直扰动气压梯度力的作用,共同诱导向下的加速度作用(Wakimoto,2001;俞小鼎 等,2006),形成大风天气。如果对流层中层或中上层存在明显干层,则由于雷暴周边干空气的夹卷进入使得雨滴或冰雹迅速蒸发,造成下沉气流降温,且雷暴下沉气流内温度明显低于环境温度而产生向下的负浮力,导致下沉气流加速。雷暴内下沉气流在下降过程中温度逐渐升高,而环境温度也向下逐渐升高,如果环境向下升温幅度高于雷暴内下沉气流升温幅度,则下沉气流的负浮力还会进一步加大促进下沉气流形成大风。对流层中下层 500 hPa 以下的环境温度直减率越大,越有利于强烈下沉气流的大风产生。

4.4.1　环流形势

分析近年来坝区强对流大风天气发展中的环流形势,分别以 2020 年 9 月 6 日和 2021 年 8 月 8 日的夏季大风天气为代表,分析坝区强降水大风天气。在 2020 年 9 月 6 日坝区地面观测显示,马脖子站 12 h 降水量最大为 96.1 mm,6 日 04 时小时降水量最大,达 43.1 mm。新田站 12 h 降水量 64.3 mm 为其次,其余站 12 h 降水量大于 50 mm,为一次典型的大暴雨天气。同时马脖子站和新田站的极大风速分别为 14.0 m/s 和 11.8 m/s,新田站极大风速的风向为偏北风。因此,根据降雨量判断,此次天气过程是夏季强降水伴随的大风天气。

对于在 2021 年 8 月 9 日坝区出现的大风降水天气,地面观测数据显示,马脖子站 12 h 降水量为 20.0 mm,其次是荒田水厂站(12.6 mm)和新田站(11.6 mm)。8 月 9 日观测数据显示,新田站和葫芦口大桥站的极大风速分别是 18.2 m/s 和 19.6 m/s,为 8 级大风,且各站均为偏北风。因此这次为坝区的大雨强风天气过程。

在 2020 年 9 月 6 日的大暴雨强风天气中,根据图 4.24 的中东亚 500 hPa 环流形势特征,对影响这次坝区天气的关键天气系统进行分析。在 9 月 5 日 23 时,中纬度西风带位于 35°N以北,588 dagpm 等高线覆盖到青藏高原中部,且在中国大陆上形成一个隆起的高脊,东亚大槽横跨华北和华东地区,西北太平洋上有台风发展(图 4.24a)。中国西部处于高压脊前,但较弱的西风气流在西南地区形成明显的短波槽,槽后偏北和前部的偏西南切变强烈,坝区位于风切变南侧。到 6 日 03 时的图 4.24b 中,切变线南移,坝区的气旋性环流增强。对流层中层的低压涡旋是产生强降水的关键系统。对应的地面天气图上四川盆地西部有一稳定的暖性低压或气旋中心发展。

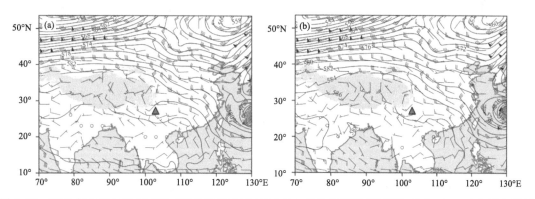

图 4.24　2020 年 9 月 5 日 23 时(a)和 6 日 03 时(b)500 hPa 的位势高度(等值线,单位:dagpm)和风矢量场

分析坝区两次强对流性强风发生时,对流层 700 hPa 的环流形势。在图 4.25 中,发现在2020 年 9 月 5 日的大风天气中,我国东北以北的高纬度地区有低涡气旋增强,冷涡后部的偏西北风强烈,有利于冷空气沿东路冷空气南下,加上台风的影响,台风西侧的偏北风促进偏北气流一直到达南海。内蒙古的低槽和新疆高脊加强,促进冷空气积聚和发展。对应四川盆地东侧的低涡和切变线增强,且在 6 日后低涡东移到长江中下游地区。因此影响坝区大风天气

发展的关键原因是西南低涡发展东移。

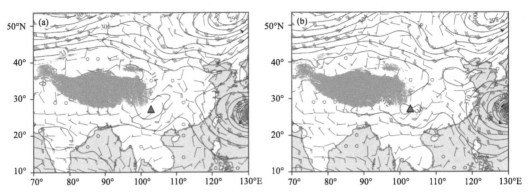

图 4.25　2020 年 9 月 5 日 23 时(a)和 6 日 03 时(b)700 hPa 位势高度(等值线,单位:dagpm)和风场

分析 2020 年 9 月 5 日大风天气中,低空 850 hPa 的风场变化特征。从图 4.26 上可以发现,在 9 月 5 日大风发展时,白鹤滩坝区周围的低涡气旋性环流形成,有闭合的低压中心,中心强度小于 146 dagpm。图 4.26a 中的 5 日 23 时,坝区位于西南低涡的中心。到 6 日 03 时的图 4.26b 中,西南低涡发展略微东移,坝区位于西南涡的偏西侧,低涡以南的偏西南风加强影响到坝区。因此对流层中低层的西南低涡发展维持,是影响坝区大风天气的关键系统,低涡以东的偏西南风加强,有利于坝区风速的加大。

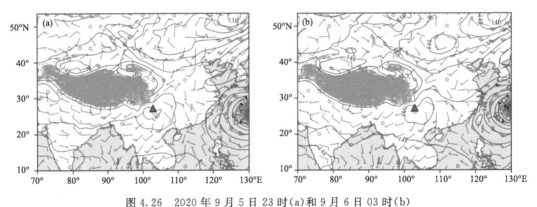

图 4.26　2020 年 9 月 5 日 23 时(a)和 9 月 6 日 03 时(b)
850 hPa 位势高度(等值线,单位:dagpm)、风矢量场和青藏高原地形(阴影)

4.4.2　形成机制

(1)高空急流的影响作用

高空急流是影响低空天气变化的重要原因,对 2020 年 9 月 5 日强降水大风天气进行分析。在图 4.27 中 200 hPa 位势高度场上,南亚高压强烈发展,高压中心位于青藏高原地区,其强度可达 1260 dagpm。西风急流北移到 40°N,急流中心位于东北地区,最大风速达 80～90 m/s。南亚高压中心表现为西部型,坝区处于南亚高原东侧的偏北急流中。南亚高压强烈发展导致对流层顶的辐散运动加强,由质量连续原理,低层会出现与高空相反的辐合运动,有利于低空降压和西南涡增强,进一步诱发坝区上空的上升运动增强,暖湿气团凝结潜热的正反馈作用促进了对流发展和大风形成。

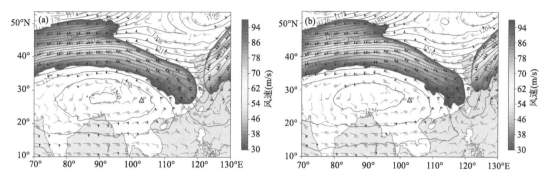

图 4.27　2020 年 9 月 5 日 23 时(a)和 9 月 6 日 03 时(b)
200 hPa 位势高度(等值线,单位:dagpm)和风场(阴影)

(2)水汽输送条件

丰富的水汽条件为降水提供物质来源,同时在水汽凝结发生相变时,也为夏季的大气不稳定提供了能量来源。从图 4.28 分析强降水大风中水汽的输送和汇聚特征,讨论强天气的形成机制。在 2021 年 8 月 9 日 00 时的图 4.28a 中可以看到,影响坝区的水汽主要来源于夏季风在南海转向北,并到达四川盆地的东缘,坝区位于水汽输送的前沿,该处是偏北风和偏南风切变最强的地区,也是水汽辐合的大值区,为暴雨和大风天气提供了有利的条件。到了 9 日 10 时的图 4.28b 中,随着水汽输送通道向东移动,西南涡随之向东发展,水汽汇聚到达长江以北地区,坝区的大风和强降水趋于结束。

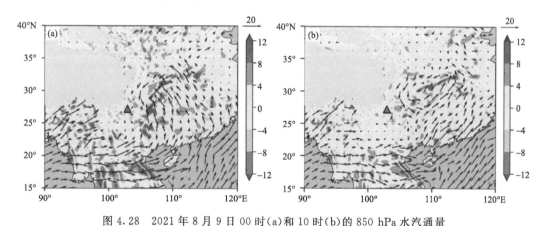

图 4.28　2021 年 8 月 9 日 00 时(a)和 10 时(b)的 850 hPa 水汽通量
(箭头,单位:g/(cm·hPa))和水汽通量散度分布(阴影,单位:10^{-5} kg/(m²·s))

(3)垂直运动和大气不稳定特征

分析坝区 2021 年 8 月 9 日大风天气的垂直运动特征。沿白鹤滩坝区的水平风和垂直风速的经度—高度剖面中(图 4.29),坝区以西在 100°～102°E 为强烈的上升气流区,最大上升中心在高原东部,达到 0.16 Pa/s 以上,与对流层顶南亚高压东部型一致。坝区上空 500 hPa 以上有下沉气流发展,到低层下沉运动减弱。因此,上升气流在高原东侧转为下沉运动,将高空急流的强风速动量通过下沉运动向低层输送,到 700 hPa 时减弱,下沉速度骤降,转为上升运动,但坝区受地形影响,地面风速加剧。

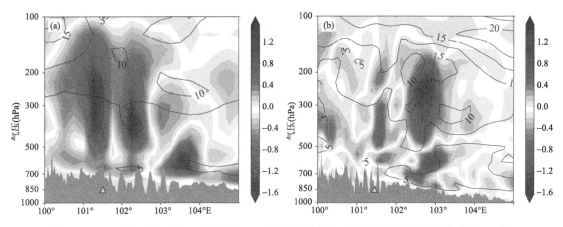

图 4.29　2021 年 8 月 9 日 00 时(a)和 10 时(b)沿坝区 27.2°N 的水平风(等值线,单位:m/s)和垂直速度(阴影,单位:×10 Pa/s)的时间—高度剖面

从坝区多次夏季强对流大风天气的个例分析,发现 200 hPa 环流场上白鹤滩处于高空急流轴中部,高空急流的建立加大了对流层风的垂直切变,高空急流带下沉运动明显,即在垂直方向上有很大的动量梯度存在,造成湍流加大,有利于高空动量下传,加大近地面风速,维持低空急流。

4.4.3　预报思路

通过以上对坝区夏季强对流大风天气的分析,总结该类型天气的环流形势,表现在:①对流层低层西南低涡建立。四川盆地和青藏高原东部的低空有西南低涡或者低压形成,且向东移动并发展,坝区位于西南低涡的中心或南侧,低压气旋性环流加强,或在攀西存在风切变和热低压。此外,云南东部、贵州、广西一带有台风登陆减弱的低压系统,或者低压北部有倒槽发展时,地面有强冷空气南下,坝区也易出现大风天气。②中层 500 hPa 高度表现为平直西风气流上有低槽,或者有短波活动影响。500 hPa 白鹤滩地区有一低压槽,我国以北有高压脊发展时,形成明显的南槽北脊的环流形势,为大风的形成提供了环境条件。③对流层顶的南亚高压向东北方向移动,其辐散作用增强,促进低空气旋环流的发展。以上环流形势相互作用,导致低空的西南低涡发展,促进了坝区强降水和大风天气的生成,因此是坝区夏季雷暴大风预报需要关注的天气系统。

讨论坝区强对流大风天气的形成机制,垂直运动上表现为高原上空的强上升气流,以及高原东侧的下沉运动,动量下传作用下,高空急流的建立加大了风速的垂直切变,即在垂直方向上有很大的动量梯度存在,造成湍流加大,有利于加大近地面风速。同时从产生强天气的水汽上来说,南海到坝区形成强的水汽输送通道,坝区位于水汽辐合带上,偏南急流的前沿气温垂直递减率大,造成低层空气浮力加大,伴随着大气中不稳定能量的释放,出现强烈的上升运动和下沉运动,为地面的强对流天气,特别是大风天气的出现提供了有利条件,导致近地面的强风和强风切变发展,并引发强降水。

坝区夏季大风天气复杂多变,除了受对流层以上各类天气系统的影响外,还受到局地特殊地形和边界层环流的影响,因此大风天气的预报预警难度较大。除了针对坝区上空大气环流形势的分析外,雷达、卫星和非常规探测等也是强对流大风的主要监测和预警手段,尤其是在夏季雷暴大风的预警中。因此结合多源探测数据进行坝区大风的短时临近预报,是监测预警夏季大风的关键。在水电站坝区夏季强风的预警中,增强对遥感数据的获取和分析,有助于提高大风天气的监测和预警水平。

此外,还可以通过以下手段来获取与大风天气有关的监测和预警信息。①大气电场仪上如果监测到闪电,而且闪电的强度和频次出现爆发性增加。如果出现类似的异常信息,可以预警坝区有雷暴大风发生;②天气雷达扫描到水电站邻近地区时,反射率因子图上有 30 dBZ 以上的强回波发展,或者径向速度图上出现速度模糊区,以及明显的逆风区,跟踪以上降水云体和移动路径,可以发布雷暴大风的预警;③卫星云图上坝区附近有强的中尺度对流复合体(Mesoscale Convective Complex,MCC)或中尺度对流系统(Mesoscale Convective System,MCS)等类似强对流云系发展时,表明有对流性天气强烈发展,伴随雷暴和大风,可以发布预警信息。

4.5　总结与讨论

结合此前对影响坝区干季大风的 3 种低槽型环流形势分析,发现在各类低槽作用下的大风中,坝区在低层受到北方冷空气南侵和南方暖空气北上的共同影响。同时,位于高空急流出口或入口区,尤其是对流层顶的辐散区,该处强烈的次级环流,导致垂直下沉运动增强,诱导高空强风速下沉,影响到低空风场,从而导致大风的形成。对流层中层 500 hPa 上,高原或以南地区有低槽快速东移,且坝区位于副热带高压的西北侧有利于大风形成。500 hPa 和 700 hPa 高度上,盆地西部和北部有切变线时,地面图上高原东部有密集等压线引导冷空气南下,坝区白天快速升温出现高温天气,在夜晚易出现大风天气。

通过坝区多次大风天气的环流形势和形成机制的分析,发现大风天气是在高低空多种环流系统配合下,由冷空气入侵、气压梯度力加强、高层动量下传、低层大气湍流和地形共同作用,最终导致大风天气的形成,在此对坝区大风的形成从以下几个方面进行总结。

4.5.1　冷空气的影响作用

坝区三类低槽型大风天气的环流形势中,通常随着低槽东南移,坝区中低层多受到冷空气影响,例如冷平流南压,且能够到达坝区偏北地区。同时,槽前的偏西南风增强,暖平流强盛并向北推进,在坝区形成低压涡旋。冷空气活动在大风天气中具有重要作用,伴随着冷空气的影响,地面天气图上在高原东部有较为密集的气压梯度,青海、甘肃、河套和盆地境内有强降温,经常观测到 24 h -4 ℃ 的变温中心。青海到高原东部,或青海到河套西部有 1025 hPa 以上的冷高压中心,或者负变温中心,且与冷空气配合有较强的偏北风。冷空气在移动过程中,冷平流不断加强,冷暖平流的共同作用使得坝区位于锋区附近,风力加大。

影响坝区大风的冷空气以东路或西北路为主,北方路径的冷空气较少。对于东路冷空气,盆地低层偏东风引导冷空气回流南压到坝区一带,造成西南地区强降温,引起大风过程。但干季低槽型的冷空气路径存在显著差异。南支槽型大风天气中,当北方的冷高压南下,以东路冷空气为主,表现为冷空气从秦巴山区以东绕过后,回流到四川盆地及以南地区。冷空气在四川盆地西侧边缘南下,或者东路冷空气回流到坝区,白鹤滩处于冷空气不断扩散的下游。高原槽型大风中,表现为北路和中路冷空气从高原东侧南下,受到盆地南缘和云贵高原阻挡,或者副热带高压较强时,若冷气团强度不足以克服地形高度或暖气团的势力,易滞留于云贵之间而形成昆明静止锋,进而使得坝区附近的气压梯度加大,造成大风天气。

4.5.2 气压梯度力的作用

坝区的大风天气中,影响系统均为对流层的低值系统,在气压场上表现为对流层中层"东高西低"或"南高北低"的环流形势,或者相反的距平场特征。在该类气压场条件下,南北或东西向的气压梯度明显增强,在坝区附近形成等高线的密集带。同时,近地面的冷锋南压到坝区,低空的等压线密集度加大。高低空作用下,坝区的气压梯度力加大,在强的气压梯度和变压梯度等共同作用下,低空风速逐渐加大,产生大风天气。因此,梯度风原理是坝区低空风速加大的根本原因。

4.5.3 下沉气流的动量下传

影响坝区的高空急流以南支急流为主,高空急流的建立加大了风速的垂直切变,在垂直方向上有很强的动量梯度存在,造成低空湍流加大,极有利于高空动量的下传,加大近地面的风速,以维持低空急流发展。加上海平面气压场受热低压控制,坝区附近的气压梯度较小,所以气压梯度对于偏南大风的形成作用有限,动量下传就成了主要原因。

在坝区大风天气发展中,高空急流的强风速带维持,中高层低槽的斜压发展。温度槽始终落后于高度槽,强烈的斜压作用使高空槽发展,在槽后强冷平流作用下,高空槽加深并向东南移动,引导冷空气东移南下。坝区上空存在较强的下沉运动,引导地面风力加大。同时,在垂直运动下,大风天气中高空风动量下传起到重要作用。

在干燥西风带上强而宽广的急流带上,动量下传和地面热低压共同发展,在强风速垂直切变环境中,冬春季晴空条件下形成地面大风。动量下传影响地面大风是高低空动力强迫造成的结果。春季天气晴朗,地表升温快,天气垂直方向上的对流将高空急流的高能量向下传递,使地面出现与空中风向一致的强风。动量下传作用一种表现为风速直接下传,另一种是由于动量下传改变垂直动量结构,从而引起近地面气压梯度加大,造成大风。动量下传大风多发生于春夏季,特点是中午开始风速加大,以南风为主,夜间风速减小,偶有个例夜间南风发展到7级以上,有明显的日变化规律。动量下传对大风天气的影响是高低空环流系统的强度变化和配置的作用结果。

4.5.4 低层湍流摩擦作用

坝区河谷地粗糙的下垫面摩擦作用使风力减小,并使风向偏离等压线,指向低压一侧。在白天由于太阳辐射和低层气团受热作用明显,地面迅速增温和减压,尤其是到了中午以后,河谷地带增温更加明显,导致边界层与对流层底部的湍流增强,摩擦作用增强,所以两层大气间质量和动量交换增加,动量下传作用明显。再加上坝区河谷的狭管效应,有利于地面风速迅速增加,摩擦力加大。到了夜间,气温下降,摩擦力减小,湍流减弱,加上复杂地形对动量下传起到抑制作用,最终导致摩擦力对地面风速的影响作用减小。

4.5.5 峡谷地形的作用

从坝区所在的峡谷地形上看,金沙江河道向下游到宜宾的海拔迅速降低,这就为越过盆地的冷气团向南发展提供一条通道。偏北风加强时,从北向南运动,气流的爬坡作用明显,能量减弱,加上河谷的摩擦作用强烈,从而使风速减弱。狭窄的河道本身对气流有汇聚加速效应,加上坝区河谷最狭窄,荒田水厂站附近喇叭口地形的气流汇集效应明显,导致坝区附近的风力加大,地形的原因坝区导致易形成7级以上大风。

　　根据以上对坝区大风天气个例的分析研究,发现青藏高原和孟加拉湾地区发展东移的低槽,或者在中国西北乃至更北地区出现的东西向大横槽,是容易引起坝区大风天气的对流层中层环流系统,也是预报坝区大风天气的关键。在预报大风时,必须考虑低空高纬度的冷空气入侵,将 850 hPa 的冷空气到达四川盆地南缘作为产生大风的条件。因此,500 hPa 的低槽与冷空气作用融合,分别从 500 hPa 南支槽与低空东路回流冷空气相作用,高原槽与北方路径冷空气相作用,以及北方横槽与西北路径冷空气相作用,等多种环流形势与冷空气的配置上来预警坝区的大风天气。

　　此前对影响坝区干季大风的三种低槽型环流形势进行了分析,经常发现有时难以用单独的一类来概括,即有多种低槽交叉或变换影响坝区的情况。如低槽东移时在低槽西北部出现短波槽的汇入,就会形成赶槽,引起槽的加强,导致槽后的偏北气流加剧产生大风。再如高原槽和南支槽叠加,在贝加尔湖到新疆有一个高空槽,高原中部有一个短波槽,南部是南支槽,坝区周边有 20 m/s 以上的西南风气流,当南支槽加深时,短波槽略有东移,即以上三种类型的低槽同时存在,引发坝区的大风天气。因此,在分析大风的环流形势分型时,需要注意各个系统之间的发展配合关系。

　　进行坝区大风天气系统的分类时,为了结果的确定性,仅依据了 500 hPa 的位势高度场。在实际大风天气预报中,除关注 500 hPa 高度上天气系统变化外,还需要关注对流层其他高度上的天气系统,如有时北方地区有一些强斜压不稳定发展的小槽,且与极涡相联系,当这些小槽为疏散槽时,槽线上的正涡度平流导致小槽快速发展东移,随后变成了大槽。当这个不稳定发展槽再顺势向东南方向发展时,我国北方地区的寒潮天气爆发,强冷空气南下也会造成坝区出现 7 级以上大风天气。此外,在坝区大风天气的预警中,需要结合天气雷达、风廓线雷达、电场仪和卫星云图等多源观测结果,进行环流形势的综合判断分析,来确定大风天气的关键天气系统,以及天气系统的变化和影响强弱。

第 5 章 白鹤滩大风天气的环境条件

大风天气是在白鹤滩水电站坝区特殊环境条件下形成的,分析大风发生前后的边界层和对流层环境变化特征,有利于判识大风出现的时间和大风的强弱,以进行坝区灾害性大风天气的预警。常规的高空和地面观测为主观临近预报提供基础的数据,用于对大风天气进行生成、发展和衰减,特别是对强对流伴随的雷暴大风的临近预报。通过地面自动气象观测数据,获取低空的风速和风向变化,从 2 min、10 min 平均风速、极大风速和瞬时风速等多项观测要素,分析坝区附近各站大风天气的变化。通过分析大风发生前后,各站气压和温度等要素的变化特征,以及不同测站的气压差与大风的关系,可以掌握有利于大风发生的环境特征。同时,基于坝区附近的高空探测数据,分析导致大风发生的对流层环境条件,可以判识大风发生的概率。对地面和高空探测数据的结合应用,在加深对大风形成机制认识的同时,能够提高监测和预警的准确性。

5.1 大风环境条件的基本特征

5.1.1 环境条件

在一定环流背景下发展的中小尺度系统,是强风等灾害性天气的直接制造者,也是大风天气的研究重点。国际上从动力抬升条件、大气稳定度和下垫面特征,以及水汽和地形等基本环境条件出发,研究导致强对流形成的物理机制,判断大风的强弱和发展阶段(Doswell,2001;Mapes et al.,1993;Adler et al.,2011;Moore et al.,2012)。国内研究加强了关于局地环流对强风的促发作用以及对强对流云中尺度结构的认识,且更关注大风发生前后的气象要素和区域环流形势变化(俞小鼎 等,2012;许爱华 等,2014;肖云 等,2016)。根据中尺度对流云团的热力和动力特征,统计和诊断大风发生时的物理量参数,是分析研究强风发生的潜势,以及探索大风天气形成机制的根本方法(雷蕾 等,2012)。将基于高空和地面观测数据获取的多种物理量参数,用于诊断大风等强对流天气发展的环境条件,揭示不同类型对流云系的时空结构,在我国大部分地区广泛开展。但在高海拔和陡峭地形区,以及深切峡谷等复杂地形区,由于缺少低空的探测数据,用于分析对流层环境条件的物理量参数不能获取,也难以准确判断大气环流形势的变化特征,导致以上对大风天气分析的方法受到限制。

由于风速脉动强,随机性大,影响风速变化的因子多,尤其是在局地复杂地形的水电站峡谷区,因此对坝区大风天气的临近预报具有挑战性。当前对大风的预报预警以主观判识为主,预报结果具有一定的不确定性。利用多种客观分析的算法开展大风的临近预报技术研究,具有重要的应用价值。对于大风天气的临近预报技术,包括基于多普勒天气雷达观测数据,结合常规高空和地面观测、气象卫星云图和快速同化循环的数值预报产品等,对强风暴的生成、发展和衰减的环境条件进行判识,特别是对强对流天气,包括强冰雹、龙卷、雷暴大风和对流性暴雨的判断,进行对流潜势和大风发生的预警分析。

5.1.2 关键因子

为了获取对流层高空的气压和温湿度,以及各要素的垂直变化特征,到 2022 年我国已建成国家级高空观测站 120 多个。这些高空探测站,通过释放探空气球,把无线电探空仪携带到大气层,来测定多种气象参数,为天气预报、气候分析、科学研究和国际交换提供重要的气象数据信息。全国的高空探测站每天 07 时和 19 时准时采集探测数据,用以分析大气的温度、湿度的垂直分布等环境条件,直接反映对流层大气的热力和动力结构特征。利用探空数据,可以判断大气静力稳定度、水汽条件、垂直风切变和急流特征,用于强风的监测和预警。分析大气层结稳定度时,通常采用气块法,获取并生成多种强天气指数,这些指数是国内外大风和暴雨等天气预警方法的关键(顾天红 等,2022;雷蕾 等,2011)。与高空探测有关的对流参数,包括抬升指数(Lifting Index,LI)、SI 指数、K 指数、对流有效位能(CAPE)与对流抑制能量(CIN)等。这些对流参数在揭示不同类型对流云系垂直结构的同时,可用来辨析强对流天气的类别,尤其是导致天气发生的热力不稳定性和机制,可用于诊断强风等对流发展的环境条件。通过将大气静力稳定度和水汽条件结合在一起,获取一些参数可用于分析对流潜势,不仅物理意义清晰,且广泛应用在预报业务上,常用于分析对流性天气发生概率的参数,如对流有效位能、对流抑制能量和 SI 指数、K 指数等(俞小鼎 等,2006)。

垂直风切变是对流性大风发展的重要环境因子,也有助于判识大风潜势。水平风的强垂直切变条件有利于飑线系统的生成,对应的天气主要是强烈或极端的区域性雷暴大风天气,有时伴随冰雹和龙卷。飑线大风通常发生在 $0 \sim 6$ km 或 $0 \sim 3$ km 高度有比较明显的垂直风切变环境下(俞小鼎 等,2012)。在中等强度垂直风切变和一定对流有效位能条件下,可以有多单体强风暴和非强烈飑线生成,产生强冰雹、雷暴大风和对流性暴雨,但天气一般不是很极端。在较弱垂直风切变条件下,如果对流有效位能较大,也能产生较强冰雹和雷暴大风的对流风暴,这种孤立含下击暴流的对流风暴称为脉冲风暴(Chisholm et al.,1972),其生命史与普通雷暴单体类似,只是初始回波高度明显高于普通单体,产生的强烈天气包括 $20 \sim 25$ km 范围内的中尺度强冰雹和下击暴流,常常也能造成极端雷暴大风。

5.1.3 潜势分析

根据环境条件的发展变化,分析强风等对流性天气发生的潜势,是大风天气研究和预警的核心。已有较多关于雷暴大风发生发展环境条件的研究(张小玲 等,2012;王秀明 等,2013;费海燕 等,2016)。Johns 等(1992)总结了有利于雷暴和大风形成的环境条件,提出对流层中层或 600 hPa 以上有明显干空气层,对流层中层及以下大气温度直减率较大,是导致大风发生的基本条件。以上两个条件中,较大的大气温度直减率,同样有利于形成较高的对流有效位能,导致强上升气流,并有利于形成大风(俞小鼎 等,2012)。雷暴的下沉气流经常能够产生雷暴大风,大风的形成与对流云体中的下沉气流、动量下传和冷池密度关系密切(王秀明 等,2013)。强对流天气中,降水粒子负载、浮力和垂直扰动气压梯度力,是强烈下沉气流形成的三个主要因素(Wakimoto et al.,1989)。有利于强对流天气发生的环境要素中,除了深厚湿对流或雷暴形成的静力不稳定、水汽,以及抬升触发这几个要素之外,垂直风切变也是一个重要因素,区域性的雷暴大风天气通常出现在明显的垂直风切变环境下(Johns et al.,1992)。

特殊地形区的瞬时大风和局地大风天气值得关注。受下垫面动力和热力非均匀性强迫的影响,在一些显著地形区,经常形成中小尺度天气系统,产生小范围的强风天气。这种局地的大风天气在白鹤滩水电站坝区最明显,如坝区每年有 250 多天的大风天气,但是不在坝区的四川省宁南县和云南省巧家县等地,大风天数明显减少,宁南县每年的大风天气只有 20 d 左右。因此,坝区特殊峡谷地形下的中小尺度系统,是产生大风天气的重要原因。通常从天气过程发展前的环境参数特征出发,掌握有利于各种天气发生发展的环境条件,可以加深对强风等天气发生物理机制的理解,并在预报业务上得到广泛应用。强天气指数中,除 K 指数、CAPE 值和SI 指数等,还包括重要特征层高度,如逆温层厚度、0 ℃和 -20 ℃层等的高度,及垂直风切变等动力学参数,这些指数在大风的监测预警中发挥了重要作用(孙继松 等,2014)。

大风天气是多个气象要素综合作用的结果。分析影响大风天气的气象要素,关注各要素在对流层的时空变化,是监测和预警大风的重要方法。如在某一个时期内,气压和气温的迅速上升或者下降,都有可能导致阶段性的大风天气。白鹤滩水电站水文气象中心在大风的预警中发现,以 800 hPa 为标准,通过观测低空是否存在暖平流,或者在 800 hPa 以上是否存在冷平流,经常能够准确地判识出坝区近地面大风天气。又如 800 hPa 的温度露点差、500 hPa 和850 hPa 的 θ_{se} 差,以及大气可降水量(Precipitation Water,PW)为判断坝区强天气类别提供重要参考依据。在大风天气预警业务中,通过分析各物理量的时间变化,能够确定对流层大气的环境变化特征,如变温、变压,以及 CAPE、下沉对流有效位能(Downdraft Convective Available Potential Energy,DCAPE)、K 指数、500 hPa 和 850 hPa 的 θ_{se} 差、PW 和低层的垂直风切变,这些物理参数的时间变量,也有助于快速识别雷暴大风天气。

分析影响大风的气象要素类型,及其对应的阈值是预警大风和强天气的关键。马淑萍(2019)研究指出,极端雷暴大风事件对应的对流有效位能(CAPE)值通常偏高,平均值可以达到 1820 J/kg 以上,明显高于普通深厚湿对流的平均值 470 J/kg,这主要和雷暴大风中对流层中下层垂直温度递减率较大有关。同时研究指出,大风天气对应的 500 hPa 和 850 hPa 之间温度直减率的平均值为 6.7 ℃/km,比普通深厚湿对流对应的平均值 5.5 ℃/km 明显偏高。对于强风天气中 DCAPE 的研究表明,极端雷暴大风事件中,对应的 DCAPE 和夹卷层平均风分别为 1110 J/kg 和 15.7 m/s,明显高于普通雷暴的相应值 620 J/kg 和 11.9 m/s。因此,通过对环境气象要素的分析,可以判识大风天气发生的可能性。

5.2 大风天气的边界层环境条件

以下选择大坝及周边的气象观测站逐小时观测数据,气象要素包括小时极大风速、气压、相对湿度和气温等。坝区周边的气象观测站包括宁南新村站、布拖站和雷波站,以及云南巧家站等。中国气象局的高空探测站中,距离白鹤滩水电站最近的是四川省西昌站、宜宾站和云南省威宁站和丽江站。其中西昌站位于坝区以北 180 km 处,威宁站位坝区东南方向的250 km处,是经常用于坝区对流层变化分析的高空探测站。

以下从白鹤滩水电站大风发生前后,坝区和邻近气象站观测的基本气象要素变化,分析坝区大风天气发展中的边界层基本特征,确定各要素中影响大风的关键气象因子。同时探索上下游各站气象要素变化与坝区大风发生时间和强度的关系,为坝区大风的监测预警提供信息支持。

考虑到坝区大风天气以偏北风为主导风向,尤其是在 11 月至次年 4 月的干季,偏北大风频繁,风力强劲,且大风持续时间长,因此选择坝区 2020 年 1 月 13—15 日和 2020 年 12 月 9—

11 日两次持续偏北大风天气个例。两次大风过程中,新田站的极大风速均超过 20 m/s,而且大风发生时没有明显的降水出现,能够代表坝区干季大风的基本特征。通过分析两次天气中各测站地面气象要素的变化,以说明边界层气象要素变化与坝区大风的关系。

　　分析坝区两次大风中各站的风向和风速变化。图 5.1 中显示,两次大风的各站风向完全相同,表现为顺着峡谷的偏北风。其中荒田水厂站、新田站和白鹤滩站受峡谷地形对风向的锁定作用,均为偏北风。左岸缆机平台站和右岸马脖子站受局地地形的影响,风向为偏西北风。下游的葫芦口大桥站为偏东北风。两次大风中各站的极大风速分布也几乎相同,葫芦口大桥站、新田站和马脖子站的极大风速最大,达到 20.0～22.0 m/s。其次是白鹤滩站和荒田水厂站,极大风速达 16 m/s 左右。综合两次大风天气的风向风速变化可以看出,坝区盛行偏北风,且受地形限制影响,各站风向稳定。新田站、葫芦口大桥站和马脖子站的风力强劲,极大风速较其他站风速偏大,白鹤滩站和荒田水厂站风速略偏低。

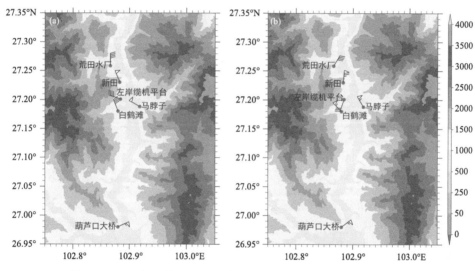

图 5.1　2020 年 1 月 15 日 21 时(a)和 2020 年 12 月 10 日 23 时(b)
坝区极大风和地形高度分布(阴影,单位:m)

5.2.1　气象要素日变化

　　坝区自 10 多年建设以来,大型施工不断,导致河谷的地表覆盖条件差,影响到近地面气象要素的变化,在气温、气压和湿度的日循环上表现明显。选取新田站 2020 年 1—2 月和 2020 年 11—12 月,这两个大风最频繁的时段,以逐小时气象要素的变化,分析坝区大风季各气象要素的日变化特征。从图 5.2 中分析发现,在坝区的大风季气温、气压和相对湿度 3 个基本要素,都表现为单峰单谷型的日变化模态。在图 5.2a 坝区新田站的平均气温日循环变化中,从 09 时的 9 ℃开始气温上升,至 16 时达到最大值 17.7 ℃。之后连续下降,直至 09 时降到最低值,完成日循环。坝区大风季气温的平均日较差达到 6.6 ℃。与我国其他陆地上的气温日变化进行对比,陆地上通常最高气温出现在 14 时左右,最低气温一般在凌晨 05 时前后。对比发现,坝区大风季升温慢,降温慢,气温日变化的波峰和波谷偏晚,完全不同于其他地区的气温日变化特征。同时坝区大风季气温偏高,在最寒冷的 1 月平均最低气温也在 11 ℃以上,平均最高气温达 17 ℃以上。但坝区冬季气温日较差为 5～6 ℃,比陆地平均 8 ℃的日较差明显偏小。

再分析坝区大风季相对湿度的日变化特征。从图 5.2b 上看,新田站平均相对湿度从 08 时的 54％开始下降,16 时达到最小值 34％。之后相对湿度开始逐渐上升,直到 08 时前后达到最高值,表现出与平均温度日变化的位相正好相反。在 08—09 时为相对湿度的峰值,在 16 时为谷值。因为坝区日间蒸发作用强,相对湿度增加,下午相对湿度降低。通常情况下,在大部分地区相对湿度在一天中最高值出现在清晨,最低值出现在 14—15 时。但在坝区不同,最高值出现在日出后,体现出坝区相对湿度变化慢的日循环特殊性。

分析坝区大风季气压的平均日变化特征。从图 5.2c 上看,新田站气压值从 10 时 907.1 hPa 的最高值开始下降,17 时达到最小值 899.9 hPa,之后进入上升阶段,在 10 时达到极大值,气压的日较差达到 7 hPa。对比中低纬度其他地区的气压日较差,发现以新田站为代表的坝区海拔高,气压日较差明显偏大。在气压日循环的位相上,表现在一天中 09 时以后下降明显,17—23 时气压上升明显,00—06 时气压变化缓慢,06—09 时再次上升。坝区气压日变化的特征,与其他地区气压双峰型的日变化不同,比通常波谷值在 15—16 时落后。总之,坝区大风季各气象要素日变化单峰波动明显,且波动变化的位相均落后于其他地区,呈现其变化特殊性。

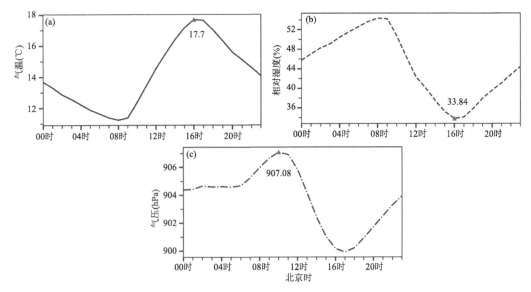

图 5.2　2020 年 1—2 月和 11—12 月新田站无降水日的平均逐小时气温(a,单位:℃)、相对湿度(b,单位:％)和气压变化(c,单位:hPa,三角和数字为各要素的极大值和极小值)

5.2.2　风速与气压变化的关系

气压是风变化的指示计,冷暖空气的移动,首先影响到气压的变化,气压的升降产生空气的流动,形成风,因此风速的大小与气压梯度成正比,气压是决定风速的关键要素。在此以新田站为代表,分析两次大风天气发展中,风速与气压变化的关系。从个例 1 中的风速变化(图 5.3)可以看出,新田站连续发生大风天气,风速先后有 3 次增大过程,出现了 3 个风速峰值,超过 20 m/s。第一次从 13 日 13 时开始增大,21 时风速达到 18.1 m/s,并于次日 02 时达到极大风速 22.5 m/s。第二次从 14 日 09 时风速开始增加,在 21 时达到 17 m/s,23 时达到当日风速极大值 19.5 m/s。第三次从 15 日 11 时风速开始增加,在 17 时达到 18.8 m/s,23 时达到极大风速 25.9 m/s。中间一次波峰略偏弱,19.5 m/s 的极大风速低于前后两次 22.5 m/s 和 25.9 m/s 的极大风速峰值。从风速的波动变化中,可以发现坝区风速通常在午后容易增大,在夜间达到峰值。

从图 5.3 中分析这次大风天气中的气压变化。对应风速的波动起伏,气压随之发生变化,出现 3 次波峰和波谷。当新田站风速增加时,对应的气压明显上升,尤其在第 1 次和第 3 次。中间一次风速的波峰中,风速和气压不对称。因此从这次持续的大风天气中可以发现,坝区的大风天气与本站气压密切相关,表现为起大风时,气压和风速同步增加,且气压的波峰明显超前于风速的波峰,在大风趋于结束,风速降低时,气压缓慢上升。

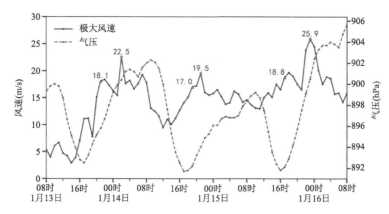

图 5.3　2020 年 1 月 13—16 日新田站极大风速与逐小时平均气压的变化曲线
(红色标记是达到 7 级和极大值的风速值)

分析新田站 2020 年 12 月 9—12 日的风速变化和气压关系。从图 5.4 上看,大风发生时,风速同样有 3 次波动发展,第一次从 9 日 08 时开始增加,在 20 时达到 18.7 m/s,23 时达到极大风速 25.5 m/s。第二次从 10 日 18 时风速开始增加,在次日 01 时达到 18.3 m/s,04 时达到当日风速极大值 22.3 m/s。第三次从 11 日 17 时开始增加,在 19 时达到 18.0 m/s,22 时达到极大风速 28.3 m/s。对应着新田站风速 3 个波动峰值出现在夜间,该站的气压值也出现位相相似的波峰。

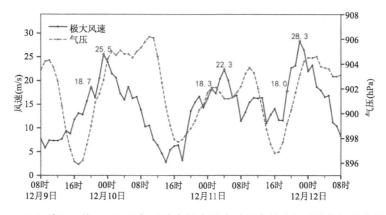

图 5.4　2020 年 12 月 9—12 日新田站大风中逐小时极大风速与平均气压的变化曲线
(红色标记是风速达到 7 级和极大风速值)

对比新田站两次大风天气中,风速和气压变化波峰之间的时间关系,分析风速和气压变化波峰的位相,发现大风开始前,对应气压显著下降,当大风开始时,气压开始上升,风速有突增的现象。在新田站首次风速增加前4~9 h,气压就已经开始显著下降。气压达到极小值后,经过3.5 h风速达到7级以上大风,7.2 h后达到极大风速。气压的下降与随后风速的上升对应关系密切。在新田站两次大风趋于结束时,同样也是风速明显降低,气压变化缓慢。大风天气中,气压最大值和最小值的差在6.9~10.6 hPa。因此本站气压的下降,可以作为预报大风的关键因子。

以上分析新田站大风天气中,气压的波动变化包含了其日变化的振幅。因此用各时次的气压减去对应时次的平均气压,得到剔除日变化的气压距平值,再分析气压距平与风速变化的关系。通过两次大风中新田站气压距平和风速变化曲线(图5.5),分析两者之间变化的关系。可以看出在两次大风天气发生前,气压距平已经显著下降。图5.5a的2020年1月11—16日大风天气中,气压距平在风速增加前24 h就开始逐渐下降了。剔除日变化后大风天气中,气压距平下降达9.0 hPa。图5.5b中,2020年12月7—12日的大风天气,与前一次大风过程中气压的变化相似,气压距平也是提前24 h开始下降,降压约达9.0 hPa。由此获悉,在考虑气压日变化的前提下,本站气压在大风发生前有显著的下降,这个特征能够提前预报大风。当气压下降9.0 hPa以上时,可以预报随后一天的大风天气,该结果对于坝区大风的预警具有非常重要的意义。

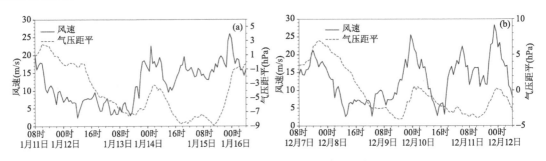

图5.5 2020年1月11—16日(a)和2020年12月7—12日(b)
新田站大风天气中剔除气压日变化后的气压距平与风速变化曲线

考虑到以上结论仅仅是对于两次大风天气个例的分析,在此将分析时间延长到2020年1—2月,仍以新田站为例,分析气压距平变化与风速之间的关系。分析图5.6中剔除日循环

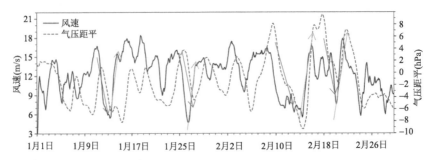

图5.6 2020年1—2月08时新田站风速与气压距平的24 h平滑曲线(去除降水时次及非大风时次)
(绿色箭头为风速增加,黑色箭头为气压下降)

的气压距平变化曲线,及其与风速变化的关系。发现坝区这 2 个月的大风季中,黑色箭头指出气压距平有 4 次显著的下降阶段,对应着绿色箭头风速的 4 次加大过程,且气压距平下降的位相超前于风速增加的位相。在这 2 个月里,新田站气压距平变化的峰值在 2 月 10 日 08 时和 18 日 08 时最高,达到 8 hPa,其余时段的气压距平波动振幅较小。

分析 2020 年两次大风过程中,新田站气压变化的时间、强度,以及与风速变化的关系。对比两者变化的时间差,结果见表 5.1。通过对表 5.1 的分析可以得到,当新田站气压距平值达到极小值,再过约 3.5 h 后,新田站风速开始增加,7.5 h 后新田站达到极大风速。气压开始下降的时间提前于风速增加的时间,表现为两者的时间相差甚至达到 30 h 以上。统计新田站气压下降值与风速增加值之间的关系,发现两者之间存在显著负相关,相关系数为 -0.868,即表明本站气压下降越强,对应风速增加越大。由此可见,地面观测的气压值是影响大风的关键气象因子,通过气压的提前下降和下降幅度,可以预报坝区大风的出现时间和风速大小。

表 5.1　新田站 2020 年两次 7 级大风中极大风速与气压的关系

个例时间	$\Delta t(V_{始}, P_{max})$	$\Delta t(V_{7级}, P_{max})$	$\Delta t(V_{7级}, P_{min})$	$\Delta t(V_{max}, P_{min})$	气压下降值(hPa)	风速增大值(m/s)
1 月 11 日	28 h	35 h	3 h	8 h	7.7	19.6
12 月 7 日	37 h	49 h	4 h	7 h	9.7	18.2
平均	32.5 h	42 h	3.5 h	7.5 h	8.7	18.9

注:$\Delta t(V_{始}, P_{max})$ 为风速开始增加和气压达到最大值的时间差,$\Delta t(V_{7级}, P_{max})$ 为风速达到 7 级与气压达到最大值的时间差。

统计发现,多次大风天气前,气压都有显著下降,且随风速增加,气压开始上升。鉴于坝区气压与风速变化的关系密切,且能够提前发生变化,但是气压提前变化的时间和阈值存在不确定性。通过新田站长时间风和气压的观测序列,分析当风力达到 7 级时,与之前不同时间气压差的相关系数,确定气压提前预报大风的时次。从图 5.7 中根据风速与不同时间气压差的相关系数,分析风速与气压变化的位相差,可以看到 7 级大风发生时间与 7 h 变压的相关系数最高,达到 0.30。与去除日变化的气压距平的变压相比较,风速与 4 h 前气压距平的变化相关系数最高,达到 0.44,说明气压的显著变压能够提前 4~7 h 预警后期大风的出现。气压超前于风速的变化,且在 4 h 以上,两者的相关性能够达到最大值,说明气压变化是预警大风的关键参数,且 4 h 变压是各个时次中的效果最好的一个。

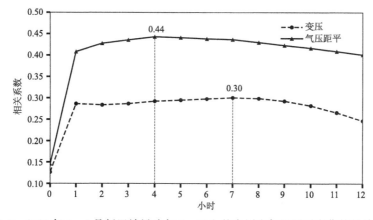

图 5.7　2020 年 1—2 月新田站风速与 0~12 h 的变压和气压距平变化的相关系数

在分析风速变化与变压的关系中,常用的参数有 3 h、6 h 和 12 h 变压值。分析这 3 个变压值与风速的关系时,统计新田站剔除气压日变化的影响后 3 个变压值,及是否出现大风的概率,分析变压值对大风和非大风天气的概率密度分布(图 5.8),以确定大风发生时的气压阈值。在图 5.8 上,选取大风和非大风概率密度差最大的变压值,以保证大于该值的大风概率最高,且小于该值的非大风概率最高。在图 5.8a 中,当新田站 3 h 变压大于 0.4 hPa 时,大风发生的概率大于 60%,且非大风的概率仅为 25%,相反小于 0.4 hPa 时,非大风的概率达到 75%,因此 3 h 变压值 0.4 hPa,能够较清楚地将大风和非大风天气区分开,将 0.4 hPa 作为预警大风天气的 3 h 变压阈值。以此类推,6 h 变压的阈值为 1.06 hPa,12 h 变压的阈值为 1.43 hPa。对比 3 个不同时间差变压阈值,6 h 变压值对大风的预警效果较一般,大风天气的概率达到 55%,非大风的概率为 20%。分析其他变压值对大风判识的效果,结果发现,12 h 变压值对大风的预警效果相对最好,大风天气的概率达到 65%,非大风的概率仅为 22%,是 3 个阈值中概率最大的一个,可以在大风预警中进行应用试验。

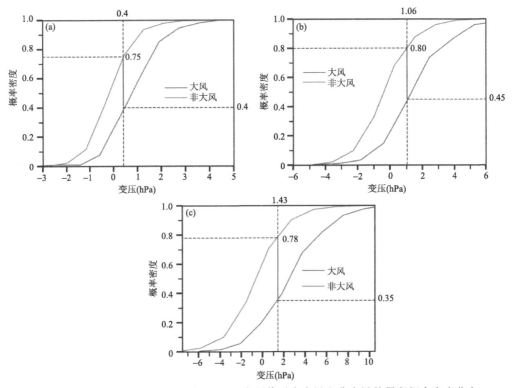

图 5.8　新田站 3 h(a)、6 h(b)和 12 h(c)变压值对应大风和非大风的累积概率密度分布

总结以上新田站为例对坝区大风季气压变化的分析发现,在坝区发生大风时,气压能够提前发生显著的波动变化,说明地面气压对大风天气预警有效。当新田站气压降到最低值 3~4 h 后,坝区风力增加,甚至超过 7 级。气压达到最低值 7~8 h 后,风速增到最大值。本站气压下降 8~9 hPa,对应风速能够增加了 17 m/s。坝区的 3 h 和 12 h 变压作为预警大风的因子相对较好,大风天气的概率均超过 60%,对应的变压阈值为剔除日变化后的 0.4 hPa 和 1.43 hPa,说明在预警大风天气的气压参数中,需要综合考虑 3 h、12 h 变压。以上结果需要在大风预警中不断检验和提高,以确定其预警的效果。

5.2.3　风速与气温和湿度变化的关系

坝区大风发生时,通常都有北方冷空气入侵,伴随坝区地面气温的下降,因此气温与风速变化也有一定关系。仍以新田站两次大风天气为例,剔除气温的日变化后,分析气温距平和风速变化的关系。在图 5.9 中,发现在新田站大风发生前,气温距平出现两次明显的上升,达到 5～8 ℃或以上。第 2 次过程中,气温距平上升了 4 ℃。相反,当风速增加时,新田站气温迅速降低,直到回复到当地平均气温,距平接近 0 ℃。分析表明,大风前近地面气温偏高,大风开始后,气温迅速降低。考虑到坝区以偏北风为主,在冬季受冷空气影响,冷平流增强,风速加大。风速增加时,气温快速下降。坝区峡谷大风发生前的日间,近地面常常受到热低压控制,天气晴好,气温会稳定上升,高于平均值 5 ℃以上。受到强烈冷空气活动的作用,气温开始下降,风速增强,直到距平值接近 0 ℃。同时,坝区大风发生时,干季降水偏少,云体稀薄,有利于边界层显著增温,为大风的发生提供了很好的热力不稳定和能量条件。一旦冷空气从北向南入侵,大风出现,坝区的气温就会连续下降。

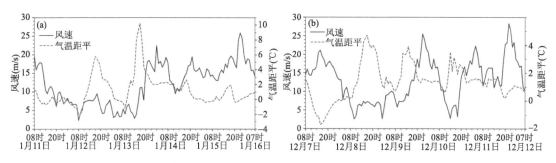

图 5.9　2020 年 1 月 11—16 日(a)和 2020 年 12 月 7—12 日(b)新田站
大风天气中,剔除日变化后的气温距平和风速变化曲线

分析新田站两次大风天气中相对湿度的变化特征。在新田站两次大风天气中,剔除日变化后的相对湿度和风速变化的关系如图 5.10 所示。发现第 1 次过程中大风前,新田站的相对湿度距平下降迅速,由原来的正距平 6%,下降到负距平 -26%,相对湿度距平下降了 32%。随后大气湿度逐渐增加,相对湿度接近正常值,距平值为 0。第 2 次过程中起风前,新田站的相对湿度正距平为 18%,大风后相对湿度开始下降,达到 3%的负距平。表明大风发生时,相对湿度变化明显,坝区低空由原来的湿空气为主,转为受干空气影响,这也是偏北风气团作用的结果。干季大风前,水电站库区天气晴朗,气温上升,强烈蒸发作用导致大气湿度较大,

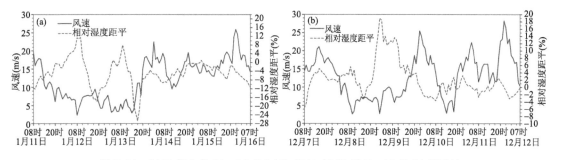

图 5.10　2020 年 1 月 11—16 日(a)和 2020 年 12 月 7—12 日(b)新田站
剔除日变化后的相对湿度距平与风速变化

相对湿度值增高。当风力增强时,偏北的干冷空气入侵到坝区后,空气湿度开始下降,接近正常值。

分析周边站气象要素变化对坝区风速的影响作用。巧家站位于白鹤滩水电站上游河谷的东侧,与坝区峡谷偏南气流的入口区和偏北气流的出口区较近,该站的气温和湿度的变化会影响到坝区的大风天气。分析巧家站气温、相对湿度与新田站风速变化的关系。从图5.11上可知,巧家站的气温波动与新田站风速波动相似,但气温下降和湿度下降的时间,都比新田站的风速增加发生得早。大风前,巧家站的气温距平达到8℃,气温距平达到极大值4 h后,新田站的风速达到20 m/s以上。对应大风前巧家站空气湿度值偏高,相对湿度达到极小值约1 h后,新田站风速增加,超过7级。因此通过巧家站的气温和湿度变化,可以为坝区大风的发生提供参考,表现为巧家站气温强烈偏高,后期坝区出现大风的可能性大。

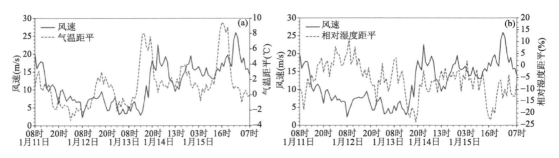

图5.11　2020年1月11—15日新田站大风天气中,巧家站剔除日变化后的气温距平(a)和相对湿度距平(b)与新田风速的变化曲线(其中13日数据缺测9 h)

布拖站和雷波站是距离坝区较近的站点,分析坝区大风天气中这两个站气压变化与新田风速变化的关系。针对此次大风天气,对比分析布拖和雷波站剔除日变化后的气压距平变化。由表5.2可以得到,坝区大风中,以上两个站的气压值都发生了强烈的变化,布拖和雷波站的气压距平分别下降了20.3 hPa和15.6 hPa,说明坝区的大风天气是周边各站气压变化的结果。再分析各要素变化的时间差,当布拖站的气压距平达到极大值40 h后,新田站风速达到7级,45 h后达到极大风速。当雷波站的气压距平达到极大值时,40 h后新田站风力开始增加,47 h后达到7级以上大风。因此在这次大风的过程中,新田站风速增加了19.6 m/s,同时新田站、布拖站和雷波站气压距平分别下降7.7 hPa、20.3 hPa、15.6 hPa。

表5.2　2020年1月13—15日新田站7级大风和极大风速出现时间与周边站气压开始减弱和极小值出现时间差

站点	$\Delta t(V_{始}, P_{max})$	$\Delta t(V_{7级}, P_{max})$	$\Delta t(V_{7级}, P_{min})$	$\Delta t(V_{max}, P_{max})$	$\Delta t(V_{max}, P_{min})$	气压下降值 (hPa)	风速增大值 (m/s)
布拖	33 h	40 h	−6 h	45 h	−1 h	20.3	19.6
雷波	40 h	47 h	0 h	52 h	5 h	15.6	

注:$\Delta t(V_{始}, P_{max})$为风速开始增加和气压达到最大值的时间差,$\Delta t(V_{7级}, P_{max})$为风速达到7级与气压达到最大值的时间差,其余类似。

综上所述,坝区大风发生前,邻近地区的气象要素会有明显的变化特征。具体表现为,巧家站的气温偏高8℃,且相对湿度偏高约10%时,有利于坝区大风的出现。巧家站、雷波站和布拖站气压开始下降时间和下降幅度对新田站大风的预报具有较好的指导意义,表现为:布拖和雷波站的气压距平分别下降 15.0 hPa 以上时,坝区易发生大风。

5.2.4　上下游风速变化的关系

坝区峡谷盛行偏北风,偏北气流通过峡谷,依次经过荒田水厂站和骑骡沟站,最后经过葫芦口大桥站流出峡谷。坝区各站的风向保持以偏北风为主,且风速大小紧密相关。但由于测站选址和地形复杂,加上风速脉动的影响,各站的风向和风速具有一定差异。坝区峡谷新建站有分钟级风速观测,在此根据 2022 年 1—2 月坝区的 3 次大风天气,以葫芦口大桥右岸站、骑骡沟站和荒田水厂站的观测数据,分析各站 10 min 平均风速变化(图 5.12)。计算各站极大风速之间的相关系数,高达 0.754,说明各站风速变化具有较好的相关性。对比各站大风的风速和大风出现时间,可以看出,葫芦口大桥右岸站的风速相对最大,3 次大风中 10 min 平均风速的最大值,依次为 23 m/s,28 m/s 和 26 m/s。其次是荒田水厂站,极大风速为 15 m/s,6 m/s 和 13 m/s,风速明显降低。骑骡沟站的风速是 3 个站中最小的,但在大风过程时,增强后的风速会超过荒田水厂站的风速。

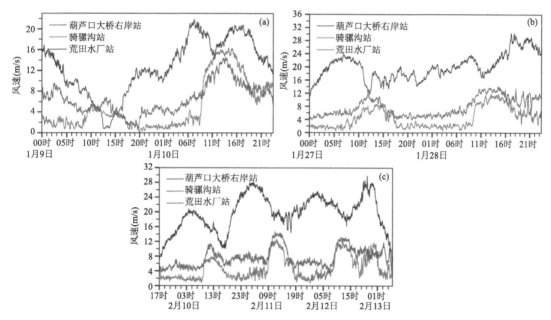

图 5.12　葫芦口大桥右岸站、骑骡沟站和荒田水厂站 2022 年 1 月 9—11 日(a)、
1 月 27—29 日(b)和 2 月 9—13 日(c)逐分钟风速的时间变化曲线(X 轴为时次)

分析坝区上下游各站风速峰值时间的先后关系。骑骡沟站和荒田水厂站大风出现时间较接近,与葫芦口大桥右岸站时间相隔较长。图 5.12a 的 2022 年 1 月 9—11 日大风中,葫芦口大桥首先在 1 月 9 日 14 时风速开始增加,10 日 06 时达到极大值,17 时再次达到极大值。对应的时段内,骑骡沟站与荒田水厂站的风速大小和风速变化位相较为相近,两站风力增强的时间落后于葫芦口大桥右岸站,到 9 日 19 时风速开始增加,在 10 日 14 时达到极大值,最大峰值时间落后 5 h。图 5.12b 的 2022 年 1 月 27—29 日大风中,同样葫芦口大桥右岸站风速的峰值在 27 日 08 时先出现,其他两站的风速随后增加,在 27 日 13 时达到峰值,风速峰值落后 7 h。图 5.12c 的 2022 年 2 月 9—13 日大风中,同样葫芦口大桥右岸站风速先出现 3 次峰值,之后

其他两站风速增加,第一个峰值的时间相差 7 h。通过以上大风个例的分析可见,坝区各站在大风天气中,起风的时间存在前后差异,其中峡谷上游的葫芦口大桥右岸站,比其余站大风时间出现早,甚至会提前 5～7 h 或更长时间,因此,可以利用葫芦口大桥右岸站的风速变化预警坝区,尤其是大坝附近的大风。

5.2.5 风速与上下游气压差的关系

坝区峡谷最上游为葫芦口大桥右岸站,位于坝区河谷上游峡谷口,而下游最远的站是荒田水厂站,位于河谷下游出口,两站相距约 42 km。水电站的大坝横跨在两站之间的河谷上,马脖子站位于河谷右侧的高地上。考虑到气压是引起大风的关键因素,分析上下游两站之间气压差与马脖子站风速关系,可为坝区大风的预警提供信息。以葫芦口大桥右岸站与骑骡沟站的气压观测数据,分析马脖子站风速与两站气压差的关系。对比各站气压差的变化,发现葫芦口大桥右岸站与荒田水厂站的气压差变化幅度大,约 5 hPa,葫芦口大桥右岸站与骑骡沟站的气压差变化小,约为 3 hPa。依次分析 2021 年 12 月葫芦口大桥右岸站、骑骡沟站、荒田水厂站 3 站气压差与马脖子站 2 min 平均风速变化的关系,结果发现,马脖子站风速随上下游两站气压差绝对值增大而增加,随气压差绝对值减小而降低,关系稳定。

分别分析葫芦口大桥右岸站、骑骡沟站、荒田水厂站 3 站气压差与马脖子站 2 min 平均风速变化的位相,或者超前滞后相关性。从图 5.13 上看,荒田水厂站与骑骡沟站、荒田水厂站与葫芦口大桥右岸站,以及骑骡沟站与葫芦口大桥右岸站的气压差,及其与马脖子站 2 min 平均风速的相关系数。以上相关系数分别在风速提前 3 h、风速与气压差同时刻、气压差比风速提前 1 h 达到最大值,相关系数分别为 0.67、0.85 和 0.72。由马脖子站风速与葫芦口大桥右岸

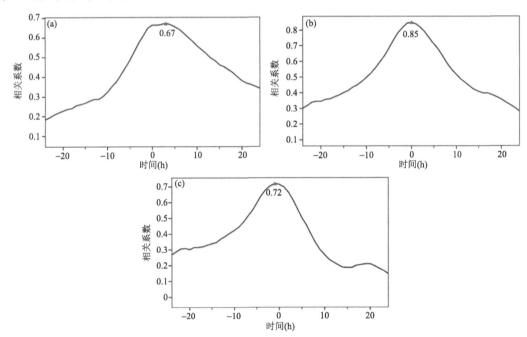

图 5.13　马脖子站风速与骑骡沟站—荒田水厂站气压差(a)、葫芦口大桥右岸站—荒田水厂站气压差(b)、葫芦口大桥右岸站—骑骡沟站气压差(c)不同时间的相关系数
(横坐标为正时,表示相关系数为风速与该时次后的气压差;横坐标为负值时,表示风速与该时次前的气压差)

站以及与骑骡沟站的气压差超前相关系数上,可以得到两站的气压差先于马脖子站风速变化,可以用两站的气压差预警坝区的大风天气。

以 2 min 平均风速的 10 m/s 作为大风和非大风的风速阈值,分析两个测站气压差在大风天气和非大风天气中的概率密度分布,用于确定预警大风的气压差阈值。从骑骡沟站与荒田水厂站气压差的概率分布图 5.14a 中可以看出,大风天气和非大风天气在气压差达 17.7 hPa 时概率差为最大值,说明在骑骡沟站与荒田水厂站的气压差超过 −17.7 hPa 时,大风天气的累积概率为 79%,而非大风的累积概率达 27%。而当骑骡沟站与荒田水厂站气压差小于 −17.7 hPa 时,非大风天气的累积概率为 73%。对应图 5.14b 中,葫芦口大桥右岸站与荒田水厂站的气压差为 −18.5 hPa,当两站气压差的绝对值大于该值时,马脖子站大风的概率为 94%,而非大风的概率为 19%。因此,可将 −18.5 hPa 和 −17.7 hPa 作为通过以上两站气压差预警坝区大风天气的阈值,并在大风天气的预警中进行应用检验。

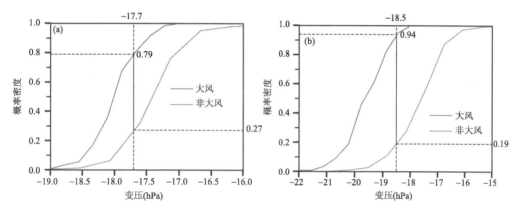

图 5.14　2021 年 12 月马脖子站 2 min 平均风速与骑骡沟站−荒田水厂站(a)
和葫芦口大桥右岸站−荒田水厂站(b)小时气压差累积概率密度分布

5.3　大风天气的对流层环境条件

西昌探空站是距离坝区较近的国家高空站,以 2020 年 1 月 15 日和 2020 年 12 月 10 日的坝区大风天气为例,通过西昌站探测的 $T-\ln p$ 图,分析两次大风发生前后,对流层大气流场、气温和湿度变化特征,探索有利于坝区大风天气的对流层环境特征。

在 2020 年 1 月 15 日的个例中,大风发生前西昌站的探空资料显示,图 5.15a 上对流层低层为西南风,600 hPa 的逆温层以上转为偏西北风,风向随高度顺转,表示凉山地区上空有暖平流发展,在 400~500 hPa 上,高空急流有风向弱的逆转,冷平流发展。同时,700 hPa 以上等温线和等比湿线差异大,表明以干空气为主。在图 5.15b 中的探空图上,低层逆温层消失,大气饱和的湿层厚度增加,并向上延伸,地面增温在 5 ℃以上。以上分析说明,坝区大风前低层以暖湿气流为主,气温上升,湿度增强。随着冷空气从高层的入侵,地面气温下降,气压上升,有利于风力增强。

在 2020 年 12 月 10 日的坝区大风天气中,图 5.16a 显示在 08 时大风发生前,西昌站探测的风向从低空先顺转,后到高空变为逆转,表明对流层中上层维持干冷空气平流,低层湿度较大,且以暖平流为主,这种冷暖平流结构有利于大气层结不稳定能量的积累。在坝区大风出现

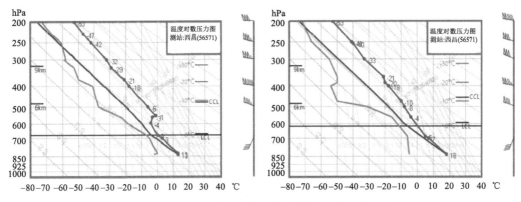

图 5.15　2020 年 1 月 15 日坝区大风时西昌站 08 时(a)和 20 时(b)探空

后的 10 日 20 时,从图 5.16b 上看,对流层中层维持上干冷和下暖湿的层结环境,中高层的大气湿度减小,低层湿层厚度稳定,但地面气温上升达 9 ℃以上。这次大风中,低层湿度持续较高,中上层大气湿度不断减小。因此在大风天气发生时,西昌站的 $T\text{-}\ln p$ 图结果表明,对流层有强的不稳定能量积聚,地面气温明显上升,呈高热高能,且低层大气的湿度偏高。

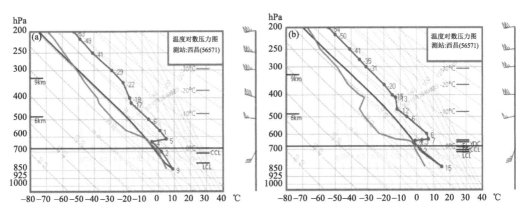

图 5.16　2020 年 12 月 10 日坝区大风时西昌站 08 时(a)和 20 时(b)探空

　　综合两次坝区大风天气的对流层环境分析,说明在坝区的大风发生过程中,对流层上层温度露点差大,大气偏干,体现了冬季的干冷空气特征,但中低层湿度较大,使露点和温度的垂直廓线呈"X"形。同时,两次大风天气中,在 600～700 hPa 有强烈的逆温层发展,逆温层以下受偏南风暖平流控制,逆温层以上的高空受偏北风影响,冷平流特征明显,对流层有显著的垂直风切变,在高层强冷空气的作用下,坝区出现了大风天气。

　　近地面大风天气是高空环流形势和地形复杂作用的结果,高低空风场的辐合辐散运动强迫造成低空大风的出现。在这两次大风过程中,垂直风速是引起高空急流轴下降,促进地面大风形成的一个关键因子。为进一步研究高空急流对低层大风的作用,分析坝区大风天气中西昌站探测水平风速的时间—高度剖面。从图 5.17a 可以看出,在个例 1 的大风中,12 日 08 时西昌站探测的高空急流最强,急流中心在 200 hPa 高度达到 64 m/s,到 20 时,56 m/s 的急流高度快速上升到 150 hPa 以上。之后高空急流轴开始下降,到 14 日 08 时到达 500 hPa 高度,高空急流风速明显降低,达到 40 m/s。在个例 2 的图 5.17b 中,10 月 8 日 08 时,西昌站上空的高空急流风速达 57 m/s,急流轴高 200 hPa。到 8 日 08 时,高空急流风速达到最大值,为 57 m/s。随后风速降低,在 10 日降低为 40 m/s,且高空急流轴从 200 hPa 显著下降,到达 500 hPa 高度。因此两次大风天气中,西昌站均探测出高空急流减弱,以及急流轴高度的快速降低,说明高空急流通过垂直运动,将高空动量下传到低空,导致低空风速的增强。

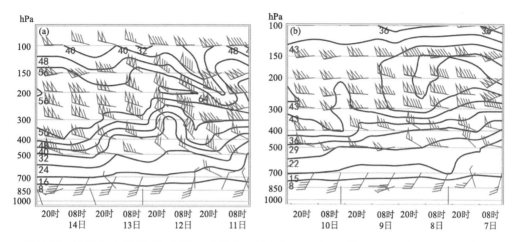

图 5.17　2020 年 1 月 11 日 08 时—14 日 20 时(a)和 2020 年 12 月 7 日 08 时—10 日 20 时(b)
西昌站探测水平风速(等值线)和风向杆的时间-高度剖面

坝区周边有 4 个高空探测站,从西向东分别为丽江站、西昌站、威宁站和宜宾站。分析两次大风天气中,这 4 个站探测高空风场的垂直结构。在 2020 年 1 月 13 日 08 时的水平风剖面上(图 5.18a)中可以清晰看出,从西向东各站在 500 hPa 以下水平风的顺切变明显,高空 200 hPa 左右风向逆转的冷平流发展,急流轴在 200 hPa 高度,且向西倾斜。12 月 9 日 08 时,水平风的剖面与个例 1 完全相同,对应低空暖平流和高空冷平流的发展,以及强的高空急流轴(图 5.18b)。

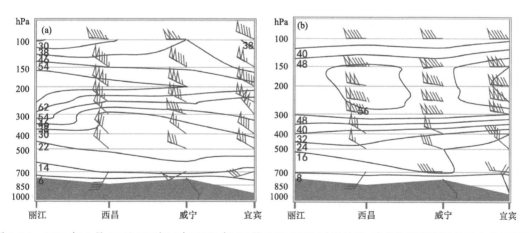

图 5.18　2020 年 1 月 13 日 08 时(a)与 2020 年 12 月 9 日(b)08 时西昌站、威宁站和宜宾站的风向风速剖面

进一步分析坝区大风天气中,西昌站探测对流层不同高度的风速变化特征。从高到低选择 200 hPa、500 hPa 和 700 hPa,分析各高度上风速的时间变化。在个例 1 的图 5.19a 中,可以明显看出,坝区大风天气中 200 hPa 高空急流风速的减小,在 12 日 08 时达到最低值 46 m/s。同时低空 700 hPa 风速达到 29 m/s。随后高空风速减小,对应 500 hPa 风速的增加。图 5.19a

显示,200 hPa 高度的风速在 1 月 11 日 20 时探测到 67 m/s,到 12 日 08 时减弱至 46 m/s,对应 500 hPa 和 700 hPa 风速的增加,其中 700 hPa 风速由 12 日 08 时至 12 日 20 时增加了 5 m/s。图 5.19b 显示,200 hPa 高度的风速在 7 日 20 时为 61 m/s,到 8 日 08 减弱至时 53 m/s。同时,500 hPa 的急流增强,700 hPa 的风速在 8 日 08—20 时增加了 7 m/s。由以上分析可知,坝区大风前对流层高层的风速降低,对应中低空风速的加大,说明高空风速的强动量向低层传播,有效增加了低空的风速,对低空大风的形成具有促进作用。以上两次大风天气中,200 hPa 急流风速开始减小的时间和 700 hPa 风速开始增加的时间均比地面大风时间提前了约 12 h,这对预警地面大风非常重要。

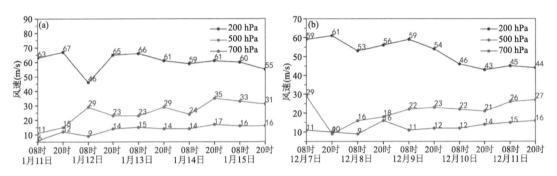

图 5.19　2020 年 1 月 11 日 08 时—15 日 20 时(a)和 2020 年 12 月 7 日 08 时—11 日 20 时坝区西昌站 3 个特征层高度风速的时间变化曲线

从以上分析中发现,大风发生前高低空风速经常会发生相反的变化,在此对比分析西昌站探测的水平风速廓线,对比不同时次高低空急流的变化。从图 5.20a 可以看到,在 2020 年 1 月 15 日的大风发生前,高空急流轴从 11 日 20 时的 200 hPa 高度,随后开始下降,到 12 日 08 时降低到 250 hPa,且急流风速值也由 68 m/s 减弱到 57 m/s,对应 500 hPa 风速增强了 18 m/s。图 5.20b 中,2020 年 12 月 9 日的大风发生前,高空急流轴高度由 8 日 20 时的 150 hPa 开始下降,到 9 日 08 时降低到 200 hPa,300 hPa 的风速增强超过 10 m/s。因此西昌站探测的高空急流轴高度的下降,以及急流风速的降低,推动低空风速的加强,有利于坝区大风的生成。

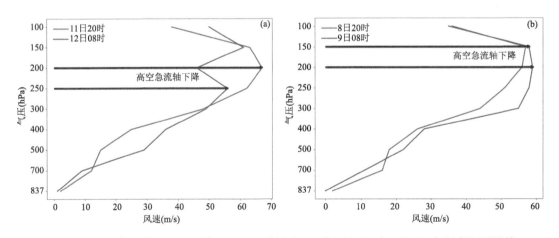

图 5.20　2020 年 1 月 11 日 20 时、12 日 08 时(a)和 12 月 8 日 20 时、9 日 08 时(b)坝区西昌站探测水平风的垂直剖面(黑色箭头表示高空急流轴的高度)

综合以上分析,在白鹤滩水电站坝区出现大风前,西昌站的探空数据显示,高空急流风速的降低和急流轴高度的下降明显,即高空强冷平流的变化影响到低空,引起低空风的增强,高低空动量交换的结果是,高空冷平流的强动量,通过向低空传播,为地面大风提供了有利条件,导致下层风速增大。同时以上研究表明了高空风速的动量下传,在地面大风形成中的关键作用,这种动量下传的作用,能够使地面风向突变或风速明显增大。这为地面大风的预警提供了重要的信息。

5.4　总结与讨论

本章以地面观测和高空探测数据,分析了白鹤滩水电站坝区地面大风发生前后,对流层和边界层各气象要素的时空变化特征,获取以下结论:

(1)坝区大风季的气压、气温和相对湿度的日变化表现为单峰单谷型的模态,并在峰值的位相上表现出特殊性。坝区气温的日变化为升温慢和降温慢,日变化的波峰和波谷比其他地区偏晚,大风季气温日较差为 5~6 ℃,也比其他地区偏低。相对湿度的日变化表现为,08—09 时为峰值,16 时为低谷,说明白天相对湿度增加,夜间降低。坝区气压日变化为单峰型,在 10 时达到极大值,在 17 时达到最小值,00—07 时保持次高值,气压日较差为 7 hPa。因此坝区气压日较差偏强,且波峰比其他地区明显偏晚。

(2)通过对坝区大风天气中地面气象要素的分析发现,气压是影响大风的关键气象因子。气压的波动变化与风速的波动变化相对应,且风速的波峰略落后于气压的波峰,位相差约为 4~10 h。气压在大风发生前显著下降,有助于预警坝区的大风天气。当本站气压下降 8~9 hPa,对应风速增加到 7 级。坝区的 12 h 变压相对于 3 h 和 6 h 变压,对大风的预警最有效,对应的变压阈值为剔除日变化后的 1.43 hPa。统计分析表明,坝区气压超前于风速的变化,且能够提前约 10 h 两者的相关性达到最大值。坝区各站风速波峰存在时间差,葫芦口大桥右岸站的波峰最早。坝区上下游的气压差是预警大风的有效因子,当荒田水厂站与葫芦口大桥站的气压差增大到 18.5 hPa 以上,和荒田水厂站与骑骡沟站的气压差超过 17.7 hPa 以上时,可以预警坝区的大风天气。

(3)通过坝区大风天气时西昌站的探空数据分析,说明对流层低层暖平流和高层的冷平流相作用,同时高层急流风速的降低,伴随高空急流轴高度的显著下降,有利于坝区低空风速的增加。因此,高空冷平流动量的下传作用,将高空的强动量传播到低空,为坝区地面大风提供了有利条件。

在坝区发生大风天气时,有时对流层的环境特征与以上分析可能存在不一致性,因此,在坝区大风的预警预报中,需要随时关注上下游及周边各站气压、气温和风速的变化,同时关注对流层不同高度天气系统和环境条件的变化,以实现对大风的准确预警。

第 6 章　基于风廓线雷达的大风监测预警

近年来遥感探测技术的应用迅速发展,并开始在各行各业发挥重要的作用。目前我国大气探测正集中精力向大气综合观测发展,目的是将天基、空基和地基遥感观测相结合,建立类别齐全的综合气象观测系统。运用在气象方面的遥感探测技术主要为地基雷达探测和空基卫星探测,两者是全球大气科学研究领域的重要分支。雷达遥感技术的不断发展,使得对高空的探测不再局限于常规探空系统,风廓线雷达利用脉冲多普勒技术,可以获取对流层不同高度的风场信息,且具有高时空分辨率和自动化水平(刘黎平 等,2006)。风廓线雷达是当前大气遥感探测和短时临近预报的主要工具,尤其是在地形复杂条件下,其他探测设备受到限制的地区。风廓线雷达可以在气象服务业务上,为 $0 \sim 6$ h 雷暴和强对流天气的临近预报提供重要的参考信息。

6.1　风廓线雷达探测与应用技术

风廓线雷达技术在中低空探测上的快速发展和应用,使大气边界层的研究进入了一个新时代。风廓线雷达获取对流层的三维风场信息,尤其是风的垂直切变信息,对于天气预报和数值模拟极为重要。风廓线雷达连续获取大气运动的水平风廓线,增强了对灾害性天气的监测能力,同时也成为提高数值预报模式质量的重要手段(汪学渊 等,2021)。风廓线雷达能够在监测对流层大气流场的同时,显示风速和风向随高度和随时间的变化,同时能够快速、细致地反映边界层的结构、厚度和大气湍流的演变过程。

6.1.1　雷达探测技术

风廓线雷达或称边界层风廓线仪,其根据大气湍流运动对电磁波的散射作用,实现对大气风场等物理量的精细化探测,目的主要是针对大气边界层和低对流层的探测。风廓线雷达以晴空大气湍流为探测目的,属于脉冲多普勒雷达,具有时空分辨率高、连续性和实时性好的特点,是天气雷达和卫星,以及地面观测的重要补充设备。近年来我国风廓线雷达建设发展迅速,已有 100 多部风廓线雷达投入气象业务运行,在华北、东北和华南等地初步形成了相对密集的雷达监测网,弥补了常规探测网布局的不足,充分发挥了其在天气监测和预警中的作用。

风廓线雷达探测在满足局地风速均匀,且风向各向同性原则的基础上,针对靠近地面的以湍流为主的边界层,采用波长较长的 P 波段。对在垂直方向上以对流混合作用为主的对流层,采用 L 波段,利用大气对电磁波的散射,根据正东、正南、正北、正西和垂直 5 个固定指向的波束垂直探测,从风随高度的连续变化获取风场探测信息。图 6.1 给出了风廓线雷达数据的采样原理,倾斜波束与天顶方向的夹角在 $14° \sim 17°$。

风廓线雷达在一个探测周期内,对 5 个波束依次进行采样,并通过多种信号处理的方法,增强对弱信号的探测能力。雷达探测中每个波束采样停留时间相对较长,获取一组完整的数据需要 4～10 min。风廓线雷达所代表的空间范围和探测高度用公式(6.1)表示。

$$D_{\mathrm{wpr}} = 2 \times h \times \tan 14.2° = 0.506h \qquad (6.1)$$

式中,h 是风廓线雷达的探测高度,14.2° 是雷达倾斜波束与天顶方向的夹角。D_{wpr} 是雷达探测的水平距离,坝区风廓线雷达的水平距离范围为 0.08～4.56 km,且随着高度增加而探测距离增大。

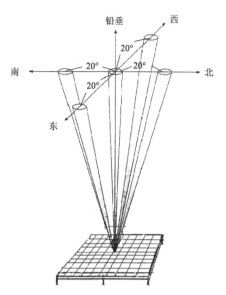

图 6.1　风廓线雷达与风廓线数据
采样原理图(阮征 等,2017)

6.1.2　天气分析应用

风廓线雷达在探测边界层和对流层大气流场时,进行了垂直方向的分析,对揭示大气多层垂直结构和天气尺度系统的发展有重要意义。风廓线雷达连续显示大气水平风场、垂直速度和大气折射率结构常数等多种要素随高度的分布,可以用来判识影响本地的天气系统过境,如:锋面、低槽、气旋、高低空急流和切变线等,有助于识别大气湍流、冷暖平流、边界层高度、急流的方向、高度和强度,以及大气辐合辐散运动等对流层运动特征,有利于对当地中尺度系统进行探测和预报,并有助于提高对灾害性天气的预警服务(王栋成 等,2018)。风廓线雷达对水平风的垂直结构有较强的探测能力,能实时监测中尺度系统降水期间风的垂直切变和对流特征,用于监测和预警可能出现的大风,成为大风灾害预警的重要手段。

风廓线雷达在天气分析上的应用表现在以下方面。风廓线雷达获取的高空风快速演变信息,为大风和降水预报提供了重要参考,对强风和强降水的预报具有指示意义。国内外研究表明,三维变分同化技术可将风廓线雷达站网数据融合进入快速更新循环的数值预报模式,提高了对风场预报的准确率。风廓线雷达探测的垂直风速随高度的波动,这种波动发展的高度能够反映大气中垂直热交换的程度,这也是判断对流发展强度的一个重要方法。李华宏等(2007)利用数值模式的三维变分同化系统,对风廓线数据进行同化,结果改善了模式的初始风场,并且提高了 6 h 降水预报的准确率。何平等(2009)分析了北京延庆风廓线雷达探测降水个例,发现降水前高空出现持续时间长达 10 h 以上的水平风垂直切变,降水期间及前后,雷达探测的水平风高度增高了 2 km 以上,随地面降水临近,水平风高度逐渐降低。李华宏等(2012)将雷达的垂直风廓线数据应用于云南强降水过程的诊断预报,表明其能详细地揭示引发强降水的天气系统特征和演变过程。王晓蕾等(2010)开展了风廓线雷达探测降水云体中雨滴谱的试验,结果表明风廓线雷达与多普勒天气雷达探测到的回波强度随高度分布基本一致,云中含水量估算的均值基本相同,说明风廓线雷达估算出的含水量随高度分布可以反映出雨滴谱变化。垂直风速是风廓线雷达探测大气的重要物理量,能够反映大气的不稳定状态。当垂直风速随高度发生明显波动时,可以判断出有对流发展。因此,风廓线雷达探测大气的垂直速度,能够清楚地反映降雨的开始、结束以及降雨强度,如陈红玉等(2016)分析云南大理多年汛期强降水的风廓线雷达探测结果时,发现在强降水出现前 1 h 左右,向下的垂直速度极值最大,对应的高度最低,且垂直下沉运动的速度极值越大,强降水的强度也越大。

风廓线雷达能够判断对流层的中云和云底高,并且可以判识大气层结稳定度和天气现象

（张坤 等，2022）。雷达在探测风速垂直变化时，能够检测到大气中温压湿的不均匀性和湍流混合引起的大气折射指数脉动，用来表征大气平均边界层顶高度的变化，反映大气层结的稳定性。风廓线雷达的有效探测高度一般为 3 km 左右，但当大气湿度条件比较好时，其有效探测高度会超过 3 km。尤其是对流层有 5 km 左右的中云时，其探测高度会达到 5 km 以上。如果中云的云底高超过 3 km 时，就会出现一种现象，即在 3 km 以上有一高度层没有数据，再往上又出现数据，这就是对流层中中云的作用，是大气的信噪比明显加强的结果。可以依据这种现象，将风廓线雷达探测上层数据的起始高度定为中云的云底高度。苏俐敏等（2013）对比分析了晴空、弱降水和强降水三类天气过程中，风廓线雷达的变化特征，获知在短时强降水发生时，风廓线雷达的最大探测高度由 3 km 逐步增到 6 km。因此，通过风廓线雷达的探测高度可以准确地判识本站上空系统性的中云底高，而且误差不超过 300 m。

风廓线雷达通过监测风场的水平和垂直连续变化，可以确定影响本地区天气系统的类型和变化特征，并且通过水平风向的垂直变化，反映对流层的冷暖平流特征，以及高低空的冷暖平流差异。风廓线雷达通过探测大风速带，能够监测高低空急流的风向、强度和高度，还可以获取大气湍流运动的强度，对流层的垂直上升和下沉运动，以及地形作用下的山谷风、湖陆风和海陆风变化的特征。对于中尺度天气系统，风廓线雷达的精细化探测数据可以识别出边界层中尺度气旋、反气旋，以及辐合和辐散现象。风廓线雷达通过展示影响本站的风场变化规律，获取是否有锋面、槽线、切变线和低涡气旋等天气系统过境，为当地的天气分析和预报预警增加有效的判识方法和手段。

风廓线雷达作为一种高精密的仪器，与其他雷达一样，其探测结果在应用中也受到一定的限制。由于受到电磁波发射、接收和信号处理等技术的影响，风廓线雷达易受杂波干扰，而且晴空、降水和温度、压力和湿度等因素的显著影响，会导致其观测数据的稳定性和准确性降低。要解决风廓线雷达测风数据的业务应用问题，必须针对风廓线雷达观测数据存在的问题开展研究。鉴于风廓线雷达在峡谷等复杂地形区的应用较少，以下通过对坝区近年来获取的观测数据进行分析，以说明雷达在坝区的应用效果，并根据实际的大风天气个例分析，检验风廓线雷达对坝区大风天气变化的探测和预警能力。

6.1.3 风场分析应用

风廓线雷达具有较好的探测优势，能够准确地反映对流层的水平风特征，而且通常探测误差比较小。已有对风廓线雷达和探空雷达对比分析研究，表明二者测风结果具有较好的一致性。吴蕾等（2014）对风廓线雷达在不同高度、不同时次和不同风速条件下的探测准确性进行了分析，表明其能较好地探测到风速，水平风分量的标准差在 2.3 m/s 左右。曲巧娜等（2016）利用高空探测数据，对风廓线雷达的测风效果进行检验，结果说明雷达能准确探测水平风速，当要求水平风向差小于 20° 时，其有效样本比率达到在 70% 以上。王栋成等（2018）对比研究了风廓线雷达和天气雷达在有降雨和无降雨时段的长时间序列，发现两者对风向和风速的探测总体一致性较好，相关性较高，并具有较好的可比性和互补性。汪学渊等（2014）对风廓线雷达的测风能力进行了评估，总结得出其与探空雷达之间的测风偏差小，具有较好的一致性。

风廓线雷达的探测结果是在假定风场连续，风向稳定的条件下，进行数据反演获取的，因此当实际大气层违背风场均匀和各向同性的原则时，其对水平风场的探测结果会产生较大的误差。风廓线雷达在晴空和降水条件下的探测结果，存在较大差异，尤其是在强降雨或者对流性降水发生时，其探测误差明显增加，需要进行应用检验。如汪学渊等（2021）指出，风廓线雷达自身易受低空地物杂波干扰的影响,加上高空大气湍流回波信号较弱的原因,导致在晴空条件下对高空风场的探测误差较大,特别是在风速较小的时候。

6.2　数据与方法

白鹤滩水电站坝区的风廓线雷达为 LC 型,雷达站的海拔高度为 936 m。获取的风廓线雷达观测数据为 2020 年 11 月 14 日—2021 年 7 月 11 日。该雷达探测的时间分辨率为 3～5 min。在垂直方向上最低探测高度为 100 m,探测的最大垂直高度为 5.43 km。垂直方向有 60 m、110 m 和 120 m 共 3 种分辨率的输出结果,具体为在 820 m 高度以下,分辨率为 60 m,在 880～890 m 分辨率为 110 m,890 m 以上的分辨率 120 m。本章所用的地面观测、再分析数据和风廓线雷达观测数据,均用北京时表示。

坝区风廓线雷达的探测要素包括:水平风速风向、垂直风速和大气折射率结构常数。水平风速的探测阈值为小于 60 m/s,误差小于 1.5 m/s。垂直风速的探测阈值为小于 8 m/s,探测误差小于 0.25 m/s。风向的探测误差小于 10°。以下研究中对原始数据进行一致性平均、时空连续性检验和质量控制,按通用数据格式的要求统一定标输出。

边界层的大气湍流是时刻存在于大气层中的空气运动特征,大气湍流运动是具有强烈涡旋性的不规则运动。风廓线雷达的大气折射率结构常数,是用来衡量大气湍流强度的重要物理量,通常用 C_n^2 来表示。在大气低层中,当温度随高度上升而下降时,受地表热力驱动,在垂直方向上对流混合作用就会增强,结果导致大气湍流运动加剧。大气折射率结构常数与局地气温、气压和湿度密切相关,通常随高度的增加,呈指数递减的变化规律,但在边界层顶又出现极大值,或者偏离正常值的幅度最大,因此根据 C_n^2 垂直廓线的时间序列,可以判定大气边界层的高度。

大气折射率结构常数是根据大气折射率与温度和气压的关系,利用公式(6.2)得到(胡月宏 等,2017)。

$$C_n^2 = a^2 \times L_0^{3/4} \times M^2 \tag{6.2}$$

式中,a^2 为常数,通常取 2.8,L_0 是湍流外尺度。M 是位势折射率梯度,用公式(6.3)来表示。

$$M = -\frac{7.9 \times 10^{-5} p}{T^2} \frac{\partial \theta}{\partial h} \tag{6.3}$$

式中,$\frac{\partial \theta}{\partial h}$ 为位温梯度,p 为大气压,T 为大气温度。

$$\theta = T \times \left(\frac{1000}{p}\right)^{0.286} \tag{6.4}$$

式中,θ 为位温。

为清晰显示大气折射率结构常数(C_n^2)的变化特征,对该参数按公式(6.5)进行转换后,单位为 dB。后面仍用 C_n^2 表示。

$$C_n^{2\prime} = 10 \times \lg(C_n^2) \tag{6.5}$$

6.3　大气流场的风廓线雷达探测

实际中当水平风经常有风切变或风向不连续时,风廓线雷达数据和产品存在一定的误差,尤其是在复杂地形区,其探测结果需要进行检验。白鹤滩坝区布设了风廓线雷达,但是对该雷达数据的应用不充分,数据质量尚存疑问,需要选择多种类型的天气系统变化过程,对雷达在坝区的探测数据进行分析研究,以确定该数据在坝区大风天气分析中的可用性。现采用坝区的代表性天气过程个例,分析风廓线雷达对地面风的探测能力,以说明雷达数据在坝区峡谷特殊地形风场的应用效果。

6.3.1 低风速

2021 年 1 月 14 日,水电站坝区周围地面风速非常小。以马脖子站为例,从图 6.2 中分析这时间段坝区的风速变化特征。在 14 日 08 时马脖子站的 2 min 平均风速为 6 m/s。随后风速持续减弱,10 时后风速降低到 5 m/s 以下。随后风速持续降低,到 12 时风速低于 2 m/s。直到 15 日,风速在 0~3 m/s,为坝区冬季频繁大风发展的一个间歇时段。该时段内风向在 360°左右变化,表现为以偏北风为主。在 15 日 04 时后,夜间风向突转为 120°~180°,表现为偏东南风。

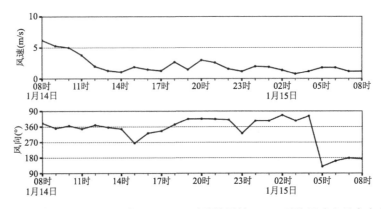

图 6.2 2021 年 1 月 14 日 08 时—15 日 08 时马脖子站 2 min 平均风速和风向变化曲线

在对坝区这段时间弱风天气的探测中,分析风廓线雷达对低空风的探测结果,以说明其对弱风的探测能力。从水平风向的垂直剖面(图 6.3)上看,在贴地层 500 m 附近,风廓线雷达探测风速都比较低,如在 14 日 08—13 时没有风矢量,但在 14 时有瞬时的 20 m/s 风速,出现在 500 m 高度附近,23 时和 15 日 02 时有 8 m/s 的风速。因此风廓线雷达探测的低空风速均没有

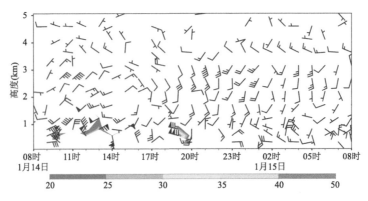

图 6.3 2021 年 1 月 14 日 08 时—15 日 08 时风廓线雷达探测的水平风(阴影为风速大小,单位:m/s)
时间—高度剖面

持续的大风出现,与实况基本吻合,正确监测到地面风速变化。但是由于风变化的局地性和瞬时性强,雷达仅从大气湍流运动来判识风速,在探测低风速时,有可能出现瞬间的风速异常大值。

再分析风廓线雷达对对流层中低层风速的探测结果,从图 6.3 上看,在坝区上空 2~3 km 高度处,14 日 08 时以后为偏东北风,风速达 12 m/s,到 17 时转为偏东南风。在 3~4 km 高度处风向紊乱,且风速非常弱。可以判断出坝区南侧有中尺度气旋性涡旋,且从东向西移过坝区,坝区分别位于气旋环流的西北侧和东侧,由此说明风廓线雷达捕捉到了坝区周边的中小尺度系统,有利于对天气变化的预警。

综上所述,通过对坝区这次弱风,以及其他多次低风速时的风廓线雷达探测数据分析,发现在贴地层风廓线雷达与地面观测的风速变化非常吻合,说明雷达能准确反映坝区峡谷低空弱风的现象,能够用于低空风速的监测,而且能够监测到低空瞬时的风速变化。同时风廓线雷达能够监测对流层中层不同类型的平流,包括平流发展的厚度和高度,而且能够展示对流层的风切变发展特征,这些结果能够为分析坝区的天气变化提供了非常关键的参考依据。

针对坝区多次风速变化个例分析中也发现,有时风廓线雷达探测的风速,存在与地面观测风速结果相差较大的现象。分析这种现象产生的原因,除了风廓线雷达自身探测数据不稳定的原因外,以下原因也可能导致两者存在差异。首先,风廓线雷达和马脖子站的站址不同,坝区峡谷风变化的局地性强,加上马脖子站的海拔高度比雷达站高,且位于河谷的右侧,雷达站位于左侧,导致两者的探测结果有时会出现瞬时的差异。其次,马脖子站的风速是 2 min 平均风速,平滑了瞬时的强风,也会导致两种不同探测方式的结果出现差异。

6.3.2　大气边界层厚度

大气边界层内的空气运动受地面摩擦力的影响,表现出以强烈涡旋性为主的湍流运动。在边界层 2 km 以上,由于远离地面,不受摩擦力影响,湍流系数为零,成为自由大气层。边界层内的大气湍流运动,由于受太阳辐射、天气系统和局地地形的影响,主要取决于地表面的热力和动力作用。通常在近地面 1~2 km 或以下,大气湍流运动强,随高度增加,湍流运动减弱。大气中气温、气压和湿度不均匀产生的湍流混合运动,会引起大气折射指数的脉动,风廓线雷达正是通过监测大气折射率指数的变化,实现对边界层顶的探测。王栋成等(2021)和李红等(2015)研究结果表明,风廓线雷达能够快速、细致地反映大气边界层的结构、厚度和湍流演变过程特征。

以下通过风廓线雷达探测坝区风的变化,根据风速增加前后的数据差异,分析雷达对坝区峡谷地形下边界层厚度的探测结果。采用 2020 年 1 月 1—2 日的一次风速变化个例,从图 6.4 分析坝区马脖子站风速的变化。从 1 月 1 日 08 时起,马脖子站 2 min 平均风速在 5~10 m/s。2 日 05 时后,风速减弱到 5 m/s 以下,在 06—08 时,风速低于 3 m/s,进入一个弱风时段。坝区该时段内风向稳定在 360°附近,说明以正北风为主。

分析风廓线雷达在 1 月 1—2 日对坝区风的探测结果。从图 6.5 上分析风廓线雷达对低空风速的探测,通过边界层风场的变化,来确定边界层厚度的变化。在 08—14 时,2 km 以上探测到西南风的急流,风速在 20 m/s 以上。2 km 以下风速非常小,有瞬时风速接近 20 m/s,且风向极不稳定,呈现出较强的湍流混合运动,因此根据急流高度下为大气边界层顶,确定边界层厚度在 2 km。边界层厚度随时间发生明显的变化,1 日 14 时后,大气湍流运动加剧,边界层顶达到 2.8 km 左右,为边界层顶的最高值。随后边界层顶高度降低,最低值为 1 日 21 时约 1.8 km。在此识别的边界层顶高度正好是坝区两侧地形的高度,该高度以上气流平稳,更

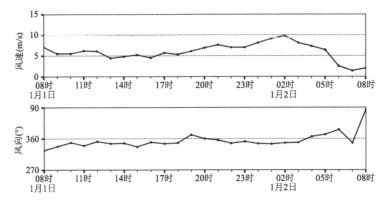

图 6.4 2021年1月1日08—2日08时马脖子站2 min平均风速和风向变化

多受对流层中层急流的作用。由此说明风廓线雷达通过监测水平运动的风向和风速变化,细致准确地反映了坝区边界层的结构、厚度,以及大气湍流演变过程。

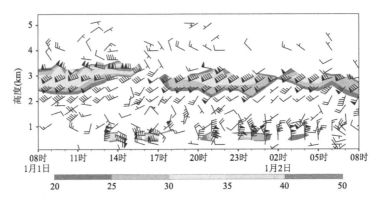

图 6.5 2021年1月1日08时—2日08时风廓线雷达探测水平风(单位:m/s)时间—高度剖面

6.3.3 山谷风环流

坝区河谷边界层大气风场的日变化特征明显,表现为显著的山谷风环流日夜交替。由此前其他地区风观测发现,坝区存在较强的山谷风效应,表现为山风比谷风持续时间长,以及08时和18时为山风和谷风交替时间,19时至次日08时为持续的山风,08时后转为谷风,14—16时前后谷风最强。在此通过风廓线雷达对中低层水平风的观测,说明其对低层大气环流监测的效果。风廓线雷达位于金沙江南北向河谷的西侧,偏西风为山风,偏东风为谷风,因此从水平风的东西分量变化分析山谷风的循环。

以夏季2020年6月25日风变化为例。图6.6中,风廓线雷达贴地层的数据显示,在25日11时雷达监测到12 m/s的偏东北风,12时转为西北风,在14时西北风增强为14 m/s,说明在08—14时为谷风。16时开始,雷达监测到低层为东北风,直到23时,表明坝区盛行山风。因此在坝区低层出现大风时,伴随山谷风的日变化。15时为山风转谷风的时间,23时谷风转为山风,该日山风集中在16—18时,表现为8 m/s以上的东北风,谷风集中在05—08时,以及14—15时,表现为西北风。分析风向从低到高空的变化,从偏西和偏东风的一致性,说明山风的影响高度为1.0 km左右,谷风的影响高度在0.4 km以下。高时间分辨率的雷达数据揭示了日间坝区河谷盛行谷风,傍晚前后转为盛行山风,并且山谷风的转换时间,与前面地面观测结果较一致。坝区该日的山风比谷风强,可作用到坝区西侧山脉的高度。

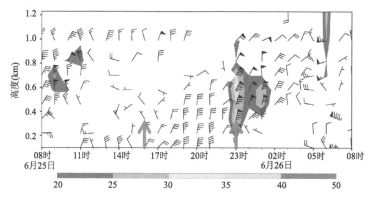

图 6.6　2020 年 6 月 25 日 08 时—26 日 08 时风廓线雷达探测水平风(单位:m/s)
的时间—高度剖面(黄色箭头是山谷风转换的时间)

由风廓线雷达对多个时段低空风的分析发现,在白鹤滩坝区的河谷中,垂直于峡谷方向的山谷风环流明显,尤其是在夏季,在冬季风速日变化明显,但风向变化不强。当白天地表辐射加热强烈时,近地层的气温强烈上升,有利于谷底的低层风沿坡地向上运动,谷风开始发展,相反,在夜间山风明显。风廓线雷达对坝区低空风的观测,反映了山谷风环流特征,显示的山谷风转换时间为,谷风转山风发生在 16 时前后,山风转谷风的时间为 23 时以后。山谷风影响的边界层厚度在 0.4 km 以下比较清晰。

6.3.4　降雨过程

在降雨条件下,风廓线雷达接收到的回波不再是大气分子的湍流运动,因为伴随降水粒子的增加,对雷达发射的电磁波产生后向散射,雷达接收到的回波是降水粒子的后向散射能量,所以雷达探测的是降水粒子随风移动的风场结果。在不同强度的降水条件下,雷达的探测误差有差异,当降水强度增大时,误差也会随之增加。强降水前 0~1 h 雷达最大探测高度最高,降水的强度与最大探测高度的量值和增幅呈正相关。陈红玉等(2016)分析云南大理地面强降水发生风廓线雷达的特征时,发现探测的风速与降水强度密切相关。

在此选择一次降水过程的风廓线雷达探测数据,说明雷达对坝区降水天气发展中风速的探测结果。2021 年 6 月 6—7 日坝区出现了一次明显的降水过程,从马脖子站的降水量变化曲线(图 6.7)上看,降水从 7 日 02 时开始,在 06 时达到最大值,小时降水量为 5 mm。随后降水减弱,在凌晨子时降水量为 4 mm,在 10 时降水停止。从马脖子站 24 h 总降水量达 21 mm上来说,此次为坝区的一次中到大雨过程。

再分析这次降水过程中,马脖子站的风速和风向变化。从图 6.8 上看,马脖子站的风速在下雨前的 6 月 6 日 23 时—7 日 02 时,风速已经增加到 10 m/s 以上。降水最强时,风速略微减弱。10 时降水结束后,风速缓慢增加到 10 m/s 以上。从风向的变化看,这次降水大风中,坝区以偏北风为主。降水发生时,风向由东北风转为偏西北风,降水结束后,风向稳定为偏西北风。

在坝区 2021 年 6 月 6—7 日的中到大雨和大风天气过程中,分析风廓线雷达在降水时段的探测结果。从水平风速的剖面(图 6.9)上看,雷达有效数据的高度明显增强,从通常晴空下

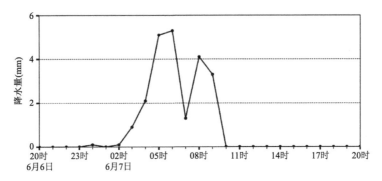

图 6.7　2021 年 6 月 6 日 20 时—7 日 20 时马脖子站的降水量变化曲线

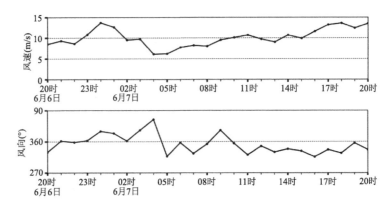

图 6.8　2021 年 6 月 6 日 20 时—7 日 20 时马脖子站的风速和风向的变化曲线

的 3 km 左右,伸展到 5 km 以上,表明在降水云发展时,低空湿度条件比较好时,降水粒子对雷达电磁波的散射能力加强,运动速度增加,导致有效探测高度增加到 5 km。从雷达探测的水平风变化中分析,这次降水过程为冷锋和后倾槽自西向东移过坝区形成。偏北风的高度由 7 日 03 时的 3 km,到 11 时接近地面,高空偏南风与低空偏北风形成的垂直风切变高度逐步降低,说明冷锋在 11 时经过坝区。10—17 时坝区上空风速降低,风向不固定,表明冷锋压在坝区。降水发生时高空暖平流与低空冷平流相互作用,是对流不稳定发展的强盛时间。17 时冷

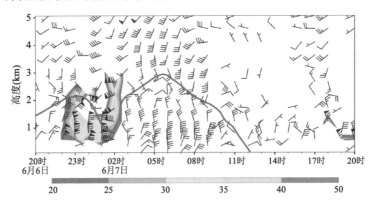

图 6.9　2021 年 6 月 6 日 20 时—7 日 20 时风廓线雷达探测水平风
(单位:m/s)时间—高度剖面(红色曲线为锋面高度)

锋移出,坝区上空偏西南风开始增强。以上分析表明,当冷锋到达坝区时,冷暖气团作用强烈,对应地面的辐合上升运动,水汽的凝结作用导致大气湿度增加,在坝区云量加厚的结果,使雷达探测的高度明显上升,这也是坝区受冷锋影响时风廓线雷达探测降水云的结果。

分析这次中雨发生时,风廓线雷达探测的对流层垂直运动特征。在垂直速度的剖面分布(图 6.10)上,降水发生时的 7 日 02—08 时,从低空到雷达探测的对流层中层,显示坝区上空为脉动的上升运动区,垂直速度最大值达到 6 m/s。降水发生时,4 km 以上高度的下沉运动明显,低层以大气湍流运动为主。降水结束后,下沉运动也迅速减弱。因此,风廓线雷达显示了降水发生时对流的湍流下沉特征。风廓线雷达探测对流层中层大于 4 m/s 的下沉速度,与降水开始和结束的时间吻合,尤其是在 08 时,深厚的下沉运动发生时,降水加强。这种下沉速度与降水强度的对应关系是由于降水时雨滴粒子的下落速度造成的,反映了降水粒子的密度、垂直速度的大小与降水强度正相关,与陈红玉等(2016)的研究结果一致。

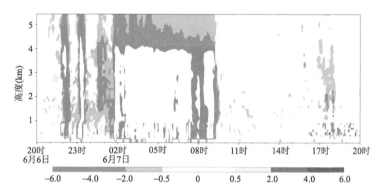

图 6.10　2021 年 6 月 6 日 20 时—7 日 20 时风廓线雷达探测的垂直速度
(单位:m/s,正值为上升,负值为下沉,以下同)时间—高度剖面

6.3.5　偏南大风

坝区常年以偏北大风为主,尤其是在干季。从春季到夏季,坝区偏南大风偶有发生,频率开始增加。当大风发生前有明显的暖平流发展,且低空西南风急流增强,暖平流有利于不稳定能量的积累,经常形成雨季的偏南大风。

在此通过坝区的 2020 年 11 月 17 日的偏南大风天气个例,说明风廓线雷达对偏南大风的探测。从图 6.11 上分析,在 17 日 11 时后,马脖子站的风速达到 15 m/s 以上,15 时以后,风速超过 20 m/s。到 18 日 05 时马脖子站的风速逐渐降低到 6～7 m/s。分析马脖子站的风向变化,在 17 日马脖子站的风向保持在 90°～180°,为东南风。到 18 日 07 时后风向转为东风,因此大风期间,坝区持续吹偏东南风。

从风廓线雷达的水平风向变化上分析低空风的变化。图 6.12 上,在 17 日坝区低空持续吹偏南风,且偏南风速稳定 20 m/s 以上,与地面观测的大风天气相吻合。17 日 00—11 时,从低空 2～3 km 高度上,坝区的风向由偏南风,顺转为偏西风,达到超低空急流的强度。12 时—17 时雷达探测的风速很小。17 时以后低空偏南风再次增强。因此,雷达探测到低空南风急流和深厚的暖平流,反映了地面的偏南大风,说明其对偏南大风的探测效果非常好。17 日 23 时—18 日 08 时,低空 2～3 km 或以下有低槽线从坝区附近经过,坝区由低空的西南急流,转

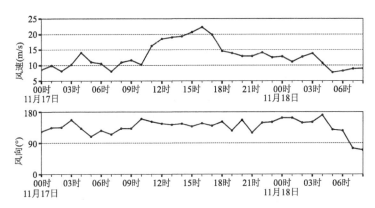

图 6.11　2020 年 11 月 17 日 00 时—18 日 08 时马脖子站的风向和风速变化

为受偏西风控制。低槽通过的时间和高度如图 6.12 中红色箭头所示。地面受峡谷地形影响，仍为偏南大风。

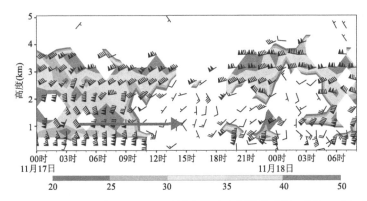

图 6.12　2020 年 11 月 17 日 00 时—18 日 08 时风廊线雷达探测水平风（单位：m/s）时间—高度剖面

　　分析影响坝区 2020 年 11 月 17 日大风天气的环流系统。在 17 日 12—17 时 2～3 km 高度对流层风速明显减小，且由 12 时之前的偏西南风，转为 18 时之后的西北风，说明坝区由反气旋性环流的西北侧，移到了东北侧，即坝区北部有反气旋环流自东向西移过。当反气旋靠近，坝区风力明显减弱。因此这次大风中，结合对流层中低层的环流形势分析，说明受副热带高压的影响，在副高西进加强过程发展中，坝区位于副高的西北侧，偏南风加大。当副高进一步发展时，反气旋中心影响到地区，使其风力降低，当副高减弱东退时，坝区的西南风再次加强。

6.4　天气系统的风廊线雷达探测

　　以上风廊线雷达对坝区风向和风速的探测，结果可以看出雷达能够监测到坝区多种类型的天气尺度和中小尺度天气系统。风廊线雷达在通常情况下，可以探测到对流层 5 km 高度以下，因此，能够通过低空风速风向的时间变化，监测到各种影响大风的天气系统。在此从2020—2021 年坝区的大风天气中，选择多次代表性个例，分析风廊线雷达对影响坝区的天气系统和垂直运动的探测结果，分析雷达的探测能力，并探索白鹤滩特殊地形区大风的形成机制。

通过 ERA-5 再分析的格点数据，分析坝区大风天气发展时，500 hPa 高度以下中东亚地区位势高度场和风场变化，确定影响坝区天气系统类型和过境时间。结果发现，坝区大风发生时，对流层通常有低槽经过，表现为不同位置和强弱的高原槽、南支槽和短波槽等低值系统。在中低层，西南涡和切变线也是影响坝区大风的重要天气系统，经常促进坝区大风的生成。在此筛选坝区马脖子站风速大于 15 m/s，且 ERA-5 再分析数据在坝区上空捕捉到低槽和西南涡经过的个例，展示其中 4 例代表性大风天气。4 次坝区大风天气的时间分别为：2020 年 11 月 20 日、2021 年 11 月 16 日、2021 年 1 月 4 日和 2021 年 1 月 9 日。以下先分析这些大风天气地面风的发展变化，再通过环流形势说明影响的天气系统，最后利用风廓线雷达的水平风速和垂直风速，说明风廓线雷达对天气尺度系统的探测结果，并讨论大风天气的形成机制。

6.4.1　高原槽过境

2020 年 11 月 22 日坝区持续有大风天气发生，从环流形势上分析有高原槽过境。先分析坝区风速和风向变化特征。从图 6.13 马脖子站小时极大风速的变化曲线看，22 日—23 日小时极大风速均超过 10 m/s。在 22 日 18 时后，极大风速大于 15 m/s，直到 23 日 10 时，风速降低到15 m/s以下。从风向上看，马脖子站在这次大风中的风向为 300°～360°，23 日 02—03 时，风向转为 0～10°，因此风向均为北风，说明这段时间坝区为持续的偏北大风。

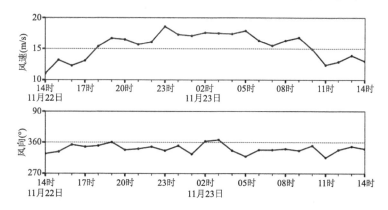

图 6.13　2020 年 11 月 22 日 14 时—23 日 14 时马脖子站极大风速和风向变化

分析 2020 年 11 月 22—23 日 500 hPa 的大气环流特征，确定影响这次大风的关键天气系统。从图 6.14a 可以分析得到，这次大风天气中，坝区上空对流层中层的南支锋区位于 20°～30°N，在青藏高原上有短波槽发展东移。22 日 20 时前后，坝区处于高原槽前部，受西南风急流控制，急流风速达到 36 m/s。低槽前部受西太平洋副高向西推进的影响，等高线密集区控制华南和中南半岛东部。到 23 日 08 时高原槽东移经过坝区，到达长江中游地区，坝区转为槽后脊前的偏西北气流区。因此，确定这次大风中，对流层中层有明显的高原槽过境，影响时间为 22 日 20 时—23 日 08 时。

分析坝区这次大风天气中，对流层 700 hPa 高度的环流形势变化发展。从图 6.15 可以看出，22 日 14 时高原东侧的四川盆地上空有低涡发展，坝区处于低涡前部的西南急流中，急流风速达到 20 m/s 左右。23 日 08 时西南低涡发展减弱，演变成切变线，而且向北发展，坝区位于切变线以南沿高原南侧的偏西南风区域，风速加大到 22 m/s。

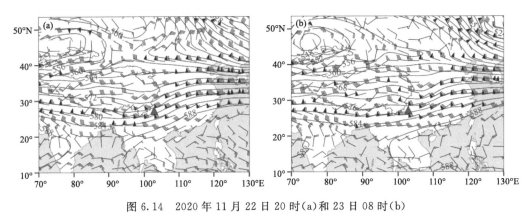

图 6.14 2020 年 11 月 22 日 20 时(a)和 23 日 08 时(b)
500 hPa 位势高度场(黑实线,单位:dagpm)和风矢量场(蓝色三角为坝区的位置,下同)

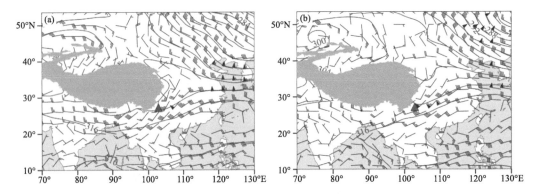

图 6.15 2020 年 11 月 22 日 14 时(a)和 23 日 08 时(b)的 700 hPa 位势高度场(单位:dagpm)和风矢量

对照位势高度场的变化,分析坝区风廓线雷达对这次大风天气的监测。分析坝区上空风廓线雷达探测的水平风速变化(图 6.16),22 日 14 时—23 日 03 时,雷达数据仅出现在 3 km以下,且以强西南风为主,风速超过 40 m/s。到 23 日 06 时,3 km 以上的水平风由西南风,转为西北风,最大风速达到 48 m/s,说明坝区由槽前的西南风,转为受槽后的西北风控制,可以判识到 23 日 05—11 时前后,有强高原低槽经过坝区。同时 05 时之前雷达探测的冷平流,也

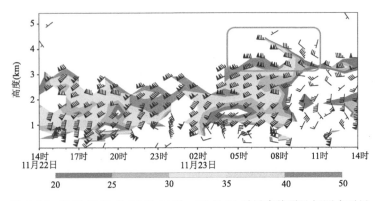

图 6.16 2020 年 11 月 22 日 14 时—23 日 14 时风廓线雷达探测水平风
(单位:m/s)的垂直剖面(方框为低槽过境)

转成了 11 时之后的暖平流。由此风廓线雷达对中层急流风向变化的探测结果,准确地显示低槽经过坝区的时间,而且与高空风向变化的时间吻合。

分析风廓线雷达对低层风的探测。从图 6.16 上分析,22 日 00 时开始,3 km 以下低空西南和西北风交替出现,表明坝区不断受到短波活动的影响。在 23 日 00—06 时坝区低层风速明显降低,从地面到 3 km 表现为偏南风到偏西北风的顺时针旋转,说明大气的暖平流显著。雷达在 0.5 km 以下多次观测到超过 20 m/s 的偏南和偏西风,如 22 日 17 时、23 日 12 时等,说明风廓线雷达显示了地面强风的变化,但雷达探测的低空风向与马脖子站风向不一致。雷达站与马脖子站位于河谷的两侧,河谷风向的局地性强,两个站风向不一致可以解释。

分析这次大风天气中的垂直运动特征。由雷达探测的垂直风速变化(图 6.17),在 22 日 14 时—20 时,2~5 km 高度有强下沉气流,风速值达到 2.0 m/s 以上。在 22 日 21 时—23 日 00 时,垂直的下沉气流高度下降到 4 km 以下,直至贴地层,对应该时次地面风速加大。因此这次地面风速增加前,对流层深厚的下沉运动增强,且下沉气流影响的高度下降,直接到达地面,与地面大风一致。由此说明,高空急流的发展,通过垂直下沉运动,将高空强风的动量输送到地面,导致低空风速的加大。

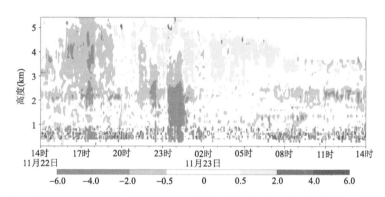

图 6.17　2020 年 11 月 22 日 14 时—23 日 14 时风廓线雷达探测垂直速度(单位:m/s)时间高度剖面

通过风廓线雷达探测的水平风廓线,选择 2020 年 11 月 23 日大风的 3 个关键时次,分析对流层的冷暖平流,高低空急流和垂直风速的垂直变化,讨论坝区大风的形成机制。从图 6.18a 中分析 23 日 02 时坝区上空 1 km 以下,风速随高度从 20 m/s 降低到 12 m/s。随后高度增加,风力增强,到 4.8 km 高度,急流中心风速最大达到 42 m/s。到 23 日 08 时的图 6.18b 上,坝区上空的急流轴高度下降至 3.9 km,中心风速降低到 26 m/s。23 日 14 时,急流轴高度继续降至 1.2 km,风速持续降低到 19 m/s(图 6.18c)。

由图 6.18d 看出,23 日 02 时坝区风向变化微小,以西南风为主。至 23 日 08 时的图 6.18e 上,1.6 km 以下风向随高度逆转,有冷平流发展。2 km 以上风向顺转,直到 4 km 为暖平流。由图 6.18f 可以看出,23 日 14 时,坝区风向对应的冷暖平流继续发展。由此通过对 3 个时次的风速风向分析,说明风廓线雷达及时反映了对流层的急流高度、急流强度和冷暖平流特征,同时,揭示了急流高度的快速下降,和高空风速降低,是诱发地面大风的关键因素。

6.4.2　切变线东移

2021 年 11 月 17 日坝区上空有切变线东移发展,出现持续大风天气。从图 6.19 分析马脖子站极大风速变化,该站风速 17 日后持续增加,在 17 日 16 时达到最大值,为 23 m/s。随

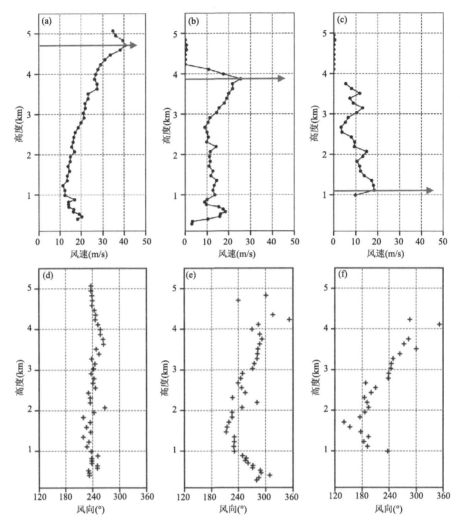

图 6.18　2020 年 11 月 23 日 02 时(a)、23 日 08 时(b)和 23 日 14 时(c)风廓线雷达探测风速,
以及对应时次风向(d,e,f)的高度变化(红色箭头为急流轴高度)

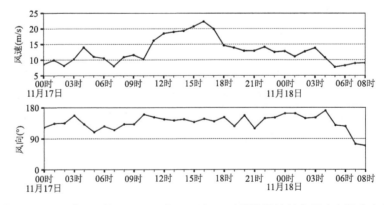

图 6.19　2020 年 11 月 17 日 00 时—18 日 08 时马脖子站极大风速和风向变化

后风速开始减弱。最强风发生 17 日 15—17 时,风速超过 20 m/s。该大风天气中,马脖子站的风向持续为 90°～180°,表明为偏东南的大风。

从 2021 年 11 月 16 日 500 hPa 的位势高度和风场上,分析影响坝区大风的环流系统。由图 6.20 的分析可知,在 16 日 14 时 500 hPa 高度上,坝区处在偏西南风气流控制,风速为 8～10 m/s,之后偏西气流加强。到 18 日 11 时,坝区上空受强西风控制,风速达到 32 m/s。

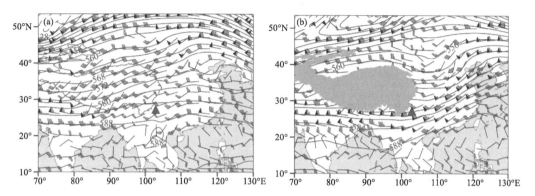

图 6.20 2021 年 11 月 16 日 14 时(a)和 18 日 11 时(b)500 hPa 的位势高度场(单位:dagpm)和风矢量场

分析对应时次的对流层 700 hPa 高度的大气流场,图 6.21a 上 16 日 14 时在高原北侧的甘肃等地有切变线发展,坝区位于副高西北侧的西南急流中,风速达到 14 m/s。到 18 日 11 时(图 6.21b),切变线东移到华北地区,并发展加强成低涡。同时副热带高压向东减弱退去。坝区位于华北低涡向南延伸的切变线尾部,因此这次大风天气中,坝区有切变线从西向东发展,经过坝区。

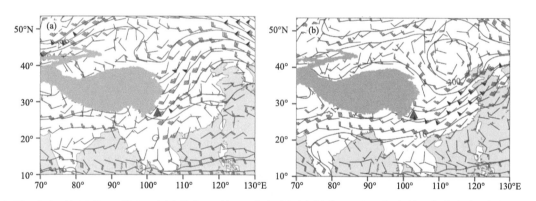

图 6.21 2020 年 11 月 16 日 14 时(a)的和 18 日 11 时(b)坝区大风中 700 hPa 风矢量和位势高度(单位:dagpm)

对于坝区这次大风天气,从风廓线雷达的水平风变化特征上,确定低空风切变的发展。风廓线雷达的水平风剖面图 6.22 上,在 17 日 08 时 3 km 高度上,坝区受强的西南风控制,12 时后风速降低,到 22 时前后,2 km 高度风向转为偏北风,说明切变线经过坝区。从图 6.22 上也可以辨析到,副热带高压西侧的偏西南风盛行,副高西移后,坝区风速降低。副高东退后,西南风再次加强的过程。

分析图 6.22 中风廓线雷达探测这次大风的结果。在 17 日 00 时—17 日 11 时,在 1～2 km 的低层受偏南风控制,低空风速大于 20 m/s。17 日 21 时低空风再次加强为偏西南风,

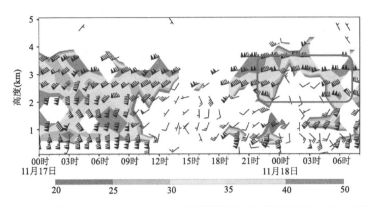

图 6.22　2020 年 11 月 17 日 00 时—18 日 08 时风廓线雷达水平风(单位:m/s)时间—高度剖面
(图中方框为切变线经过的时间和高度)

18 日 02 时转为偏南风。因此,该时段内,坝区的偏西大风和偏南大风交替,风速不断超过 20 m/s,揭示了低空大风的特征。但是由于雷达站位置的原因,风廓线雷达虽然能监测到坝区风向的变化,但监测的风向无法与坝区地面观测站的偏北大风吻合,雷达监测到的低空水平风速值远超过再分析数据的风速。分析原因,因为再分析数据是融合的格点数据,接近对流层平均的特征,坝区地形峡谷效应显著,对流层中层受到低空风的影响,因此,风廓线探测风速会大于再分析数据的风速大小。

　　分析这次大风天气中的大气垂直运动特征。从图 6.23 中风廓线雷达的垂直风速发布可以看到,在这次大风中,坝区上空 1 km 以下的低层,以大气湍流为主,无明显的上升下沉运动。在 3～4 km 高度上,垂直上升和下沉运动交替发展,大气波动性强。从 17 日 15 时开始4 km 处有较强下沉运动,对应马脖子站地面观测到该时次的风速超过 20 m/s。

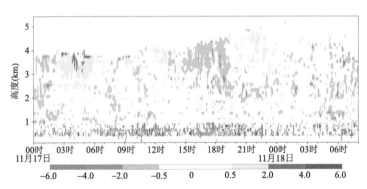

图 6.23　2020 年 11 月 16 日 15 时—18 日 00 时风廓线雷达探测垂直速度(单位:m/s)的时间高度剖面

　　分析这次大风天气中的水平风向和风速的垂直变化特征,探究大风天气的成因。在图 6.24a 中的 17 日 16 时,大气层的高空急流轴位于 4 km 高度处,到 18 日 08 时,急流轴显著下降,且急流减弱消失,各高度风速降到 20 m/s 以下,表明高空急流诱发地面风速加大。在风向变化上,17 日 16 时 2 km 以下风向偏东南风,向上顺转为偏西风,低空有暖平流控制,其上有冷平流,大气层结不稳定发展。至 18 日 08 时,坝区上空的暖平流强烈发展,达到 2.5 km 高度,对应的大风逐渐减弱。

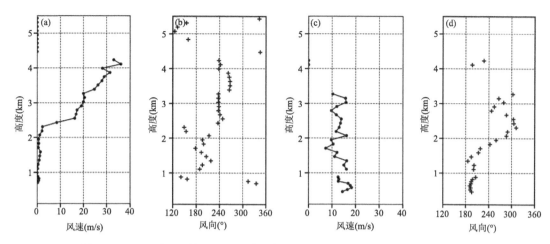

图 6.24　2020 年 11 月 17 日 16 时风廓线雷达探测的水平风速(a)和风向(b)，
以及 18 日 08 时水平风速(c)和风向(d)的高度变化

6.4.3　西南涡移动

　　2021 年 1 月 4 日坝区受西南涡发展移动影响，出现持续大风天气。从图 6.25 分析马脖子站极大风速变化，该站风速在 10 时后持续增加，19 时以后超过 15 m/s。在 22 时，风速达到最大值，为 22.9 m/s。强风发生在 4 日 20 时—5 日 02 时，风速超过 20 m/s。该次大风天气中，马脖子站的风向持续为 270°～360°，表明为偏北大风。

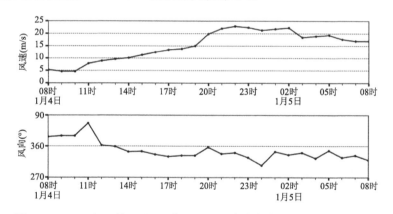

图 6.25　2021 年 1 月 4 日 08 时—5 日 08 时马脖子站的风速和风向变化

　　由图 6.26 分析，在对流层 700 hPa 高度上，1 月 4 日 14 时高原东侧有切变线发展，坝区位于切变线以南，受偏西南风控制。4 日 20 时原来的切变线在四川盆地增强为西南低涡，坝区受低涡以南的偏西风控制。对应的 850 hPa 高度上，坝区上空的西南涡环流较 700 hPa 清楚，坝区受低涡影响。

　　分析风廓线雷达探测的水平风速变化。在水平风的时间—高度剖面(图 6.27)中，坝区 4 日 08 时在 2 km 以下的边界层中，风速大多小于 2 m/s，且风向不固定，表明大气层以湍流运动为主。相反在 2 km 以上，空气的运动逐渐向以平流为主转变，保持西南风的低空急流维持，风速超过 20 m/s，低空急流增强，且急流在 2～3 km 高度上下振荡。4 日 08 时—20 时在

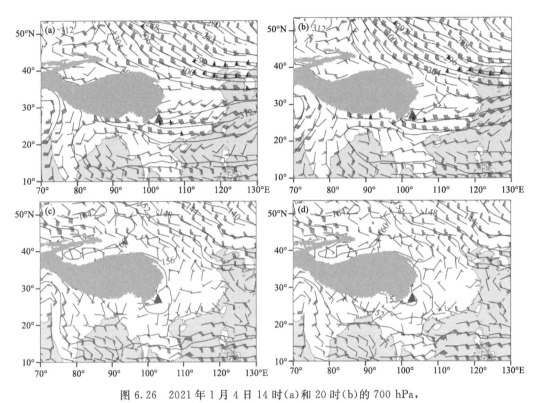

图6.26 2021年1月4日14时(a)和20时(b)的700 hPa,
以及4日14时(c)和16时(d)的850 hPa位势高度(单位:dagpm)和水平风矢量

2～3 km大气层中,风向由西南风逐渐转为偏西风,再转为偏西北风,甚至在4 km高度有偏北风出现。以上分析可以判断出坝区位于西南涡的南部,西南涡从西向东,在坝区以北经过,影响到坝区的大气流场。

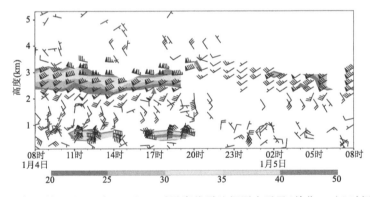

图6.27 2021年1月4日08时—5日08时风廓线雷达探测水平风(单位:m/s)时间—高度剖面

分析坝区2021年1月4—5日大风天气中的垂直运动特征。由图6.28中风廓线雷达的探测结果,2021年1月4日08—14时,坝区从地面向上到3 km高度处出现明显的下沉气流,表明大气的动量下传作用增强,对应地面风速明显增大。分析马脖子站地面观测的极大风速变化,发现在每次低空急流的增强和高度下降时段,都对应地面风速加大,尤其是在1月4日

14 时,下沉气流达到 2 km 以下时,风廓线雷达在 0.8 km 处监测到 15～20 m/s 的偏东大风,
对应马脖子站的风速在 19 时超过 15 m/s。

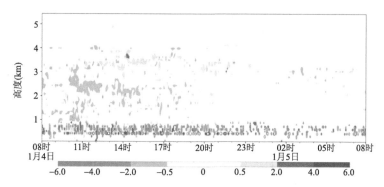

图 6.28　2021 年 1 月 4 日 08 时—5 日 08 时风廓线雷达探测的垂直速度(单位:m/s)时间高度剖面

6.4.4　冷锋过境

2021 年 1 月 9—12 日受到冷锋过境的影响,坝区出现强的大风天气。从图 6.29 马脖子
站地面风速的探测结果看,9 日 08 时地面风速超过 15 m/s,18 时风速超过 20 m/s。10 日 08 时
风速略有下降,20 时风速再次超过 20 m/s。11 日 14 时开始风速低于 10 m/s,大风逐渐减弱。
因此这次为坝区冬季持续性的大风天气。马脖子站 9—10 日的风向在 0°～30°,为北风略偏
东。当风速下降,大风结束后,风向开始转为较稳定西南风。

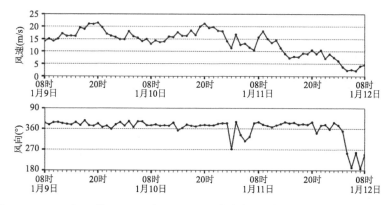

图 6.29　2021 年 1 月 9 日 08 时—12 日 08 时马脖子站探测风速和风向变化曲线

从 2021 年 1 月 11—12 日 500 hPa 的位势高度上,分析影响坝区大风发生的关键天气系
统。图 6.30 中,在 11 日 08 时从中国东北向南延伸的东亚大槽影响到 25°N 附近,长江中下
游、西南和华南地区为宽广的低槽控制,坝区位于低槽底部,处于偏西北风和副热带西风急流
的汇合区。12 日 07 时低槽东移到西北太平洋上,坝区受低槽后部的偏西北风影响。因此,对
流层中部深厚的东亚大槽过境是影响坝区这次大风天气的重要环流形势。

根据海平面气压场的变化,分析 2021 年 1 月 9—11 日大风中锋面的活动特征。由 11 日
08 时的 1000 hPa 位势高度场(图 6.31a)上,坝区开始受到偏北风的影响,偏北风主要位于东
海和南海洋面上,风力超过 12 m/s,等压线的密集区压在坝区以东。到 12 日 07 时(图 6.31b)

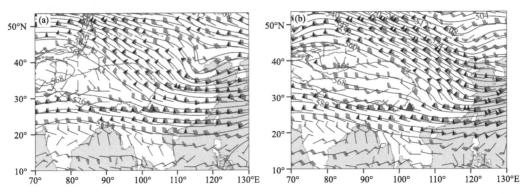

图 6.30　2021 年 1 月 11 日 08 时(a)、12 日 07 时(b)500 hPa 水平风场和位势高度(单位:dagpm)分布

低空风力加强,锋区向南向西发展,等压线的密集带完全覆盖到坝区。由此可以判断这次冷锋天气以偏东的路径在 11 日影响到坝区。

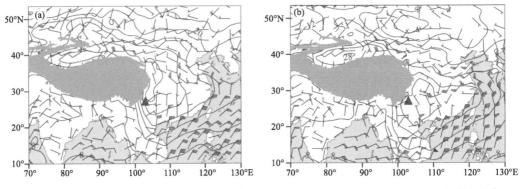

图 6.31　坝区 2021 年 1 月 11 日 08 时(a)和 12 日 07 时(b)1000 hPa 的水平风和位势高度分布

分析冷锋从坝区经过时对流层水平风场的变化。在图 6.32 中,9 日 08 时—11 日 08 时,对流层 2～3 km 或以上持续受西南急流的影响,低空风速较小,20 时有瞬时的大风出现,表明坝区位于冷锋前,大气边界层高度在 2 km 左右。从 11 日 04 时开始,3 km 以下开始出现强北风,且风向随高度顺转,有暖平流发展。3 km 以上受偏西风控制,3 km 高度上水平风的垂直

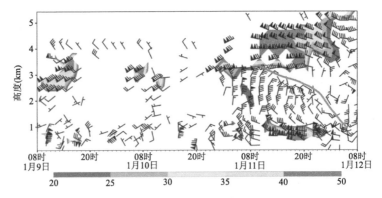

图 6.32　2021 年 1 月 9 日 08 时—12 日 08 时风廓线雷达探测的水平风
(单位:m/s)时间—高度剖面(棕色曲线为冷锋的高度)

切变最强,近地面受强西风控制,表明偏北的冷空气逐渐扩散到坝区低层。12 日 04 时以后,对流层风速降低,2 km 以下逐渐转为偏西南风,2～3 km 为偏西风逆转为偏东风,冷平流控制到坝区上空,表明锋面在 12 日 04 时前后到达坝区。因此在坝区的特殊地形下,锋面的影响作用从高空向低空发展,与平坦地形下锋面先影响到近地面,再逐渐上升到高空的形式完全不同,体现了河谷区锋面活动的特殊性。

分析冷锋经过坝区时的大气垂直运动特征。由图 6.33 风廓线雷达的垂直速度剖面上分析,在 9—10 日,坝区上空的大气运动没有明显的上升或下沉,垂直风速表现为弱的湍流运动。从 11 日 04 时开始,对流层 5 km 以下的下沉运动增强,在低空最强达到 4 m/s。下沉运动开始的时间与冷锋到达的时间一致,表明气流在冷锋前为弱上升运动,冷锋到达后冷平流加强,气团受冷空气影响,出现下沉运动。随着下沉气流的高度上升,锋面经过坝区。

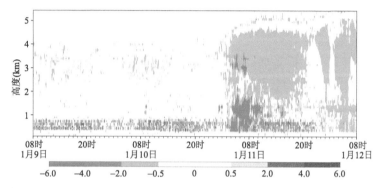

图 6.33　2021 年 1 月 9 日 08 时—12 日 08 时风廓线雷达探测的垂直速度(单位:m/s)时间—高度剖面

以 1 月 11 日 08 时、18 时和 12 日 04 时为例,分析坝区风廓线雷达探测锋面过境时的风向和风速垂直变化。由图 6.34 中风速随高度的变化上看,在坝区 1.5 km、3.5 km 和 5 km 高度上,均出现西北风的急流轴,急流风速接近 20 m/s。风向的垂直变化显示,在 0.5 km 以上的边界层,风向由偏西北风顺转为正北风,表明低空有暖平流发展,在 2～3 km 厚度上风向变化表明该高度上转为冷平流,在 3～3.5 km 厚度上又转为暖平流,风切变在 3 km 高度处最明显。表明冷锋还未到达地面,坝区位于冷锋前,同时对流层的冷暖平流分层显著,大气层结不稳定强烈发展,有利于对流的发展,导致风速的增加。

6.5　大气折射率结构常数的应用

大气折射率结构常数 C_n^2 是风廓线雷达的重要产品,该指数受大气温度和湿度两个物理量的影响。在对流层随着高度上升,水汽含量迅速降低,该指数逐渐变为主要由温度决定。在近地面大风天气发展中,C_n^2 由于受到边界层大气湍流强度的变化,可以确定边界层的厚度和变化特征,间接反映风力的强弱。当坝区低空风速增强时,通常大气边界的厚度会发生明显的变化,伴随风廓线雷达的 C_n^2 也会随之发生变化。随着高度的增加,大气中水汽含量降低,C_n^2 在对流层顶以下,温度随高度递减;对流层顶以上,温度随高度递增,由于湍流和温度层结两种因素的共同作用,在对流层顶高度附近会出现 C_n^2 的相对极小值,因此该指数可以反映出对流层顶的高度。在此仍采用前文的 3 次天气,分析大风天气中大气结构率折射常数随时间和高度的变化,以讨论大气风场与该参数的关系,进行坝区大风天气的预警研究。

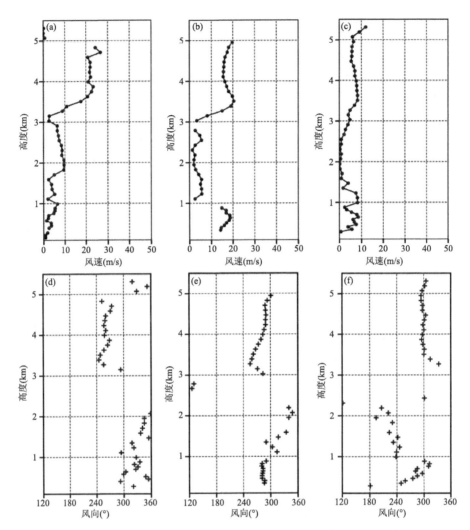

图 6.34　风廓线雷达 2021 年 1 月 11 日 08(a)、18(b) 和 12 日 04 时(c)
探测的水平风速(a,b,c)和对应时次的风向(d,e,f)随高度变化

6.5.1　个例 1:2021 年 1 月 4—5 日

分析 2021 年 1 月 4 日坝区大风天气中,风速与大气折射率结构常数的关系。在这次天气中,马脖子站的大风时段为 4 日 17 时—5 日 08 时,该时段内极大风速均超过 15 m/s。风速的最高值在 4 日 13—18 时,超过 20 m/s。4 日 00 时前后马脖子站和大坝周边测站的风速开始降低到 15 m/s 以下,为大风的间歇期。

分析 2021 年 1 月 4—5 日大风天气中,风廓线雷达探测大气折射率指数 C_n^2 的垂直变化。从图 6.35 上分析,这次大风天气中 C_n^2 在 1~2 km 有最大值,其次是在 3~4 km 高度上。在风力增强的 1 月 4 日 22 时—5 日 08 时,对应边界层的 C_n^2 变化明显,表现出显著的参数值升高,尤其是在 1~2 km 高度出现清晰的最大值中心。在风速极大值波峰出现在 4 日 22 时和 5 日 02 时,C_n^2 常数的值明显偏高。因此,C_n^2 参数在低空的大值能够与坝区的强风时段对应,反映出了坝区边界层的风速特征,说明风廓线雷达的大气折射率结构常数有助于在坝区复杂地形区监测和预警大风天气。

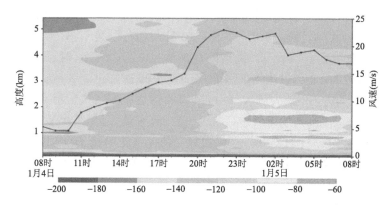

图 6.35 2021 年 1 月 4 日 08 时—5 日 08 时马脖子站极大风速(黑实线)和
风廓线雷达 C_n^2(阴影,单位:dB)的时间-高度剖面

为了定量分析坝区风速大小与雷达有效探测高度内 C_n^2 的关系,利用统计方法获取 C_n^2 的箱线图和中位数变化曲线,如图 6.36。分析发现,当马脖子站风速增加,且超过 15 m/s 时,雷达探测的大气折射率结构常数的中位数开始增大,并且持续高于 -120 dB。随着风力增加,C_n^2 的中位数值明显增大,与地面观测的风速保持相同的变化趋势。说明当坝区风速加大时,低空大气湍流明显加剧,边界层风向紊乱,边界层顶高度上升,大气折射率结构常数随之增大,对流层的不稳定特征明显。计算得到地面风速与风廓线雷达大气折射率指数的中位数的相关系数,发现相关系数达到 0.90,证明两者关系非常密切。

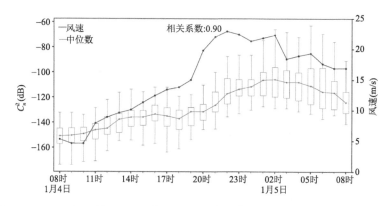

图 6.36 2021 年 1 月 4 日 08 时—5 日 08 时马脖子站极大风速和风廓线雷达 C_n^2
的箱线图和中位数折线(红线为中位数连线)

由以上分析说明,坝区风速和风廓线雷达探测的 C_n^2 具有密切的关系,在此通过两要素不同时次相关系数的变化,定量讨论坝区大风发生时,大气折射率结构常数的变化特征。分析 C_n^2 与不同时次风速变化的相关系数,发现两者相关系数的最大值出现在 C_n^2 与同时次的风速上,相关系数达到 0.90,其次是 2 h 后的风速上。说明该指数升高比风速达到极大值的时间提前了 1~2 h,1~2 h 是大风临近天气预报的关键时间,这在坝区大风的预报中非常重要。

6.5.2　个例2:2021年1月9—12日

分析2021年1月9—12日坝区大风天气中的风速与大气折射率结构常数的关系。在这次天气中,马脖子站的大风时段为9日11时—10日00时,以及10日12时—11日00时,这两个时段内极大风速均超过15 m/s。风速的最高值在9日18—20时、10日19—20时,风速超过20 m/s。11日02时之后风速逐渐降低,至12日06时降至2.2 m/s。

分析2021年1月9—12日大风天气中,风廓线雷达探测大气折射率结构常数(C_n^2)的变化。从图6.37上分析,这次大风天气中C_n^2在1~2 km有最大值,其次是在3~4 km高度上。在风力增强的9日08时—11日08时,对应边界层的C_n^2变化明显,表现出参数显著的增大,尤其是在1~2 km高度的最大值中心最清晰。在风速极大值的9日20时,以及10日03时、20时,出现波峰对应C_n^2常数的值明显偏大。因此C_n^2在低空的高值时段与坝区的强风对应,反映出了坝区边界层的风速特征,说明风廓线雷达能够在坝区复杂地形区监测和预警大风天气。

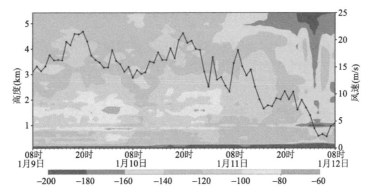

图6.37　2021年1月9日08时—12日08时马脖子站极大风速(黑实线)和
风廓线雷达C_n^2(阴影,单位:dB)的时间—高度剖面

为了定量分析坝区风速大小与雷达探测高度内C_n^2的关系,利用统计方法获取C_n^2的箱线和中位数变化曲线,如图6.38所示。分析发现,当马脖子站风速增加,且超过15 m/s时,雷达探测大气折射率结构常数的中位数开始增大,并开始高于−120 dB。随着风力增加,C_n^2的中位数值明显增大,与地面观测的风速保持相同的变化。说明坝区风速加大时,低空大气湍流明显加

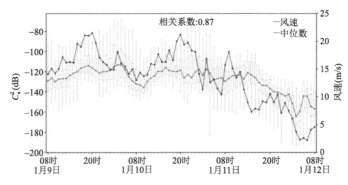

图6.38　2021年1月9日08时—12日08时马脖子站极大风速和
风廓线雷达C_n^2的箱线图和中位数折线(红线为中位数连线)

剧,边界层风向紊乱,边界层顶高度上升,导致大气折射率结构常数增大,对流层的不稳定特征明显。计算的相关系数达到 0.87,得到地面风速与 C_n^2 的中位数密切相关。

通过以上坝区两次大风天气的个例分析,发现风廓线雷达探测贴近层的大气折射率值较高。随着高度上升,通常该指数会减小,表明在晴空边界层,风力增大时,受地面摩擦力影响,大气湍流运动加强,对应折射率结构常数的高值区。在 2～3 km 高度或以上,离开地面边界层的影响,大气折射率结构常数明显降低。

风廓线雷达探测的 C_n^2 与地面风速关系密切,该数值的增加和下降与大风开始和结束的时间非常吻合。具体表现在坝区晴空条件下,地面观测到大风发生时,通常 1.5 km 高度的 C_n^2 会达到 -80 dB 以上,表明贴地层风速强,大气湍流运动加强,导致对应 C_n^2 明显上升。当坝区低空风速降低,地面风速减弱到 5 m/s 以下时,C_n^2 下降到 -120 dB 以下,对应坝区峡谷的气流趋于稳定,湍流运动减弱,大风天气结束。因此风廓线雷达的 C_n^2 有利于在坝区复杂地形条件下,监测和预警大风天气。

6.6　总结与讨论

通过以上坝区的多次大风天气个例,根据风廓线雷达的探测结果,说明风廓线雷达能够在晴空条件下,通过大气湍流运动,揭示坝区峡谷地形下的边界层厚度变化,以及山谷风的日变化特征。同时也能够在降水条件下,通过对流层不同高度的水平运动和垂直运动的探测分析,揭示低槽、低涡、切变线、高低空急流,以及锋面等不同天气系统经过坝区时的大气流场变化特征。风廓线雷达探测的大气折射率结构常数是雷达探测的重要物理量,在大风时段,该指数明显增加,说明其能够反映坝区大风的大气湍流特征,在大风天气预警中可以发挥重要的作用。总之,风廓线雷达在坝区大风天气监测中具有一定的优势。

通过对坝区大风天气个例的分析,也可以发现,风廓线雷达监测的坝区低空风速和风向,与地面观测的风向和风速并不完全一致。究其原因,以上分析中仅采用了坝区的马脖子站,该站均位于河谷的右侧,但风廓线雷达位于河谷左侧,两个测站的站址不同,坝区河谷风速的局地区强,再加上山谷风环流的日变化影响,以及测站不在同一高度上,导致风廓线雷达的探测风速与地面观测的风向和风速并不能完全吻合。

受风廓线雷达观测时间的限制,以上坝区的大风天气个例集中在 2020 年冬季和 2021 年春夏季,具有对不同季节大风天气的代表性。但是风廓线雷达的观测时间短,有效观测数据量少,在此对观测数据缺乏充分的分析研究。在未来长期观测的基础上,通过对该风廓线雷达海量数据的分析处理,可以对现有研究结论进行检验和订正,并且有利于获取更有实用性和普遍性的结论。

第7章 基于天气雷达的大风监测预警

新一代天气雷达通过电磁波的发射、传播、散射和接收等物理过程,基于大气运动和降水生成的基本原理,实现对流层流场和降水云的探测。天气雷达通过定量估测降水和大气运动,反映出降水云体的回波形态、强度,以及演变特征,成为监测和预警强对流天气的重要设备,在大风和强降水天气的监测预警中能够发挥重要作用。雷达通过接收不同仰角的反射率因子和径向速度,以及丰富的物理量反演产品,能有效揭示强风暴云的立体结构,判识出风暴和强风暴的初生、发展和演变过程,成为开展强对流等灾害性天气监测、预警预报和服务"重器"。我国已建成的230多部业务化运行天气雷达,形成世界上规模最大的天气雷达监测网,并实现了全国雷达探测数据的实时传输和联网拼图。

新一代天气雷达利用多普勒效应,除在早期雷达可探测降水系统的回波强度外,还可探测降水粒子的平均径向速度和径向速度谱宽,用来反映雷达站周边三维的大气流场结构,为分析天气系统和监测各种天气现象提供信息,成为大风等灾害性天气的重要监测和预警工具。通过对雷达速度图像的识别,能够判断不同高度的大风速区和风场不连续性,如探测到高低空急流、锋面和风切变等。对于中小尺度天气系统,天气雷达能够从径向速度场上,识别出中气旋、中反气旋和中尺度辐合和辐散特征,确定中小尺度系统对风速的影响。由于强风的速度值经常会超过天气雷达探测的最大风速,从而导致速度模糊现象的出现,这也成为判识大风天气的关键。中气旋是超级单体的基本特征,是引发雷暴大风的中小尺度系统,中气旋将环境干空气夹卷进入雷暴下沉气流内,导致雨滴强烈蒸发降温,形成下击暴流,因此,天气雷达对中气旋的精细化监测对预警大风起到重要的参考作用。

高时空分辨率的天气雷达在探测强对流云时,根据快速发展云体内部的回波特征,结合速度图像上的中气旋、中反气旋,以及中低压和中高压,能够判识近地面可能出现的强风和强降水等中小尺度天气系统的发展(俞小鼎 等,2020)。天气雷达对降水云体的立体探测,弥补了常规地面和高空观测的不足,有利于捕捉各种中小尺度天气系统,从而提高对台风、暴雨等较大范围内强降水的临近预报准确率,同时,能够更早识别出飑线、龙卷和下击暴流等短时间内快速发展的强对流天气,实现对各类强天气的精细化监测和预警。云南昭通建设了C波段天气雷达,其穿透能力强,探测距离远,对短时强降水和暴雨等灾害性天气有强的监测和预警能力,有利于白鹤滩水电站坝区探测暴雨、冰雹、大风等天气。

7.1 天气雷达探测与应用技术

在充分了解和掌握强对流云体发生的环境背景条件下,天气雷达可以监测强风暴系统中的降水云体特征。通过雷达探测结果,可以对产生雷暴大风的对流风暴进行分类,并开展风暴结构特征的研究。已有较多研究结果指出,灾害性大风可由不同尺度的天气系统造成,如下沉辐散的下击暴流和地面直线型对流风暴。从雷达探测的风暴结构上看,产生雷暴大风的对流风暴有孤立的单体,结构松散的脉冲风暴,高度组织化的多单体强风暴和超级单体风暴,以及飑线等。产生雷暴大风的对流风暴结构,表现为超级单体的弓形回波,以及波状回波中的弓形部分或者带状回波。Fujita等(1977)指出,雷暴中大范围的下沉运动空间分布不均匀,存在一股或几股较强的下沉气流,可产生小尺度的雷暴大风,这就是下击暴流。下击暴流通常水平尺度在 10 km 以下。Johns 等(1992)将大范围的地面强风事件称为线状风暴,通过对线性风暴的雷达回波特征研究,指出快速移动的含有弓形回波的飑线等线性风暴,可造成范围较大,时间维持较久的大风天气。

通过探测降水云系的特殊回波特征,雷达可为识别和预警大风天气提供依据。苏俐敏等(2014)研究表明,短时强降水通常是由平均值超过 50 dBZ 的强回波单体所导致,回波形态表现为带状回波、块状回波、絮状回波和短带回波四种类型。王天义(2014)对青藏高原强对流天气的雷达回波分析表明,该地雷暴的回波形状多表现为孤立的团块状。青藏高原不同地区不同类型的回波强度差异大,如在日喀则地区,热力雷暴的回波强度大部分在 40~50 dBZ,回波顶高平均值为 5.07 km,动力雷暴的回波强度在 40~70 dBZ,回波顶高平均值为 7.43 km,且垂直液态含水量半数在 30 kg/m² 以下。但在拉萨地区,热力雷暴和动力雷暴的回波强度均在 30~50 dBZ,回波顶高平均值为 4.79 km,动力雷暴雷达回波顶高平均值为 6.19 km,热力雷暴和动力雷暴的垂直液态含水量较低,大部分在 30 kg/m² 以下。

天气雷达的回波特征是临近预报预警雷暴大风的主要依据。雷达的径向速度是判识大风的重要因子,其风场信息对极端雷暴大风的发生发展和移向有一定的指示性(俞小鼎 等,2006)。产生雷暴大风的天气系统类型多样,对于影响范围较大的区域性雷暴大风,多数情况下在雷达回波上可以识别出单体和多单体风暴,以及超级单体风暴等多种类型。超级单体中如果有中气旋向地面发展,导致低空附近气压下降,与下沉气流在地面形成的高压间产生强的气压梯度,雷暴内的下沉气流到达地面后,在强烈气压梯度作用下,风速进一步加强,最终形成近地面的辐散性大风。产生龙卷的超级单体风暴在径向速度剖面上,在正和负速度的交界区构成中气旋结构。预报业务的实践也证明,上述雷达特殊回波对雷暴大风有很好的指示作用。李国翠等(2013)将地面观测大风和雷达识别大风的指标相结合,统计分析了产生对流性雷暴大风的最大反射率因子、最大反射率因子下降高度等 6 个雷达识别指标,用于雷暴大风的预警应用。李兆慧等(2017)利用雷达组合反射率因子与自动气象站风场进行叠加,分析了龙卷伴随的极端大风事件,发现龙卷在雷达的切向剖面图上有较强辐合,超级单体风暴典型的钩状回波移动方向与龙卷路径一致,龙卷出现在钩状回波前进方向的右后侧。

大风天气经常在雷达回波上表现出特殊的回波形态,如带状回波、钩状回波和弓形回波等。天气雷达以直观的径向速度场显示风速值和大风区域,其图像上的中层径向辐合、阵风锋和低层径向速度大值区,可以作为地面雷暴大风的标志性特征(俞小鼎 等,2006;郭弘 等,2018;姚晨 等,2013;唐明晖 等,2016)。此外,由飑线或含有超级单体和弓形回波的中尺度对流系统,也是产生区域性大风的雷达回波特征。飑线天气每一段弓形回波向前凸起部分往往都对应地面的雷暴大风区。有时在弓形回波和飑线内镶嵌有超级单体,往往意味着增强的雷暴大风潜势。飑线是呈线状排列的对流单体族,其中强回波单体的反射率因子三维结构和多单体强风暴类似,但与多单体强风暴的区别在于飑线是准连续的线状结构,而多单体强风暴是由 4~7 个单体构成的高度组织化的团状结构对流风暴。Fujita 等(1977)最早提出了弓形回波是最易形成大风的雷达回波形态,后来 Johns 等(1992)提出弓形回波可呈现为经典弓形、波状弓形和飑线型等多种形态,最强的雷暴大风通常出现在弓形回波向前凸起部分,衰减阶段在弓形回波北侧回波较强的头部,常形成钩状回波。

雷达能够揭示产生雷暴大风云系的立体结构特征。雷暴大风的空间结构在雷达剖面图像上,表现为多单体强风暴和强飑线的回波,通常自低往高向低层入流的一侧倾斜,呈现弱回波和弱回波之上的回波垂悬结构。超级单体风暴相比多单体强风暴,通常是在低层具有深厚持久中气旋的对流风暴(Doswell et al.,1993)。产生雷暴大风的速度剖面图上,由于对流层中层干冷空气夹卷进入雷暴,呈现出明显的中层径向辐合(Mid-Altitude Radial Convergence,MARC)特征(Schmocker,1996)。雷暴周边相对干的空气被卷入雷暴内,生成强烈的下沉气流,会使雷暴中的雨滴迅速蒸发,从而形成降温和向下的加速度,导致地面大风之前一般出现中层径向辐合。超级单体风暴在反射率因子图上有明显的钩状回波特征,在中层反射率因子上存在弱回波区(Weak Echo Region,WER),或有界弱回波区(Bounded Weak Echo Region,BWER)。

新一代天气雷达的物理量产品对于识别强风有重要的参考作用。以速度方位显示的风廓线产品(VAD Wind Profile,VWP),可以从大范围径向速度场的分布上,揭示雷达站周边环境风随高度的变化,用于分析环境条件是否有利于极端大风的发展。对流风暴的强弱和发展趋势可以通过中小尺度的径向风速特征,如旋转、辐合和辐散来提供一定的线索。雷达径向速度图上低层径向速度的大值可以反映该地区的地面大风,并且该风速大值区未来移向区域能够指示地面大风的发展。唐明辉等(2016)对一次下击暴流局地大风的研究,得出在极端大风前,雷达的径向速度、单体垂直累积液态水含量(Vertically Integrated Liquid Water,VIL)、反射率因子回波顶高(Echo Top,ET)均能够达到最大,极端大风产生在超级单体风暴垂直积分液态水含量持续下降、径向速度持续增加的时期。王易等(2022)对江苏19个典型下击暴流过程的分析表明,下击暴流的发展过程中,强反射率因子核心和中层径向辐合出现在下击暴流发生前20~30 min,在下击暴流的成熟阶段,强反射率因子核心高度有明显降低,低层呈辐散结构。周鑫(2020)基于X波段雷达,回波数据反演出物理量产品分析,将液态水含量达30 kg/m² 作为大风产生的阈值,对大风的可能性进行了预判。

雷达能够揭示强风暴系统的特殊结构特征。雷达探测大风天气时经常会探测到中层径向辐合。雷暴内强烈下沉气流产生的主要机制之一是其周边相对干的空气被夹卷进入雷暴,导致雷暴下沉气流内雨滴迅速蒸发,使下沉气流降温而导致下沉速度加强,这种对流层中层干空气的夹卷进入雷暴的过程,在径向速度图上表现为中层径向辐合特征(Schmocker,1996)。无论是强垂直风切变环境下的飑线、弓形回波、超级单体风暴或多单体强风暴,还是弱垂直风切变环境下的脉冲风暴,在产生强烈地面大风之前都会出现中层径向辐合特征。与弓形回波向前凸起部分对应的径向速度图上通常也都有明显的中层径向辐合出现。

雷暴发展的环境条件在强风分析时受到关注,在地形和环流形势作用下的强上升气流,经常会有大风天气出现。强对流天气伴随的龙卷就是上升气流中形成的强风。统计表明,大约有一半的雷暴在边界层辐合线附近生成,而当两条辐合线相遇时,其相遇的区域附近更容易有雷暴生成,在辐合线附近的上升运动,经常会在局地产生龙卷。北京香山附近出现局地暴雨大风时,导致强天气的雷暴就是由边界层低空急流遇到北京西山地形抬升触发而生成(陈双 等,2016)。强风暴系统通常发生在对流层的深厚对流系统中,尤其在对流层低层有强垂直风切变环境下。一些孤立的对流性大风事件,有时还可能发生在较弱的垂直风切变条件下,如脉冲风暴也可以产生孤立的下击暴流,导致很强的地面大风(Chisholm et al.,1972;Wakimoto,2001)。强烈的上升运动和下沉运动是导致局地强风的根本原因,其中强下沉气流会形成下击暴流。中国东北、华北、华东、华中和华南等地经常以"湿"下击暴流(俞小鼎 等,2006)为主,雷暴的下沉气流内充满降水粒子,在产生雷暴大风的同时,会伴随强降雨或强冰雹。另一种下击暴流为干下击暴流(Wakimoto,2001),常常发生在水汽含量不丰富的高原地区,如青藏高原和黄土高原,其对流云底高度较高,云底以下基本为干绝热层结,相对湿度很低,中层有一个相对湿度较大的不太厚的湿层,湿层再往上又是干层,但下沉气流到达地面后,仍可以产生较强的地面大风。下击暴流的预警主要是应用多普勒雷达监测脉冲风暴,从反射率因子核心的快速下降,以及云底以上径向速度辐合的特征上进行分析,通常能够在预警中提前几分钟预报下击暴流的发生。

白鹤滩坝区对流性天气通常发展变化快,当大风伴随降水发生时,云南昭通的天气雷达能够捕捉到对流性云系的发展状况。有时坝区出现以强风为主的对流性天气,由于没有降水云出现,这时天气雷达就无法监测到。已有坝区大风天气预警的工作经验表明,当强降水伴随大风天气时,一般在昭通雷达回波上具有以下特征,如有大于 35 dBZ 的强回波在坝区周边10 km 范围内发展,且移向坝区河谷,移动方向以降水云团和回波位置而定,当降水回波经过坝区时,风速加大且出现降水,当降水回波经过坝区附近河谷南部或北部时,降水会造成坝区附近下沉气流的辐散,造成坝区风速加大。

7.2　数据与方法

7.2.1　雷达站

云南昭通天气雷达站是距离坝区最近的雷达站,该雷达站能够为坝区的天气监测提供高时空分辨率的数据。昭通原雷达站位于 103.43.11°E,27.21.9°N,距离坝区 82.5 km,雷达基座的海拔高度为 2002.81 m,最低仰角扫描到坝区的高度为 3.12 km。昭通雷达站于 2022 年4 月开始,搬迁到 103.51.15°E,27.23.25°N 重新运行。新站的海拔高度为 3162.36 m,距离坝区 96.26 km,最低仰角扫描坝区的高度增加到 4.45 km。

单从距离上说,坝区距离昭通雷达站 80～90 km,完全处于天气雷达的有效探测范围内。但是由于雷达站选址较高,影响到雷达对坝区天气的探测。分析雷达最低仰角对坝区的扫描高度,发现该雷达仅可以接收坝区 4 km 以上的数据,只能够反映对流层中上层降水云体发展,无法探测到坝区河谷的低层,不能完整地探测到坝区降水云体和风场的结构。同时,坝区峡谷地形高低起伏,且昭通市境内沟壑地形多变,加上坝区大风天气多变,也增加了天气雷达的探测难度,导致昭通雷达在坝区附近的探测能力有限,但是对 4.5 km 以上的对流层探测效果较好。在此通过坝区不同类型的大风天气个例分析,说明昭通雷达对坝区大风强对流的探测效果。

7.2.2　数据说明

天气雷达称为降水雷达,通过对云体中降水粒子半径和粒子数密度的探测,完成对降水天气发展变化的探测,因此天气雷达仅适应于有降水云发生的天气。白鹤滩坝区雨季大风相对于干季发生的次数少,但是降水伴随大风的天气较多,天气雷达对雨季大风探测的可用性增强。

昭通雷达探测的时间分辨率为 6 min,获取的数据包含有 9 个仰角,最低仰角为 0.5°,最高仰角为 19.3°。空间分辨率为 500 m。雷达获取的数据包括反射率因子(R),或称回波强度、径向速度(V)和径向速度的谱宽(W)。本节还用到雷达的多种物理量反演产品,包括:VIL、ET、VWP、组合反射率因子(Composite Reflectivity,CR)和中气旋(Mesocyclone)等多种判识和物理量产品。以上数据用来分析强风发展过程中降水云的回波强度、形态,以及降水云系的移动变化特征。

目前坝区对于大风的研究主要依靠气象站的地面观测资料,着重研究大风的生消规律、发生频率,以及大风持续时间等基本特征,难以反映产生大风的降水云系时空变化特征,尤其是不能反映坝区对流层中上层风场的变化。天气雷达的立体探测数据,可以揭示产生强风的云体空间结构和发展移动。在此利用云南昭通站天气雷达资料,结合地面气象站观测资料,选择春夏两个季节的典型大风天气过程,通过对比分析,掌握坝区强风天气的雷达回波特征。

7.2.3 关键产品

(1)垂直累积液态水含量(VIL)

对流层整层大气中的水汽总量及其动态变化是云水资源和天气变化的关键因素之一。天气雷达的 VIL 产品,是测量大气水汽含量和大气可降水量的重要产品。该产品是假设所有雷达反射率因子值来自液态水,采用经验关系导出的等价液态水值,在降水云体某一确定底面积格点区域的垂直柱体内,对气柱内液态含水总量求和,获得 VIL 值。利用 VIL 产品有助于确定大多数显著的风暴单体位置,识别较大的冰雹单体。研究表明,通常强风开始时,VIL 会迅速减小。VIL 是判断风暴强度的重要参量,也是判别强对流天气造成的暴雨、暴雪和冰雹等灾害性天气的有效工具之一。

已有研究表明,VIL 值能用于预测未来降水潜力的大小,是预警强对流天气的重要参数。如杨立洪等(2008)指出,VIL 值与降水量具有相同的变化趋势,表现在 VIL 最大值的波峰时段和最大降水量波峰时段相一致,更重要的是 VIL 最大值出现时间比降水量最大值的出现时间有一定提前量,充分说明 VIL 值越大,往往未来降水的潜力会越大,或者说当 VIL 大值中心在某地维持时,此地相应时段的降水量也会相对较大。VIL 值的大小能够预警冰雹等对流性天气的发展,成为指挥人工消雹作业的重要参考。田涵元等(2022)对贵州冰雹天气的研究表明,当对流云体的 VIL 值达到 35 kg/m² 时,表明回波已经很强,如果继续发展,冰雹等灾害性天气将会影响到本地,因此 VIL 的高值区域也是最佳人工消雹区。各地对流性天气发展时,VIL 值的差异较大,如张达文等(2016)对梅州雷达站的统计表明,冰雹发生时,通常 VIL 要达到 45 kg/m² 以上,回波顶高度达 12 km 以上。

VIL 产品在预警地面灾害性大风中的可用性多次得到证实,因此,VIL 产品除与地面降水有关外,也是预警地面大风的重要因子,具体表现在快速降低的 VIL 值通常意味着破坏性大风的开始。东高红等(2007)利用天津雷达探测的 VIL 产品,结合地面大风灾情报告,对地面灾害性大风出现前 VIL 的演变和发展进行了分析,表明 VIL 值达到 30 kg/m² 是地面灾害性大风出现的阈值,VIL 值达到或超过 40 kg/m²,可以看作是大风的一个预警指标。VIL 值达到最大后的快速减小意味着将出现地面灾害性大风,VIL 值快速减小后的突然跃增是地面灾害性大风开始的标志。对以上结果的检验分析,肯定了随时间调整阈值大小,可以大大提高地面灾害性大风预警的命中率和临界成功指数。王彦等(2009)运用 VIL 值对天津地区的强对流天气过程进行了分析,并利用多元回归建立了预报方程。禹梁玉等(2021)对江苏一次下击暴流天气的研究表明,地面灾害性大风发生前 20~40 min,可在风暴单体外围识别出缓慢向外扩散的环形阵风锋,因此阵风锋是下击暴流产生地面大风的先兆信号。风暴单体的反射率因子核、风暴质心高度,以及 VIL 值在地面 8 级以上强风发生前约 20 min 显示出持续下降的特征。

(2)回波顶高(ET)

回波顶高通常是雷达在探测到大于 18.3 dBZ 的反射率因子时,通过算法反演得到以最高仰角为基础,以平均海平面为参考,根据测高公式计算的回波顶高度,并形成二维分布的数值产品。国内新一代天气雷达的产品生成系统能够生成该产品。回波顶高产品可通过对云系的最高顶定位识别对流风暴,因此是衡量对流性天气强弱程度的重要标志。回波顶高产品能够间接体现云内垂直上升气流的强度,在强对流天气识别和人工影响天气作业指挥方面具有较好的参考意义。

回波顶高产品是定量识别强降水云的重要指标,在监测预警强天气时,随季节和区域的差异,ET 参数值会出现显著差异。樊志超等(2006)研究表明,湘西北地区冰雹云回波顶高识别指标为大于 9 km,回波顶高平均高于 0 ℃层所在 7.1 km,与一般降水的对流云高度有明显差异。在 2 月的冰雹天气中,通常云系回波顶高大于 8 km,且 ET 与 0 ℃层高度差大于 6.1 km,但在 5 月冰雹云的回波顶高明显上升,要求 ET 大于 10 km,且回波顶高与 0 ℃层高度差大于8.1 km。宋晓辉等(2007)分析发现,河北邯郸地区冰雹云回波顶高通常大于 13 km,且 0 ℃层高度在 600 hPa,即约 3.8 km 附近。张春燕等(2021)指出,回波顶高是发生闪电的先决条件,闪电较多分布在 9~15 km 回波顶高区域内,且地闪频数峰值落后于回波顶高峰值 12~18 min。

7.2.4 分析方法

由于白鹤滩水电站大风天气频繁,而昭通天气雷达探测的最大径向风速为 27 m/s。当实际的风速超过雷达探测的最大风速时,经常会出现速度模糊的现象,需要对雷达探测的径向风速进行退模糊处理。处理方法如公式(7.1)所示。

雷达探测的多普勒频率与径向速度按公式 $f_d = 2v/\lambda$,可以唯一确定。但是如果一个降水粒子目标在两个脉冲之间移动得太快,径向速度值过高,两者的位相差会超过 180°,此时雷达会赋予它一个小于 180° 的位相差,导致多普勒频率对目标物径向速度的估计是错误的,这种现象称为速度模糊(张培昌 等,1992)。对出现速度模糊的区域,可采用 Nyquist 公式(7.1)进行还原。

$$V_t = V_r \pm 2NV_{max} \tag{7.1}$$

其中,V_t 是真实速度,V_r 是雷达显示的速度,N 是速度折叠的次数。对正速度区还原时在上式中使用加号,负速度区用减号。对于天气雷达速度图像的速度模糊区,利用该公式以获取真实的径向速度。

7.3 雷达探测大风的个例

坝区夏季的强降水事件频率低,较少发生。本书第 2.3.5 节对白鹤滩坝区历年强降水的研究表明,2016—2020 年坝区有 13 个时次小时降水量达到 20 mm 以上,且有 8 个暴雨日。在这些强降水过程中,经常伴随雷暴大风的出现。为了探究白鹤滩坝区雨季大风的雷达回波特征,在此选择雨季和干季的大风天气个例,根据昭通雷达对降水云回波的探测结果,对比不同季节强降水大风天气的雷达回波差异,以说明坝区强风发展过程中的雷达回波特征。

天气雷达以监测夏季的强降水天气为主,但夏季产生强降水的雷暴系统通常伴随大风天气,如2021年8月8日坝区强天气,就是一次典型的强降水大风过程。坝区干季以强风天气为主,降水较少发生,即使有降水,降水量通常也比较弱,如2022年4月19日的天气过程,就是大风伴随弱降水天气。在此利用天气雷达的强度和速度回波,对比以上两次不同季节和不同降水条件下的大风天气,讨论坝区大风的雷达回波特征。

7.3.1 降水量和风速

2021年8月8日20时—9日08时,坝区地面观测的累计降水量显示,葫芦口大桥站为30.8 mm、上村梁子站28.1 mm、马脖子站20.0 mm、新田站11.6 mm和荒田水厂站12.6 mm,为一次典型的大到暴雨过程。白鹤滩坝区各站的风向风速和小时降水量如图7.1所示。图7.1a中坝区8月8—9日的极大风速显示,有3个站的日极大风速达到7级,新田站和葫芦口大桥站的极大风速分别为18.2 m/s和19.6 m/s,为8级大风,各站均为偏北风,葫芦口大桥站受地形影响,风向偏转为东北风。从图7.1b的降水量变化曲线上看,坝区降水集中在9日00—07时,持续约7 h。最大小时降水量为葫芦口大桥站,在04时达到9.5 mm,06时为7.0 mm。大风发生时间主要在8日22时—9日02时,极大风速的最大值为葫芦口大桥站,9日01时达19.6 m/s。因此这次过程为局地对流大风天气。

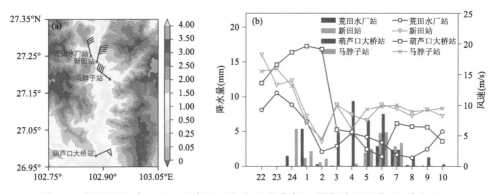

图7.1 坝区2021年8月9日各站日极大风速分布(a,阴影为地形高度,单位:km)
和小时降水量(柱状,b)和小时极大风速(实线)的变化曲线

对于2022年4月19日的天气过程,地面观测的累计降水量结果,葫芦口大桥站为6.7 mm,新田站4.9 mm,荒田水厂站2.6 mm和马脖子站7.6 mm,表现为降水量较少,为小到中雨。分析坝区的极大风速变化(图7.2a),各站日极大风速均超过7级大风等级,为偏北风,其中马脖子站和新田站极大风速为22 m/s,风力9级。图7.2b上,降水集中在19日21—24时,与大风的发生时次一致。最大小时降水量马脖子站3.9 mm。在21—23时大风持续了3 h,风力最强达到9级。因此本次天气过程以大风为主,伴随局地一般强度降水。

7.3.2 环流形势

利用ERA5再分析数据,对比分析以上春季和夏季大风天气过程的环流形势差异。在夏季大风天气中,500 hPa高度环流场上,坝区附近等高线稀疏,风向紊乱,风速整体较小。华南沿海至云南南部存在明显的辐合中心,坝区位于辐合中心前部。在700 hPa高度场上,四川西部与贵州北部有西南涡发展,在华南沿海至云南南部有切变线维持发展,坝区位于西南涡后

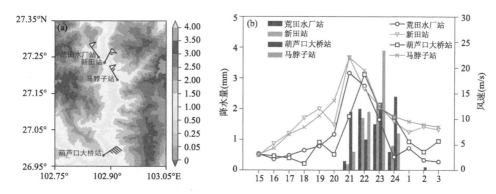

图 7.2　2022 年 4 月 19 日坝区各站日极大风速分布(a,阴影为地形高度,单位:km)和
小时降水量(柱状)和小时极大风速(实线,b)的变化

部,其东南侧偏西北气流和偏东北气流存在风向突变,有利于持续性降水生成。

在春季大风天气中,500 hPa 高度的环流场上,南支锋区自西向东经过青藏高原绕流后,分为南北两支,坝区紧邻青藏高原东南部,位于南北两支急流交汇处。渤海湾冷平流向西入侵,挤压北支气流南下,南北气流在四川盆地附近交汇,该处等高线变密集,对流层风速加大到 22 m/s。在甘肃东南部至云南中部存在低压大槽,坝区位于低压槽前,有利于持续性降水生成。在 700 hPa 高度上,坝区上空西南低涡发展,辐合型气旋受青藏高原地形阻挡,在绕流青藏高原的南支气流推动下,辐合中心向东移,等压线密集区自西向东移动。北支气流在甘肃南部至贵州北部生成低压槽,向东南方向发展,呈现弱的"脊—槽—脊"型。坝区南部低空急流风速可达 14 m/s。

对比夏季和春季两次大风环流形势差异,发现春季坝区对流层中上层流场分布均匀,急流风速较强,以偏西风的冷平流为主导,主要受到 500 hPa 高空急流交汇的影响,为系统性大风。夏季大风过程中,坝区对流层中上层流场分布不均,风向混乱,主要受到 700 hPa 的西南涡影响,表现为局地性大风。

7.4　大风天气的回波特征

以下从昭通雷达站探测两次大风天气中,降水云体的反射率因子和径向风速场的水平分布,以及垂直变化上,分析大风天气的雷达回波特征。

7.4.1　反射率因子

从 2021 年 8 月 8 日 22 时开始,昭通雷达开始探测到在坝区河谷地有积层混合云的带状回波发展,回波维持时间短,且能够迅速增强,几个关键时次 1.5°仰角上的回波如图 7.3 所示。图 7.3a 中在 9 日 00 时 26 分,坝区河谷从上游的葫芦口到下游的新田有带状回波发展,出现多个 50 dBZ 以上的强对流中心,尤其是出现在葫芦口大桥东南侧的多单体风暴,以及坝顶附近新田站上空的强对流中心。

图 7.3b 中 00 时 48 分,坝区北部的回波衰减,新田附近的单体由东北向西南移动,与葫芦口大桥附近的回波相连,形成沿河谷东侧的线性对流风暴,对流中心在 45～50 dBZ,同时在荒田水厂站附近有单体风暴初生发展。图 7.3c 的 01 时 47 分和图 7.3d 的 02 时 19 分,新田站附近的回波消散减弱成层状云,对流云系向西偏移,呈西北—东南向的回波带。葫芦口大桥站

西北侧絮状对流单体风暴发展,对流中心超过 55 dBZ,对应地面风速增大到 13.8 m/s。此后多单休风暴中心向东南移动,坝区以南上空的回波衰减转变成大范围的积层混合云回波,强降水发生,并持续发展至 9 日 11 时。以上分析表明,受多单体线对流风暴从东向西移过坝区影响,产生大范围持续性降水,并有局地的强降水生成。

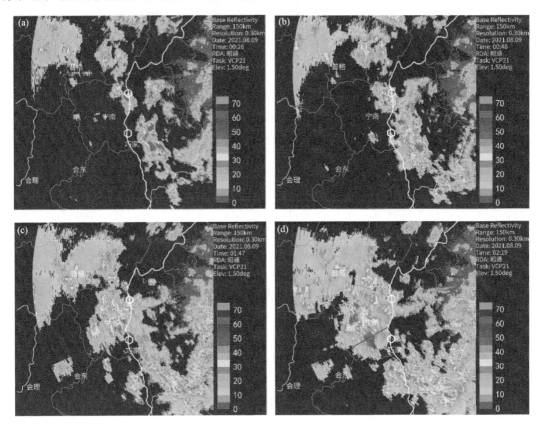

图 7.3 昭通雷达 2021 年 8 月 9 日各时次(a.00 时 26 分,b.00 时 48 分,c.01 时 47 分和
d.02 时 19 分)1.5°仰角的回波强度
(南北两个圆圈分别为新田站和葫芦口大桥站,中间为坝区河谷地)

春季大风天气中,2022 年 4 月 19 日坝区雷达回波清晰地表现为大范围的层状云回波,回波稳定,持续了 3 个多小时。在图 7.4a 中 21 时 25 分 1.5°仰角上,在坝区的上游和下游河谷都呈均匀的幕状回波,没有对流性回波单体发展,回波强度在 20~30 dBZ。坝区两侧的云体发展略强烈,局地的回波在 30~40 dBZ。在图 7.4b 的 23 时 19 分,坝区附近的层状云降水回波向南发展,回波强度减弱,表现为均匀的片状回波。因此,本次天气过程从云体生成开始,持续有稳定的层状云回波,回波强度明显比夏季的降水云回波弱,且移动缓慢。

7.4.2 径向速度场

分析两次大风天气的雷达径向速度回波特征。在夏季大风天气中,两个代表时次的速度场上(图 7.5),风速场不均匀,呈大范围不连续回波。低层东北风与东南风形成强烈的辐合场,坝区上空有中小尺度的速度回波中心发展。在 01 时 47 分的图 7.5a 中,坝区西侧多单体风暴处有中尺度辐合线生成,径向速度值超过 10 m/s。坝区在辐合线前部,受西南风的控制,

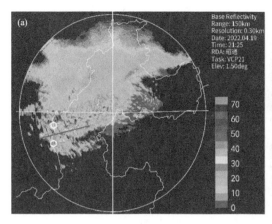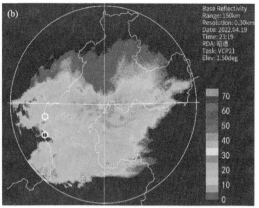

图 7.4　2022 年 4 月 19 日两个时次(a. 21 时 25 分,b. 23 时 19 分)昭通雷达探测 1.5°仰角的回波强度分布

且在图 7.5b 中的 02 时 19 分,辐合线进一步加强。因此,在这次夏季大风天气中,雷达监测到坝区中层的中尺度辐合线发展,对应强度场的多个对流中心,导致坝区出现大风和强降水天气。

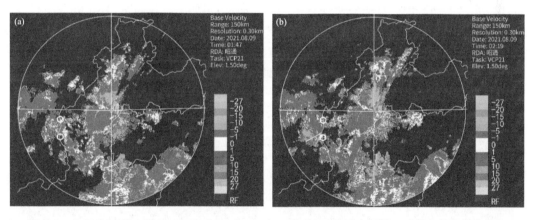

图 7.5　2021 年 8 月 9 日 01 时 47 分(a)和 02 时 19 分(b)昭通雷达探测 1.5°仰角的径向速度场

对于春季大风的径向速度场(图 7.6),昭通雷达监测到大范围的速度模糊区,表明坝区风速超过雷达探测的最大风速。进行退速度模糊后,在 22 时 39 分 1.5°仰角的径向速度场上(图 7.6a),低层测站西北方和南侧有两个对称"牛眼",表明偏西北风急流风速在 25 m/s 以上。对应的高层,雷达站正西和东北方向的"牛眼",表明风向逆转为偏西风急流,急流风速达 27 m/s 以上,坝区上空为深厚的冷平流控制。高低空急流耦合,说明有系统性冷空气影响到坝区附近。从图 7.6a 上零速度线的明显折角,能够判识到冷锋呈西南—东北向横过坝区,位于坝区南侧 50 km 左右。到了 00 时 05 分,在图 7.6b 上与之前的回波相似,但风场的强度增加。低层偏西北风和高层偏西风,高低空急流的耦合增强,零速度线折角在坝区以南转为东西向,表明冷锋西段移动较小,东段向南发展。因此坝区春季这次大风天气中,雷达显示了冷锋过境和冬春季寒潮大风的基本特征。

7.4.3　回波垂直结构

进一步分析夏季强降水大风天气中对流云的垂直结构特征。雷达剖面高度不含天线高

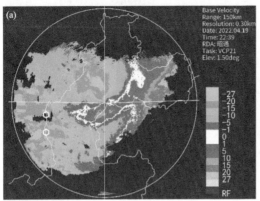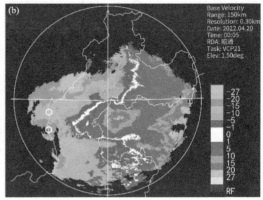

图 7.6　2022 年 4 月 19 日 22 时 39 分(a)和 20 日 00 时 05 分(b)昭通雷达探测 1.5°仰角的径向速度

度,图 7.7a 中旧站天线高度为 2.002 km,图 7.7b 中新站天线高度为 3.162 km。夏季强风天气中,在 02 时 19 分,沿图 7.3d 中强回波中心进行剖面显示(图 7.7a),坝区附近积层混合云在垂直方向上强烈发展。云体内部有上冲云顶,伸展高度在 12～14 km 或以上,柱状回波清晰直立,中心达 50～60 dBZ,且能够伸展到 4～7 km 高度,单体回波顶高达到 13 km 左右。从剖面图上可以看到,受地形遮挡的影响,雷达回波在坝区 4 km 以上才能探测到。在图 7.7b 的春季大风天气中,层状云回波均匀连续,以弱降水回波为主,整体的回波高度在 9 km 以下,个别的柱状回波中心发展高度在 7 km 以下。因此夏季强降水大风的回波强,发展深厚,而春季的弱降水大风天气,回波弱,且回波以水平发展为主,伸展低矮。

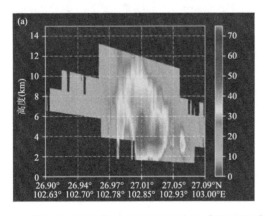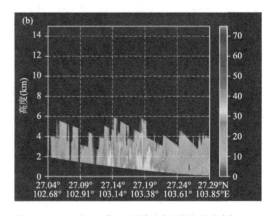

图 7.7　2021 年 8 月 9 日 02 时 19 分和 2022 年 4 月 19 日 21 时 25 分昭通雷达探测的强度剖面
(a.基线为图 7.3d;b.基线为图 7.4a 蓝线)

　　分析两次大风天气的径向速度场剖面特征。图 7.8a 的夏季大风天气中,在 01 时 47 分沿坝区河谷的速度剖面图上,在河谷上空 8～11 km 出现正负速度超过 20 m/s 的大风核,对应 10 km 出现高层的中尺度强辐散,以及低层的辐合运动,表明坝区高低空急流耦合作用,产生对流运动,形成强风。在 02 时 19 分速度场的剖面(图 7.8b)上,低层的辐合运动维持,高层的强风速中心减弱消失,但原位置以东有强逆风区发展,表明局地的中小尺度气流不均匀运动,大气湍流加剧,产生对流和大风天气。

对比分析春季大风天气的径向速度剖面(图 7.8c),发现与夏季大风天气的速度回波完全不同,春季径向速度回波顶低于 8 km,径向速度为负值,且在观测区域为均匀分布。雷达在坝区上空 5 km 附近开始探测到回波,且对流层中层出现大范围的风速大值区,达到 15~20 m/s 的强风速。

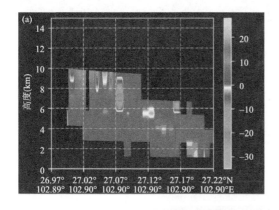
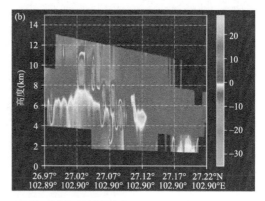
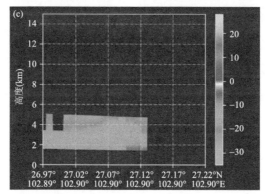

图 7.8　2021 年 8 月 9 日 01 时 47 分(a)和 02 时 19 分(b),以及 2022 年 4 月 19 日 21 时 25 分(c)
昭通雷达探测的径向速度剖面
(a 和 c 的基线为葫芦口大桥至新田,b 的基线为图 7.5 黄线)

7.4.4　反演产品分析

天气雷达的 VWP 产品可以显示风速发展的垂直廓线,从雷达观测的昭通站水平风的时间-高度显示,每 6 min 的观测结果能够反映雷达上空较大范围内风随高度和时间的变化。在夏季大风的图 7.9a 中,2.0 km 以下 VWP 产品为"ND",说明低空降水粒子稀少,表现为晴空,雷达未能生成有效数据。3.0 km 以下的风向从低层偏东北风,顺转为东风,表明低层有暖平流发展。5 km 高度处水平风垂直切变最强。6.7 km 以上水平风向由东风向上,逆转为东北风,表现为强冷平流。因此,水平风的垂直切变发展,加上冷暖平流产生的强层结不稳定,有利于对流运动产生,形成大风和强降水。

在图 7.9b 的春季大风天气中,低层 4.5 km 以下,雷达站上空东北风逆转为西北风和偏西风,表明冷平流维持,冷锋和冷空气已经到达。对流层 5.0 km 以上,气流为西风急流,风速大于 20 m/s,且有弱的暖平流发展。22 时,4.3~4.6 km 高度以下出现"ND",表示雷达对低空的探测无效。观测期间,对流层中上层风速均超过 20 m/s,可持续几个小时,表现为持续稳定的大风。因此,夏季大风中雷达探测到局地的湍流不稳定特征,在春季大风中,雷达探测风场稳定连续,且两次大风中都探测到有利于大风天气的对流层环境特征。

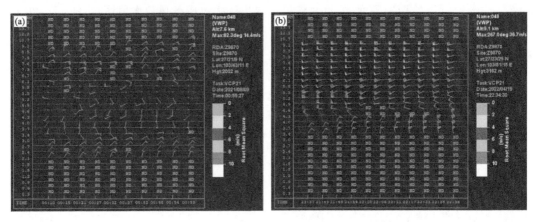

图 7.9　昭通雷达 2021 年 8 月 9 日 02 时 19 分(a)和 2022 年 4 月 19 日 21 时 25 分(b)的 VWP 产品显示

垂直累积液态水含量是天气雷达探测的对流层水汽含量,是判断风暴和对流强度的重要参量。夏季大风天气中,在 8 月 9 日 01 时 42 分,坝区上游附近探测到最大的 VIL 值达到 14 kg/m²,经过雷达一个体扫后,在 01 时 48 分 VIL 值跃升至 35～40 kg/m²,对应坝区地面观测到 13.8 m/s 的极大风速,同时有降水出现,因此大风天气发生时 VIL 发生了显著的变化。春季大风过程中,VIL 值在大风时段稳定少变,保持在 5 kg/m² 以下。因此 VIL 值的突然跃增是预估夏季雷暴大风和强降水的重要参量。

ET 能够间接反映降水云体在对流层伸展的高度。夏季坝区的大风天气中,在 00—03 时,各站降水和大风发展时,坝区的 ET 值显著增加,可达到 11～14 km,表明对流云在强烈上升运动中向上发展,为对流初生和发展期。ET 值大于 11 km 的位置与强度图 7.3 中的强对流中心一致。在 03—05 时,ET 值开始降低到 8 km 以下,表明上升运动减弱,不稳定能量得到释放,对流开始趋于消散解体。在 01 时 48 分坝区上游为 ET 的高值区,平均可达 13.5 km 以上,与 VIL 的大值区对应。在春季大风天气中,在 22 时以前,坝区附近 ET 值最高可达到 8.5 km。22—24 时的大风持续阶段,ET 表示的回波顶高度降低,主要集中在 6～8 km,明显低于夏季大风天气的 ET 值。

7.5　总结与讨论

本章在对比分析了春季和夏季两类不同大风天气环流形势和雷达回波特征的基础上,发现夏季大风的主要环流形势表现为 500 hPa 南北两支锋区绕流青藏高原后,重新交汇时形成垂直对流运动,产生的强降水大风天气,且 700 hPa 有西南涡发展。春季大风天气为冷空气影响下的锋面,在西南地区产生大范围的大风,伴随弱降水天气。

在昭通天气雷达的回波强度上,夏季强降水大风天气中,坝区的雷达回波由 50 dBZ 以上的块状回波和层状云回波形成的积层混合云发展组成。多单体强回波呈带状沿河谷地维持,柱状回波垂直向上强烈发展,高度伸展到 14 km 左右。坝区的春季弱降水大风天气中,表现为大范围均匀的层状云降水回波,回波强度弱且连续,为小于 30 dBZ 均匀回波,且回波高度在

7.5 km 以下高度发展。

在径向速度图上，夏季大风天气表现为图像不连续，对流层中层的中尺度辐合线强烈。剖面图上坝区上空有大风速核发展，且对流层顶的辐散明显，以及垂直方向的不稳定性强烈。春季大风的速度场观测到大范围的速度模糊区，大风速核超过 27 m/s。零速度带有明显的弯折，表明垂直风向突变，为典型的冷锋过境和高低空急流耦合发展的特征。

天气雷达的多种产品能够反映坝区大风天气。其中风廓线 VWP 的风场表明，在两次天气过程中，对流层高层和低层的冷暖平流相反。垂直累积液态水含量和回波顶高对于夏季大风有良好的监测效果，两者结合能够估测出风暴单体的位置和强度，在 ET 大值区，当 VIL 值的突然跃增时，对应坝区局地性大风的发生。对春季大风天气，VIL 和 ET 的值都明显偏低，表明云体垂直发展弱，以水平运动为主。

以上基于昭通雷达探测结果，对坝区大风天气的分析表明，雷达站距离坝区约 90 km，加上峡谷两侧起伏地形的影响，雷达在坝区探测的高度起点在 4.5 km 以上，无法监测到 4 km 以下低空对流云的发展，形成回波的空缺。在 4.5 km 以上高度，昭通雷达能够准确地监测到回波的强度、位置和移动发展情况，且雷达的多种产品也反映了大风天气的发展变化。对坝区春季的大风天气，雷达监测中高层的数据连续且稳定，显示了锋面过境的时间和锋面走向，高空急流的风向和风速，相对于夏季的大风天气达到较优的探测效果。

第 8 章　大风的预报预警方法

除了电力、交通和建筑等行业受强风的影响较大外,水电站同样是对大风灾害敏感的行业。水电站均位于地形落差大,而且十分狭窄的河谷中,其特殊的地形地貌容易产生强风灾害,同样由于地形特殊,水电站坝区大风的形成原因复杂,大风天气预警预报难度十分突出。白鹤滩水电站自建设以来,在坝区附近和上下游等施工建设的关键区,布设了具有多要素自动传感器的自动观测站,可以实时获取高时空分辨率的监测数据,为开展大风的实时监测和临近预警提供了基础数据。但是由于风的变化复杂,脉动强,具有突发性和日变化特征,影响不同地区风变化的要素差异大,这种差异性在水电站的大坝附近尤为突出,根据当前的预报手段和预报能力,对水电站坝区大风的预警能力还相对比较薄弱。

8.1　大风预报方法

8.1.1　天气分析与预报

长期以来由于影响地面风变化的要素复杂多样,而且难以用地转风等基本天气学原理来解释,因此大风是天气预报的难点和焦点。对风的预报主要从影响地面风的关键因子入手,在天气图上分析气压场、变压场、地表热力作用的时空变化,依据天气学原理,讨论环境变化对大风形成的影响作用,通过风压定律预报大风天气。在局地风的预报中,地形对气流的动力作用,如阻挡、绕流、爬坡和狭管效应等,也是预报大风时需要重点考虑的因子。

天气分析是预报大风的关键手段,因为地面大风通常处在特定天气形势下,如我国冷锋后的偏北大风、高压后部的偏南大风,以及低压发展时在周围形成的大风。夏季的雷暴大风和台风的大风灾害性也很强,是大风关注的重要天气系统。监测数据能够快速捕捉到大风发生前各气象要素的变化特征,在揭示大风发生原因的同时,能提前反映大风的变化。观测数据有利于从导致大风形成的环境条件上进行大风的预报,探索解释大风的形成原因。在气象观测历史较长的条件下,统计预报是快速预警大风的一个工具。通过历史气象观测数据,构建大风天气的历史档案库,统计地方性大风的风向和风速变化规律,归纳概括大风出现时大气环流场的分布,结合本站的气压、湿度、气温、风向和风速变化特征,建立当地大风天气的预报模型,用于大风风速和风向变化的提前预报预警。

大风发生前,对流层的水平气压梯度力增强,破坏了对流层的梯度风和地转风平衡,大气流场适应新的地转平衡是地面风速增强的根本原因。因此从气压、温度和湿度的变化上,或者从高空探测的大气层结不稳定方面,可以通过对大气环流场的分析,以确定未来较长时间内大风发生的可能性。如徐龙(2021)研究指出,受新疆沿天山地形影响,一般当冷空气仅沿天山以北或北边速度大于南边,而冷锋前东疆南疆为热低压控制时,在地面图上形成地形等压线,此时依据东西向和南北向的气压差来预报大风,通常可达到 90% 的准确率。对新疆等地大风的预报,可选 3 h 变压值在 +3 hPa 以上,24 h 的变压值在 10 hPa 以上,且有冷锋配合时,以及将锋前为负的 3 h 变压作为锋面过境后有大风出现的预警指标。高空急流区的最大风速,冷暖平流强度,以及垂直运动导致的能量下传也是预警大风的关键。这些方法预报效果好,但是主观性强,时效性差,难以反映大风瞬时变化的特征。

8.1.2　数值模式预报

20 世纪 90 年代后期以来,基于大气运动方程组和多源观测数据融合的数值模式迅速发展,对大气环流的智能、定量和网格化模拟,深化了对各类天气形成机制的认识,并在灾害性大风监测预警上发挥了重要作用。数值模式能够覆盖海洋、高原、河谷和山区等复杂地形区,并且从对流层有限区发展到包括平流层的高度。目前全球和中国的天气预报中大多依赖于数值模式对气压、温度、湿度、风和降水量的预报,数值模式的预报成为气象灾害防御的主要方法,也是预警预报大风天气的关键手段。

随着高分辨率数值模式和数据同化技术的发展,将雷达探测结果进行外推,并与高分辨率数值预报和多种观测资料相融合,得到快速更新的三维格点数据,为雷暴和强对流风暴环境的判断提供重要参考,在一定程度上提高了对大风等强天气临近预报的准确性。数值模式通过对历史天气个例的模拟等,反映天气发生的环境特征,揭示特殊天气发生、发展的具体过程。其次,数值模式通过对一些特殊情景的模拟,如抬升地形高度,降低海平面,以及特殊峡谷地形的模拟等,能够揭示地形对大风天气的影响作用。如杨澄等(2020)对大理地区大风发展期、强盛期和减弱期的三维动力、热力结构特征的模拟研究,表明在洱海盆地大风发展期,高空以西风气流为主,盆地中部上空 1 km 处出现局地小气旋,地面以偏东风为主,高空偏西气流翻越苍山形成波状扰动,在背风坡侧形成空腔区和二次涡,低层形成了不稳定区域,把上层的能量往下传播,形成大风天气。

局地环流的数值模拟试验能够揭示风场的基本特征。如游春华等(2006)对京津地区夏季边界层大气流场进行模拟,得出该地区夏季在山谷风和海陆风共同影响下,区域内主导风向出现更替。李维亮等(2003)发展了适合长江三角洲的区域气象模式,成功模拟了该地海陆风、湖陆风、城市热岛等小尺度天气现象。孙永等(2019)和姜平等(2019)使用不同的模式模拟了复杂地形下的城市热岛环流和山谷风环流。吕雅琼等(2007)模拟了青海湖的局地环流和大气边界层特征,并做了无湖的地形敏感试验。姜平等(2019)对复杂地形下山谷风环流的数值模拟研究表明,由地形高低起伏导致的热力差异,在白天受太阳辐射作用,山坡升温幅度比山谷明显,在同一海拔处温度差异形成谷风环流,且在山脊两侧坡度较大的近地面最为明显。周晓鸥等(2020)利用三维大涡模式研究云南大理微环境地形条件下风场的变化规律,表明入口为南风时,由于迎风坡地形的强迫抬升使局部风速增大,同时山脉的阻碍作用使在背面坡风速急剧减小,风向变化产生尺度较小的涡旋以及不规则的回流。

ECMWF(简称 EC)是全球权威的国际性天气预报研究和业务机构,对外发布数值预报产品,为天气分析和预报提供高时空分辨率的数值预报数据。已有学者对 EC 细网格数值预报的降水、气温以及风等要素进行了检验和分析。如方艳莹等(2019)针对不同天气系统下 EC细网格对浙江沿海 10 m 风预报进行了评估,指出预报场和观测站点的相关性与站点地理位置、海拔高度和地形等有较大关系。吴俞等(2015)对 EC 细网格 10 m 风场在南海的预报能力进行了检验,分析了南海 4 个海岛站的风速预报偏差。杨亦萍等(2019)利用 EC 产品对影响浙江台风路径的预报进行了评估。万瑜等(2014)利用 EC 数值预报产品对乌鲁木齐一次东南大风过程进行诊断分析和预报产品释用,发现细网格产品在时空分辨率、预报准确率等方面均有较高的优势,对预报北方地区的大风具有指示意义。

GRAPES_MESO 是中国气象局自主研发的区域中尺度模式,自 2021 年后更名为 CMA-MESO,是中国预报各类天气系统和天气现象的重要参考模式。对 CMA-MESO 的降水和物理过程预报性能的检验评估结果显示,该模式在不同区域的差异较大,对中国东部的预报效果要好于西部、平原地区好于山区,对复杂地形影响下的降水预报能力偏弱(范元月 等,2022)。模式对同一地区的不同物理量预报效果也各有差异,表现为模式能够在一定程度上较好地描述强降水的发生发展过程,但对极端强降水和大风,或受地形影响的强降水和大风等预报能力有限。检验结果指出,CMA-MESO 模式对降水落区具有一定的预报能力,但对降水强度的预报存在显著误差。以上分析发现,目前研究对各数值模式的检验以气温和降水为主,对风预报的检验较少,尤其是在特殊地形区。

已有对数值模式在天气预报业务应用问题的研究表明,模式在天气预报方面的问题,主要表现在以下方面。如模式对初始观测值的处理,卫星资料的应用和同化,以及对非线性方程的求解问题,这些问题在低空大风天气的预报中尤其突出。数值天气预报结果对地形十分敏感,在青藏高原东南缘的西南地区,稀疏的观测数据在直接影响数值模式初始场精度的同时,也影响到数值模式对中小尺度天气系统的模拟能力,这些都会影响模式的运行结果,导致数值模式对风预报的不确定性增加(Danforth et al.,2007;张宇 等,2016;杨丽敏 等,2019)。

8.1.3　机器学习算法应用

机器学习算法在气象科学领域的推进,使其成为强天气智能监测预警的新方法。近年来数值模式和计算机技术快速发展,提高了强天气预警的时空分辨率和准确率,但模式在复杂地形区的应用仍然具有较大不确定性(张宇 等,2016)。机器学习是人工智能和大数据的核心,在数据挖掘、图像识别等领域发挥了重要作用,也成为"智慧气象"的关键技术。将机器学习技术引入到天气预报上,对于解决多模式系统误差和不确定性问题具有重大意义,成为数值预报的必要补充。应用表明,基于机器学习构建数据之间的关系模型,在台风、大雾和强降水的快速识别(李文娟 等,2018;史达伟 等,2018;路志英 等,2018)、预报结果订正(孙全德 等,2019;门晓磊 等,2019),以及多源数据融合上取得了较好效果。修媛媛等(2016)认为机器学习方法能够捕捉到对流发展中的非线性变化,在灾害性天气预警上表现出良好的性能。

多种机器学习算法已经逐渐应用到天气预报领域。如深度学习的卷积神经网络(Convolutional Neural Networks,CNN)、循环神经网络(Recurrent Neural Network,RNN)和长短时记忆网络(Long Short-Term Memory,LSTM)等,用于建立强降水(修媛媛 等,2016;路志英 等,2018)、大雾(苗开超 等,2019)等天气模型。相较于交叉相关法的雷达回波外推,深度学习能够有效捕捉降水系统的演变规律和运动状态,使预报准确率有较明显提高(郭瀚阳 等,2019)。韩丰等(2019)利用 RNN 建立的自编码模型,根据历史 0.5 h 雷达回波数据训练,预报未来 1 h 逐 6 min 的回波演变特征,结果表明,该方法可有效"学习"到雷达数据序列特征的内在联系。卷积神经网络在卫星图像分析上具有较好的应用前景,被用来判识积状云和云量检测,如瞿建华等(2019)使用 CNN 技术对(Earth Observation System,EOS)卫星数据进行全自动的云检测,发现云检测精度可达到 80%,比传统回波外推方法的准确率提高了 40%,但目前机器学习的这些算法在风场预报上应用非常少。

随着长期观测数据的积累,海量的数据存储,大数据分析逐步被应用到天气预报领域。在大数据和人工智能的发展中,机器学习通过多种数据关系构建天气学模型,在对流性天气系统和强降水的快速识别、数值预报订正中具有较好的应用效果。利用观测数据建立大风模型,成为预警大风的首选方法。为了实现大风的预报预警,李隆等(2021)根据大风发生的时间序列数据,采用 LSTM 的神经网络的机器学习算法,建立风速的预报模型,实现 1 h 左右的大风临近预报预警,通过数据分析和试验验证,建立 20 min、30 min 和 1 h 的大风预警模型。刘辉等(2011)开展了基于时间序列的非平稳模型、卡尔曼滤波、小波分析与神经网络的结合,进行铁路沿线风速的预测。

以上多种机器算法在进行天气预报时,已经关注到局地风速的变化,在特殊地形下进行了较多的试验应用,实现了大风的智能和精细化预报。但在一些算法模型的建立中,通常仅以多种气象观测为因子,未考虑大尺度环境背景与风速变化的关系,没有从风速变化的天气学原理基础出发,进行大风的预警研究,同时多种算法模型的预报效果还需要分析和检验。

8.2　大风的数值预报检验

EC 和 CMA-MESO 的预报产品为国内外天气预报提供了重要参考信息,在目前中国气象预报业务上备受关注。在此对这两个数值模式的大风预报结果进行检验,以说明模式在白鹤滩坝区的应用效果。CMA-MESO 模式实现对全国 192 部业务雷达资料的同化应用,而且同化了常规探空资料、局地近地面观测资料,以及大量卫星资料,进一步提升了模式的预报准确率,有效支撑了全国各省气象部门对局地强对流和极端天气的预报预警工作。

8.2.1　资料与方法

用于检验模式效果的地面实况风速资料,采用白鹤滩坝区新田站和马脖子站的小时极大风速,取 08 时和 20 时的 3 h 预报结果,即 11 时和 23 时的实况风速。坝区干季大风频繁,在此以 2020 年 12 月为代表,分析模式的 3 h 和 6 h 预报结果。

模式数据选取地表以上 10 m 高度的经向风和纬向风速,以每日 08 时和 20 时(北京时,下同)预报结果,预报时效为 3 h 和 6 h,资料时间为 2020 年 12 月 1—31 日。EC 模式预报产品的格点分辨率为 0.125°×0.125°。CMA-MESO 模式分辨率为 0.1°×0.1°,选取距离测站最近的格点风速值进行检验。

在风速等级的预报中,考虑到风速变化大,将风速等级上下浮动一级均当成正确,即判定为命中,用 Na 表示。当预报风力等级与实况风力等级的偏差大于 2 时,说明预报风速远大于实况风速,判定为空报,用 Nb 表示。当风力等级偏差小于 2 时,预报风速远小于实况风速,判定漏报,用 Nc 表示。在数值模式预报效果的客观检验评估方法上,国际上常用的参数有:成功预报概率(Probability of Detection,POD)、预报得分(Threat Score,TS)、空报率(False Alarm Ratio,FAR)、漏报率(Missing Alarm Ratio,MAR)和频率偏离指数(Frequency Bias Index,FBI)。各检验方法如表 8.1 所示。传统的相关系数(R)、均方根误差(Root Mean Square Error,RMSE)和平均偏差 BIAS 等统计学方法也常常用来分析预报结果与实际值之间的关系,用于客观定量地分析预报效果。

不同检验参数的含义不同,如成功预报概率 POD、预报得分 TS 介于 0～1,其值越接近 1,表示预报效果愈佳。R 和 R^2 表示预报与实况风速的相关性,值越大模式结果与实况相关性越好,即预报效果越好。FAR、MAR、FBI、RMSE 和 BIAS 等参数与前者相反,值越高预报效果越差,如空报率和漏报率越高而命中率越低,模式结果误差越大。TS 和 FAR 的评分方法参考唐文苑等(2017),ETS 和 POD 的检测方法参照廖荣伟等(2015)。

表 8.1 模式检验方法的部分公式列表

方法名称	计算公式
POD	Na/(Na+Nc)
TS	Na/(Na+Nb+Nc)
FAR	Nb/(Na+Nb)
MAR	Nc/(Nc+Na)
FBI	(Na+Nb)/(Na+Nc)

8.2.2　CMA-MESO 模式检验

干季是白鹤滩水电站大风频繁发生的季节。以 2020 年 12 月为例,分析 CMA-MESO 对坝区风速的预报效果。图 8.1 为 CMA-MESO 在新田站 08 时的 3 h 风速预报与实况对比,从图上看,CMA-MESO 模式预报坝区的风速与实况风速的波动大致趋势一致,如在 3—5 日的风速持续上升、17—20 日和 27 日的风速下降阶段。但在一些时段,预报效果不理想,如 13—17 日预报风速明显偏低于实况,出现连续 4 d 的漏报现象。

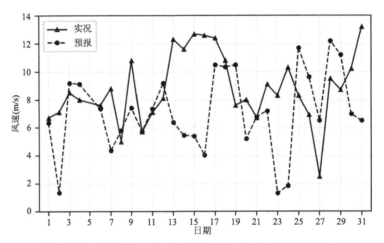

图 8.1　CMA-MESO 模式对新田站 2020 年 12 月逐日 08 时 3 h 风预报与实际小时最大风速

从新田站实时风速的变化上看,该模式的预报结果存在较大不稳定,在 3—5 日预报与实况最接近,预报效果优。但在 13—17 日预报结果误差很大,偏低于实况 6～8 m/s,表现为预报风速比实际风速偏小,出现连续的 6 级大风漏报。相反,在 25—29 日,预报风速偏大 2～4 m/s。在 12 月 31 日 11 时新田站出现当月的最大风速,为 13.2 m/s,但相应的预报风速仅为 6.5 m/s,预报偏差非常大,当天该数值预报为漏报事件。实况的较小风速分别为 2.5 m/s、5.0 m/s 和 5.7 m/s,分别出现在 12 月 27 日、12 月 8 日和 12 月 10 日,对应模式的预报风速分别为 6.5 m/s、5.8 m/s 和 5.7 m/s,表现为模式对 2～3 m/s 的低风速预报不确定,但对 5～6 m/s 的风速预报效果较好。总体来说,CMA-MESO 预报对坝区风速变化反应能力较差,对较大风速的预报结果偏低,尤其是 6 级以上的大风,对较小风速值的结果相对较好。通过以上的检验分析也发现,CMA-MESO 的预报结果没有普遍的规律性,以致该模式在坝区大风的应用受到限制。

　　分析 CMA-MESO 对白鹤滩水电站 20 时风速的预报结果。从图 8.2 上分析,新田站逐日 3 h 最大风速的预报与实况风速变化曲线相近,预报和实况的风速在某些时段较吻合,如 8—9 日、11 和 23—24 日。但在其他时段风速的波动变化与数值预报结果相似性较小,模式预报该月最大风速值偏小,但在 3 日、17—20 和 29—30 日又出现严重偏高的现象。如 22 日当月实况风速最大为 10.9 m/s,而预报风速仅为 2.6 m/s,误差在 8.3 m/s 左右,为漏报事件。在实况风速较小时,如在 5 日、19 日和 20 日新田站风速为 3.8 m/s、4.1 m/s 和 4.4 m/s,模式的预报结果分别为 2.3 m/s、13.5 m/s 和 11.4 m/s,出现一次命中和两次空报,说明模式对强风速预报的效果差。由此可知,CMA-MESO 模式对水电站坝区 20 时的风预报结果不理想,且模式不稳定性较高。

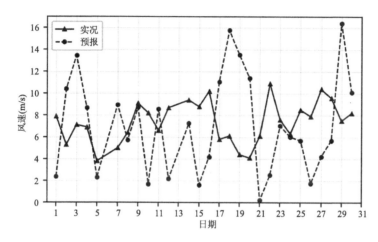

图 8.2　CMA-MESO 对新田站 2020 年 12 月逐日 20 时 3 h 预报与实况小时最大风速曲线

　　通过以上 CMA-MESO 对白鹤滩水电站大风季 08 时和 20 时风速预报结果的检验,表明虽然该模式能够在白鹤滩坝区捕捉到了一些强风和弱风过程信息,但经常出现与实际风速波动不吻合的现象。该模式对坝区风速的预报结果不理想,在低风速时模式的风速预报效果略好,随风速增大,预报效果明显降低,对强风的预报效果差。同时,CMA-MESO 模式的预报结果不稳定,风速偏高和偏低的情形随机出现,规律性不强,不利于对模式风速产品的修正,也影响到模式在水电站坝区的推广和应用。

8.2.3　EC 模式检验

　　分析 EC 模式对坝区干季大风的预报结果。从表 8.2 可分析,在 2020—2021 年干季 EC 模式对新田站风速预报结果进行检验。其中模式的 3 h 预报结果显示,以命中和漏报为主,占总次数的 79%,除 1 月外,POD 均高于 0.5,较高漏报值导致预报评分不理想。统计结果表明,各月预报风速和实际风速的均方根误差偏高,预报与实况风速值的相关系数在 1—3 月较低,大致在 0.23～0.36,在 11—12 月略高,相关系数达 0.4 以上。

　　对于 6 h 的预报,EC 模式的空报和漏报次数相近。POD 明显比 3 h 预报结果好,各月均高于 0.5。其余预报评分同 POD 相似,表现相当稳定。统计数据显示,EC 模式对新田站风速预报值和实况值的均方根误差与 3 h 预报相比略偏高。预报与实况的相关系数 11 月,12 月和 1 月偏高,2—4 月偏低。3 月的相关性最低,与 3 h 的预报结果大致相同。

　　分析 EC 模式对坝区马脖子站风速的预报评分结果。从表 8.3 中可以看到,在 3 h 预报中,预报评分除1月外,其余月份表现与新田站近似。预报事件以命中和漏报为主。POD表现同新田站3h预报效果相近,POD值均为高于0.5,1月命中次数在大风预报事件里最少。12月与4月的空报事件较少,即空报率较低。统计方面,预报的均方根误差仍偏高。EC模式对马脖子站风速预报与实况风速的相关性在11月至次年1月偏高,相关系数大于0.3,在2—4月相关系数低于0.1,与新田站6h预报相似。在1月虽然预报评分略差,但相关性在6个月内较强,为0.76。各月的预报偏差处于较低水平。

表8.2　EC模式对新田站2020—2021年干季风速预报评分

时效	月份	Na	Nb	Nc	POD	TS	FAR	MAR	FBI	R	R²	RMSE	BIAS
	11	31	17	11	0.74	0.53	0.35	0.26	1.14	0.49	0.24	4.95	−0.59
	12	40	2	20	0.67	0.65	0.05	0.33	0.70	0.47	0.22	4.97	2.70
	1	30	10	19	0.61	0.51	0.25	0.39	0.82	0.36	0.13	6.00	1.67
3 h	2	30	10	14	0.68	0.56	0.25	0.32	0.91	0.28	0.08	5.20	1.02
	3	41	8	13	0.76	0.66	0.16	0.24	0.91	0.23	0.05	4.72	0.56
	4	37	5	16	0.70	0.64	0.12	0.30	0.79	0.27	0.07	5.41	2.32
	共	209	52	93	0.69	0.59	0.20	0.31	0.86	0.39	0.15	5.18	1.29
	11	35	17	7	0.83	0.59	0.33	0.17	1.24	0.44	0.19	5.45	−1.65
	12	44	7	10	0.81	0.72	0.14	0.19	0.94	0.47	0.22	4.70	1.22
	1	33	14	12	0.73	0.56	0.30	0.27	1.04	0.44	0.19	5.12	−0.01
6 h	2	28	16	10	0.74	0.52	0.36	0.26	1.16	0.27	0.07	5.58	−1.18
	3	40	10	12	0.77	0.65	0.20	0.23	0.96	0.15	0.02	5.29	−0.51
	4	37	10	11	0.77	0.64	0.21	0.23	0.98	0.24	0.06	4.92	−0.41
	共	217	74	62	0.78	0.61	0.25	0.22	1.04	0.39	0.15	5.14	−0.40

表8.3　EC模式对马脖子站2020—2021年干季风速预报评分

时效	月份	Na	Nb	Nc	POD	TS	FAR	MAR	FBI	R	R²	RMSE	BIAS
	11	39	13	7	0.85	0.66	0.25	0.15	1.13	0.58	0.33	4.01	−0.71
	12	48	3	11	0.81	0.77	0.06	0.19	0.86	0.49	0.24	3.97	1.89
	1	28	16	15	0.65	0.47	0.36	0.35	1.02	0.30	0.09	5.71	0.62
3 h	2	35	8	11	0.76	0.65	0.19	0.24	0.93	0.35	0.12	4.50	0.85
	3	36	11	15	0.71	0.58	0.23	0.29	0.92	0.08	0.01	5.25	0.53
	4	35	6	17	0.67	0.60	0.15	0.33	0.79	0.21	0.04	5.39	2.01
	共	221	57	76	0.74	0.62	0.21	0.26	0.94	0.37	0.14	4.82	0.87
	11	34	22	3	0.92	0.58	0.39	0.08	1.51	0.52	0.27	4.87	−1.89
	12	43	7	11	0.80	0.70	0.14	0.20	0.93	0.53	0.28	4.13	0.80
	1	37	16	6	0.86	0.63	0.30	0.14	1.23	0.46	0.21	5.06	−0.73
6 h	2	29	17	8	0.78	0.54	0.37	0.22	1.24	0.19	0.04	5.74	−1.09
	3	40	12	10	0.80	0.65	0.23	0.20	1.04	0.05	0.00	5.36	−1.10
	4	29	17	12	0.71	0.50	0.37	0.29	1.12	0.17	0.03	5.09	−0.69
	共	212	91	50	0.81	0.60	0.30	0.19	1.16	0.37	0.14	5.02	−0.77

分析 EC 模式对马脖子站 6 h 的风速预报,发现预报大风事件发生次数最多的为命中,最低为漏报。其中 1 月、3 月和 4 月不同于 3 h 预报,主要体现在空报事件的发生次数。1 月命中次数偏多而漏报次数相对较少,3—4 月的空报次数增多致使其略高于命中次数。因此,3—4 月的 6 h 空报率有所增加,1 月的 POD 和 TS 较 3 h 预报有些提高,统计方面表现与 3 h 预报近似。

综合以上对 CMA-MESO 和 EC 两个数值预报模式在白鹤滩水电坝区大风预报的检验,说明两个模式都能够捕捉到一些强风和弱风信息。这来源于数值模式对影响坝区高空大范围环流形势、冷暖空气作用,以及对低空锋面和切变线的较准确判断,这为地面大风的预报提供了一些有益的参考信息。

对模式的应用检验也发现,两个数值模式预报风速时,经常与实际风速的波动变化不相吻合,说明复杂地形加剧了风预报的难度。模式对水电站峡谷区大气流场的表现能力弱,受中小尺度天气系统的影响,模式预报风速的不确定性增大,较难直接用于坝区大风天气的预警。具体表现在,CMA-MESO 模式对风速预报值比实际偏小,尤其是在大风时段,而且对弱风的预报值偏高。客观评价显示,EC 模式 08 时的结果优于 20 时。CMA-MESO 在 20 时风速的空报率较高。对比两个模式的预报结果,CMA-MESO 模式在 08 时预报优于 EC 模式,但 20 时预报劣于 EC 模式。

8.3　基于机器学习的风速预报

机器学习是基于多个学科领域的先进计算分析技术,涉及统计学,概率论和计算机科学等,它是人工智能的核心,是使计算机具有智能应用的根本途径,多种机器学习算法逐渐开始应用于天气预报中。机器学习的根本目的是基于历史数据构建模型,利用模型对新的数据进行预测判断和分析。根据学习任务的不同,机器学习算法可以分为分类学习、回归学习和聚类学习等多种类型。

8.3.1　机器学习算法

在此通过广泛的调研,并根据机器学习的算法特点和实现途径,共选取了其中经典的分类机器学习算法。以下对用到的逻辑回归和随机森林算法进行分析说明,用来建立白鹤滩坝区大风天气分类识别与预报的模型。

(1)逻辑回归

逻辑回归(Logistic Regression)模型是一种基于统计学的多元线性回归模型。与线性回归不同的是,逻辑回归输出的不是具体的值,而是一个概率,实现对结果预测的分类模型。逻辑回归常用于二分类,因其简单、可并行化,以及可解释性强,被大家广泛应用。

在大风的预警预报中,将 7 级以上大风发生与否作为模型输出结果,大风发生记为标签 1,不发生记作标签 0,将影响大风发生的各气象因子作为模型特征的输入。设大风发生的概率为 P,则大风不发生的概率为 $1-P$,取自然对数 $\ln\left(\dfrac{P}{1-P}\right)$,建立线性回归方程(8.1)如下:

$$Z=\theta_0+\theta_1 x_1+\theta_2 x_2+\cdots+\theta_n x_n \tag{8.1}$$

式中,θ_0 为常数,θ_1、θ_2、$\cdots$、θ_n 为回归系数,x_1、x_2、$\cdots$、x_n 为自变量。通过 Sigmoid 函数将原本的值域映射到 $[0,1]$ 区间内。7 级大风发生的概率 P,用公式(8.2)表示。

$$P=\frac{e^z}{1+e^z} \tag{8.2}$$

式中,若设 0.5 为临界值,当 $P > 0.5$ 时,即模型输出为 1。当 $P < 0.5$ 时,模型输出为 0。

(2)随机森林

随机森林(Random Forest)是常用的建立模型的算法。该算法是由统计学家 Leo Breiman(2001)提出来的,实质是将多个树模型合并在一起,每棵树的建立依赖于独立抽取的样本,基于投票法决定分类的结果。随机森林的算法增加了学习器的多样性,提升了模型的泛化性能。

随机森林的训练过程如下:

①假定训练数据集为 $D = \{x_1, x_2, \cdots, x_n\}$,特征维度为 N,首先确定训练分类树的数量为 m,每个节点使用到的特征数量为 f。终止条件为当切分后的损失减小值小于给定的阈值 e。

②在 D 中随机放回采样,共进行 m 次采样,生成 m 个训练集。

③对选出的 m 个训练集分别训练 m 个分类树模型,依次遍历训练集每个特征 j 和该特征中的每个值 v,计算每个切分点的损失函数。损失函数表示式如式(8.3)所示。

$$\min\left[\sum_{x_i = R_i} (y_i - C_1)^2 + \sum_{x_i \in R_2} (y_i - C_2)^2 \right] \tag{8.3}$$

式中,R_i 和 R_2 为 (j, v) 得到的两个划分子集,x_i 为特征变量的值,y_i 为观测值,C_1,C_2 分别为 R_i 和 R_2 区间内的输出平均值。最终选择损失函数最小点 (j_0, v_0) 作为切分点。

④针对每棵回归树,不断重复②,③,直到达到终止条件。

⑤生成的 m 棵决策树组成随机森林,最后投票确认分到哪一类。

8.3.2 大风预报模型

机器学习方法是建立强天气识别模型的关键技术,选择合适的算法,确定输入参数类型,进行模型结果的误差分析和评价检验,是机器学习在天气预报领域的关键技术问题。气象研究中常用的机器学习算法包括:随机森林、支持向量机,以及卷积神经网络 CNN 和循环神经网络 RNN 等。这些算法在强天气预警中都有较高的准确率,且训练结果稳定,在解决分类问题上尤其有优势(李文娟 等,2018;David et al. ,2016)。机器学习算法原理有较多参考文献,在此不再赘述。

互动性和面向对象的 Python 脚本语言,可以植入机器学习的多个算法模块,包括随机森林、CNN 和循环神经网络 RNN 等。通过 Python 语言的 Scikit-Learn 模块库中 RandomForestClassifier、CNN 和 RNN 等模块可以实现以上算法操作。

在建立坝区大风预报模型的过程中,参考图 8.3 进行。以坝区 2018—2020 年风速观测数据为训练集,对地面观测的气压、湿度和温度,以及高空的探测结果进行时空匹配。选择图中的各气象参数,以及各参数的变率作为输入量,以坝区测站风速或风力等级为标签,作出模型输出量。采用混合采样方法进行样本平衡处理。利用随机森林、卷积神经网络和循环神经网络等机器学习和深度学习算法,进行算法和参数类型试验,最后择优建立风速的识别模型。

以 2021 和 2022 年坝区地面观测的大风事件为检验集,采用命中率、误警率和技巧评分等参数,检验模型准确率,并对建立的模型在强风易发的马脖子站进行应用和检验。根据各参数对模型的重要性排名,选择前 4～6 个作为特征参数。根据特征参数在 7 级以上大风事件中的概率分布模态,还可以确定各参数的阈值。

8.3.3 基于逻辑回归的预报模型

在此采用机器学习的逻辑回归算法,以白鹤滩水电站坝区上游葫芦口大桥站的 3 h 风速

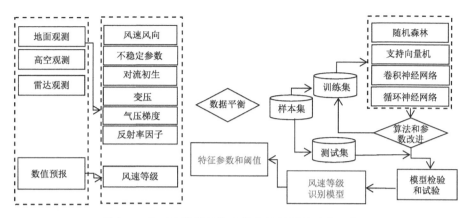

图 8.3　基于机器学习算法的大风预报模型建立流程

预报为例,进行模型建立和结果分析的说明。模型的样本集为 2018—2020 年干季葫芦口大桥站观测数据,输入的气象要素分别为气温、相对湿度、气压、露点温度、表层地温、10 cm 地温、20 cm 地温和 40 cm 地温,及以上气象因子的 3 h、6 h、9 h 和 12 h 变量,共计气象要素有 40 个。将"是否发生 7 级以上大风"作为目标变量,40 个气象要素作为特征变量。通过该站的各气象要素来预测未来 3 h 7 级以上大风是否发生,判断 7 级以上大风发生的概率大小。预测 y $=1$(发生 7 级以上大风)概率(P)如公式(8.4)所示。

$$P = \frac{1}{1+\mathrm{e}^{-(k_0+k_1 x_1+k_2 x_2+\cdots+k_{40} x_{40})}} \tag{8.4}$$

式中,P 为 7 级以上大风发生的概率,k_0 为截距,$k_i(i=1,2,\cdots,40)$ 为各气象要素的回归系数,$k_0=1.71$。表 8.4 为基于葫芦口大桥站样本数据,建立的 3 h 风速预报模型前 10 个因子的回归系数,并对回归系数的绝对值大小进行了重要性排名。结果发现,该站的风速预报模型中,湿度对风速的影响排名第一,其次是地表温度和 6 h 湿度变化,表明这些因子与风速变化密切相关,对风速变化的影响最关键,且与前面分析的冷空气活动和环境湿度是大风天气形成的重要原因相一致。且多次模型试验的结果都一致地表现为以上因子排名靠前,且较为稳定。

表 8.4　葫芦口大桥站 3 h 风速逻辑回归预报模型的前 10 个回归系数

序号	1	2	3	4	5
气象因子	湿度	地表温度	6 h 变湿	12 h 40 cm 地温差	9 h 40 cm 地温差
回归系数	−7.504	1.414	0.990	−0.831	0.789
序号	6	7	8	9	10
气象因子	40 cm 地温	10 cm 地温	3 h 变湿	3 h 40 cm 地温差	6 h 40 cm 地温差
回归系数	−0.767	−0.671	0.568	0.567	0.451

在坝区风速预报模型完成搭建后,需要对模型的优劣性进行评估。表 8.5 为基于逻辑回归模型的葫芦口大桥站 3 h 风速在 2021 年的预报评分,其中 TS 评分值为 0.69,命中率 POD 达 0.77,空报率 FAR 为 0.26,漏报率 MAR 为 0.23,假预警率 FPR 为 0.30。由以上客观评分结果可以看出,逻辑回归模型对葫芦口大桥站 3 h 风速的预报,命中率较高,且漏报率低,预报效果较好,对该区域 7 级以上大风天气具有一定的识别能力。

表 8.5　葫芦口大桥站 3 h 风速多元线性回归预报模型 2021 年的检验评分

检验参数	TS	POD	FAR	MAR	FPR
评分结果	0.69	0.77	0.26	0.23	0.30

8.4　大风预报预警关键技术

为了不断提高白鹤滩水电站大风的预报预警技术水平,根据对坝区大风天气特征的认识,在此归纳了坝区大风天气预报预警有益的关键技术。坝区一年四季盛行偏北大风,尤其是在干季,偏北大风的预警是大风预报的关键,也是坝区大风关注的焦点。但是在夏季坝区多晴热天气,由于受青藏高原和云贵高原复杂的地形影响,以及金沙江河谷的热力效应影响,午后易产生局地性和突发性的短时强雷暴、冰雹和强降水等对流性天气,经常伴随大风,且骤起骤停。夏季的这类对流性大风历时短,生成到消亡的时间在几十分钟到 2 h,但危害性大,是大风预报预警的核心。在此针对干季偏北大风和雨季的雷暴大风两类大风天气,基于前文的研究结果,结合现场预报人员的工作经验,归纳总结坝区大风预报的关键技术。

8.4.1　干季大风

根据本书第 4 章对水电站坝区多次大风天气的分析研究,发现对流层的低槽是影响大风的关键天气系统。大风天气中,坝区上空经常表现为受对流层顶西风急流带辐散环流的影响,在上游的青藏高原和孟加拉湾地区有低槽发展东移,或者在中国西北,乃至更北地区出现东西向的大横槽。受高原低槽和南支槽过境,或者北方横槽转竖南压的影响,坝区在干季易出现偏北的大风。在对坝区偏北大风天气的预报预警中,需要关注北方冷空气向南入侵的影响。将 500 hPa 环流形势和冷空气作用相结合,概括出坝区大风天气的环流模型。三种重要的影响坝区大风的环流配置模型分别为:500 hPa 南支槽与低空东路回流冷空气相作用,高原低槽与北方路径冷空气相作用,以及北方大横槽与西北路径冷空气相作用。

因此,在对干季低槽类偏北大风的预报预警中,需要关注的天气系统为:500 hPa 青海南部到拉萨附近,孟加拉湾北部,以及新疆及以北地区的低槽发展。以上低槽缓慢东移到坝区或以北地区,坝区位于槽前时,易出现大风。大风天气中,在 700 hPa 高度上四川盆地上空有切变线生成,并向东南移动经过坝区,切变线后部有明显的偏北风和冷平流向南渗透,同时与来自孟加拉湾或南海的偏南暖湿气流在坝区及周边交汇。在地面图上,坝区受强冷空气的影响,冷空气取不同路径,在坝区附近形成强气压梯度区,主要冷空气移动路径为北方路径,即冷空气先经秦岭进入四川盆地,再到达坝区。另一条重要的冷空气路径为东北路径,或称回流路径,指冷空气先经重庆东部,再经云南西部回流到坝区。影响坝区的次要冷空气路径为西北路径,指冷空气直接从青藏高原东南部移动影响坝区,这个冷空气移动路径造成的降温幅度较小,最大风力相对偏弱。

水电站坝区除受到强的偏北大风影响外,在全年时有偏南大风发生,特别是在干季的 3—4 月,但发生频率较低。对于坝区的偏南大风,多发生在较强冷空气影响前的 24～72 h,其 500 hPa 环流形势与偏北大风相似,在 500 hPa 高空流场上表现为高原南部有低槽东南移,且更多受到副热带高压东退形势的影响,坝区位于副热带高压西北侧。在 700 hPa 环流场上,发生偏北大风时,坝区附近为弱西南气流或偏北气流,而发生偏南大风时,700 hPa 环流场上西南气流稳定持续增强,较大范围的西南急流维持,在盆地西部和北部有切变线发展,切变线后部有冷平流增强。对应地面图上贝加尔湖到河套地区,有等压线密集带引导强冷空气南下,在四川盆地到坝区附近形成较强的热低压中心,坝区处于热低压的西侧或西南侧。同时数值预报在对流层低层也有明显反应,体现在 700 hPa 风场上,坝区附近风速明显增强,能够达到西南急流强度以上。与偏北大风不同的是,坝区的偏南大风经常表现为在晴空条件下,西风带上有强而宽广的急流带,动量下传的作用明显,且对流层风的垂直切变较强。相反,偏北大风可以发生在晴空天气,也可发生在阴冷天气,或者强降雨天气中。偏北大风发生时,通常表现为西南风呈减弱南退的趋势,偏北气流明显南压并影响到坝区。

8.4.2　夏季强对流大风

坝区在夏季出现强对流天气时,经常伴随雷暴大风天气。强对流大风天气的环流形势表现为在 500 hPa 有低槽影响,尤其是高原槽牵引低涡,并配合地面冷锋或冷空气南下。因此,对流层中低层 700 hPa 高度上,在巴塘或九龙附近生成的西南低涡对大风影响最为重要,或者在川西有切变线配合高空急流,同时,从孟加拉湾到坝区或南海到坝区的水汽输送通道通畅。

夏季强对流天气是中尺度天气系统作用的结果。在坝区产生大风天气时,一般低层 700 hPa 有 2～4 个相邻站点出现小尺度辐合,500 hPa 坝区处于副热带高压的西北侧,副高维持少动。坝区地面维持高热高能状态,表现出强的位势不稳定能量。坝区的强对流大风多伴有雷暴及短时强降水,极大风速的出现与 700 hPa 低涡和切变线过境基本同步。在卫星云图上,坝区上空有中尺度对流云团发展形成时,对应的天气雷达回波上有 40 dBZ 以上的强回波覆盖并影响到坝区,坝区易产生强对流大风天气。

夏季强对流大风天气在坝区表现为发生地不确定,预报时效短,可预报性较差。在对强对流大风天气的预报中,往往需要借助雷达回波和大气电场仪的精细化监测,从以下信息中确定大风天气的发生和变化。① 大气电场仪监测到异常信息;② 坝区附近 10 km 内发现点状或块状雷达回波,并快速向坝区靠近;③ 700 hPa 高度坝区上游或西部有 2～4 个相邻站点出现中小尺度辐合,且呈发展趋势;④西昌站的 T-$\ln p$ 图上有强的不稳定能量;⑤坝区地面呈高热高能,即气温偏高和湿度偏大的状态。

8.4.3　预报技术关键点

在春、夏和秋季,副热带天气系统非常活跃,同时与北方南下的冷空气在坝区附近相对峙,促进坝区大风天气的形成和发展。这些副热带系统主要是副热带高压和台风。当副热带高压稳定维持,且位于坝区的东南侧时,坝区受副高西侧偏西南急流的影响,经常出现大风天气。此外,在夏季和秋季,受登陆后西行台风的影响,或者东风波倒槽的影响,坝区也易出现大风天气。

在副热带高压活跃的季节里,坝区因受副热带天气系统的影响,与冬季大风的环流形势有很大不同。春季大风的预报中,主要考虑西南季风增强北抬,配合副热带天气系统发展,容易产生春季偏南大风,有冷空气影响时易产生偏北大风。在夏季,主要是副热带天气系统外围的天气尺度系统过境、中小尺度系统影响和局地强对流天气影响产生大风。秋季是在西南季风减弱南调的过程中,冷暖气团交替发展,偏南大风明显减弱,对流性大风也开始减弱,秋季初期南北气流呈对峙状态,秋季后期主体以冷空影响为主。

对于副热带系统对坝区大风的影响,在环流形势背景上,表现为 500 hPa 高度坝区位于副热带高压的西北侧,或者 500 hPa 和 700 hPa 高度上,在云南东部、贵州和广西一带有台风登陆后的强低压中心,或者在低压中心北部的低层有倒槽发展。对于坝区在副热带高压和台风影响下的大风天气,通常在卫星云图上能够看到副热带高压的维持和移动,以及台风登陆后外围云系的发展态势,这些变化特征可为进行坝区大风天气预报预警提供直接的信息。

综上所述,在坝区大风的预报预警中,以地面观测气象要素为基础,需要综合利用常规探测资料、卫星云图、雷达回波和大风预报经验指标等各种信息进行分析。考虑数值预报对高空和地面环流形势的重要作用,可根据风压定律初步判断未来风的变化趋势。同时,地形、热力环流和动量的上下交换,以及历史相似个例的风速变化规律等因素,也可以为开展大风的预报提供参考依据。有大风天气发展时,天气实时监测和会商有利于准确判识大风等级,用于预测风力是否将达到 9 级或以上等级,以及大风等级的持续变化,或者大风将停止。

在大风天气的预报预警中,具体重点分析以下内容:

(1)天气形势分析:从 500 hPa 和 700 hPa 的天气形势变化,判断是否有利于引导北方冷空气南压的环流机制,判断是否有利于本地产生强对流天气发生的机制。

(2)气压场分析:从地面气压场实况,根据高空引导气流、地面气压场的数值预报结果,判断未来的气压场变化,特别是本地气压梯度方向、大小及气压增减,进一步判断未来风向风速的变化趋势。

(3)数值预报产品应用:利用 700 hPa 风场预报,以及气温场预报,分析周边风场,冷暖平流的分布、强度和变化特征,并利用 700 hPa 风场预报值订正未来风速变化。

(4)卫星云图分析:通过卫星云图,分析坝区上游和周边地区是否有强对流云团发展,判断强对流云团影响本地的时间和强度。

(5)统计资料的应用:根据历史大风观测数据对区域性大风的影响因素进行分析,找出当地大风天气的变化规律,为大风预报提供支持。

(6)雷达资料的应用:充分利用多普勒天气雷达的观测,重点关注回波图像上是否出现钩状、指状、带状回波和弓形回波,以及雷暴单体回波或雷暴群回波的发展,或者在径向速度场上出现中气旋、辐合线等系统,以及速度模糊区和逆风区等特殊现象。对风廓线雷达的探测数据,需要关注是否有中小尺度天气系统过境,过境时间和强度,重点关注大气折射率结构常数是否有异常增加。

8.5 大风预报预警技术展望

大风天气在水电站峡谷地形区非常频繁,容易产生严重的灾害,长期以来受到水电行业的关注。天气预报广泛应用的数值预报和主观预报方法,应用到水电站的大风预报预警中难以达到很好的效果。实现水电站大风天气的精细化预报在较长时间内都是气象预报领域面临的关键问题。

未来在水电站峡谷区开展以下方面的工作,对于提高水电站坝区大风天气的精细化预报预警技术水平,是有效的方法和途径。

8.5.1 多源立体探测和数据质量控制

风速和风向监测是大风预警的前提和保障。在预报准确率不能满足需求的情况下,及时的监测可以快速反应地面风速的变化,为大风灾害预警提供补救措施,能够有效减少灾害的损失。水电站地形非常复杂,在河谷上下游建设加密观测站的同时,增加风廓线雷达和天气雷达等高精度先进的梯级立体观测设备,可以准确掌握风场垂直变化和瞬时变化特征,为大风的监测和预警提供重要参数。同时复杂地形下的数据质量控制也是数据应用的前提。

8.5.2　客观环流分型和精细识别技术

现有对大风环流形势的客观分型方法,以 500 hPa 高度场为基础,采用中东亚地区南北两个不同区域多个格点的位势高度值,进行环流形势的客观分析,并且按干季和雨季判识出不同位置的低槽。到了 700 hPa 高度以下,环流形势更加复杂多变,但且受高海拔和地形的影响,天气系统影响的区域小,环流形势特征不明显。客观分析方法在对流层中下层,甚至更低层的环流形势分析中,很难达到应用的效果。在未来的工作中,可以针对次天气尺度和中小尺度环流形势开展研究,获取水电站对流层中低层的精细环流信息。

8.5.3　大风预报预警的基础技术研究

已有研究从有利于水电站大风发生的环境条件出发,提出了预警大风的重要环境参数,用于进行大风的预报预警。但是已获取的参数类型多样,在不同季节的大风天气变化中,参数类型和各参数的阈值差异较大,导致大风的预报具有极大的不确定性。基于环境条件进行的大风预报是一定概率条件下的潜势预报,具有一定的主观性,预报结果有差异。在未来较长时间内,针对水电站特殊地形下的大风形成机制进行研究,建立预警大风的环境参数和准确阈值,可以为大风的预报预警提供更高准确率的信息。

8.5.4　客观智能的大风预报预警技术

人工智能(AI)技术已经进入了各行各业,并成为解决复杂和随机问题的重要手段,推进人工智能和大数据分析在水电站大风预报预警上的应用,是大风预报预警技术的必然发展方向。高时空分辨率的遥感和地面气象探测数据,为机器学习和人工智能的大数据分析提供了海量的数据条件。在这些前提条件下,基于机器学习算法和 AI 的客观智能预报技术,是未来提高强天气监测预警准确率的新方法,必然也是水电站大风预报预警新技术的发展方向。未来推进人工智能的大风预报方法技术,将是解决水电站大风预报的重要手段。

参考文献

边巴卓嘎,普次仁,德吉白珍,等,2022.三次南支槽背景下西藏南部地区暴雪天气对比分析[J].高原科学研究,6(2):11-20.

曹辉,张继顺,陈翠华,2018.白鹤滩水电站水文要素特征分析[J].水力发电,44(6):35-37.

常美玉,向卫国,钱骏,等,2020.成渝地区空气重污染天气形势分析[J].环境科学学报,40(1):43-57.

陈红玉,高月忠,尹丽云,等,2016.强降水过程风廓线雷达资料的极值特征[J].气象科技,44(1):87-94.

陈林琳,王典,叶乔,等,2017.近50年雅安降水变化特征及小波分析[J].西南师范大学学报,42(11):25-30.

陈双,王迎春,张文龙,2016.北京香山"7·29"γ中尺度短时局地大暴雨过程综合分析[J].暴雨灾害,35(2):148-157.

戴泽军,李易芝,刘志雄,等,2014.1961—2013年湖南夏季高温气候特征[J].干旱气象,32(5):706-711.

邓伟涛,段雯瑜,何冬燕,等,2015.夏季淮河流域大气环流型在降水趋势预测中的应用[J].大气科学学报,38(3):333-341.

邓振镛,张强,倾继祖,等,2009.气候暖干化对中国北方干热风的影响[J].冰川冻土,31(4):664-671.

董安祥,胡文超,张宇,等,2014.河西走廊特殊地形与大风的关系探讨[J].冰川冻土,36(2):347-351.

东高红,吴涛,2007.垂直积分液态水含量在地面大风预报中的应用[J].气象科技,35(6):877-881.

杜寿康,唐国勇,刘云根,等,2022.不同立地环境下金沙江干热河谷各区段植物多样性[J].浙江农林大学学报,39(4):742-749.

段雯瑜,陈敏东,黄山江,等,2020.融合Lamb-Jenkinson分型法和LSTM神经网络的$PM_{2.5}$预测研究[J].环境科学与技术,431(1):92-97.

段雯瑜,邓伟涛,2014.淮河流域大气环流型在冬季气温预测中的应用[J].气象与减灾研究,37(1):6-12.

范兰,吕昌河,杨彪,2014.近15 a中国气温变化趋势分析[J].沙漠与绿洲气象,8(5):34-38.

樊李苗,俞小鼎,2020.杭州地区夏季午后雷暴大风环境条件分析[J].气象,46(12):1621-1632.

范维,居志刚,2013.白鹤滩水电站坝区大风特征分析[J].人民长江,44(19):32-35.

范元月,张家国,枚雪彬,等,2022.三峡坝区一次冬季持续性晴空大风的成因分析[J].暴雨灾害,41(2):184-191.

樊志超,高继林,王治平,等,2006.湘西北山区夏季冰雹云多普勒雷达定量判别指标[J].气象,32(12):50-55.

方艳莹,申华羽,涂小萍,等,2019.ECMWF细网格对浙江沿海10 m风预报性能评估[J].中国农学通报,35(13):119-125.

费海燕,王秀明,周小刚,等,2016.中国强雷暴大风的气候特征和环境参数分析[J].气象,42(12):1513-1521.

高涛,李一平,王健,等,2016.2002—2015年内蒙古大范围、强沙尘暴环流形势的分型特征[J].内蒙古气象,(2):3-8,12.

顾天红,杜小玲,李力,等,2022.基于探空资料的西南区域暴雨环境参数统计分析[J].中低纬山地气象,46(2):27-32.

郭瀚阳,陈明轩,韩雷,等,2019.基于深度学习的强对流高分辨率临近预报试验[J].气象学报,77(4):715-727.

郭弘,林永辉,2018.华南暖区暴雨中一次飚线过程的数值模拟[J].海峡科学(8):17-22.

韩丰,龙明盛,李月安,等.2019.循环神经网络在雷达临近预报中的应用[J].应用气象学报,30(1):61-69.

何平,朱小燕,阮征,等,2009.风廓线雷达探测降水过程的初步研究[J].应用气象学报,20(4):465-470.

候启,张勃,何航,等,2020.气候变化对甘肃河西地区干热风特征的影响[J].高原气象,39(1):162-171.

胡月宏,艾力·买买提明,宗飞,等,2017.新疆戈壁地区近地面大气折射率结构常数观测对比[J].中国沙漠,37(6):1237-1239.

霍治国,尚莹,邬定荣,等,2019.中国小麦干热风灾害研究进展[J].应用气象学报,30(2):129-141.

黄海波,陈春艳,陶祖钰,2013.2007年2月28日新疆强风天气成因分析[J].北京大学学报,49(5):799-805.

黄卓禹,2015.湖南省持续性高温事件的气候特征及影响因子研究[D].兰州:兰州大学.

贾春晖,窦晶晶,苗世光,等,2019.延庆-张家口地区复杂地形冬季山谷风特征分析[J].气象学报,77(3):475-488.

姜琳,冯文兰,刘志红,等,2014.FY-3A/MERSI与MODIS的温度植被干旱指数反演及对比分析[J].水土保持研究,21(3):231-234,241,321.

姜平,刘晓冉,朱浩楠,等,2019.复杂地形下局地山谷风环流的理想数值模拟[J].高原气象,38(6):1272-1282.

雷蕾,孙继松,王国荣,等,2012.基于中尺度数值模式快速循环系统的强对流天气分类概率预报试验[J].气象学报,70(4):752-765.

雷蕾,孙继松,魏东,2011.利用探空资料判别北京地区夏季强对流的天气类别[J].气象,37(2):136-141.

李国翠,刘黎平,张秉祥,等,2013.基于雷达三维组网数据的对流性地面大风自动识别[J].气象学报,71(6):1160-1171.

李红,马媛媛,杨毅,2015.基于激光雷达资料的小波变换法反演边界层高度的方法[J].干旱气象,33(1):78-88.

李华宏,曹杰,杞明辉,等,2012.雷达风廓线反演在云南强降水预报中的应用[J].高原气象,31(6):1739-1745.

李华宏,薛纪善,王曼,等,2007.多普勒雷达风廓线的反演及变分同化试验[J].应用气象学报,18(1):50-57.

李隆,王瑞,张惟皎,2021.基于LSTM的高铁大风预测模型及算法研究[J].研究与开发,30(2):18-21.

李奇松,张建华,2021.双流区1961—2019年气温变化特征分析[J].农业灾害研究,11(3):112-114.

李森,郭安红,韩丽娟,等,2019.基于综合强度指数的黄淮海地区干热风灾害时空特征[J].自然灾害学报,28(1):76-83.

李维亮,刘洪利,周秀骥,等,2003.长江三角洲城市热岛与太湖对局地环流影响的分析研究[J].中国科学(D辑:地球科学)(2):97-104.

李文娟,赵放,郦敏杰,等,2018.基于数值预报和随机森林算法的强对流天气分类预报技术[J].气象,44(12):1555-1564.

李燕,程航,吴杞平,2013.渤海大风特点以及海陆风力差异研究[J].高原气象,32(1):298-304.

李永乐,唐康,蔡宪棠,等,2010.深切峡谷区大跨度桥梁的复合风速标准[J].西南交通大学学报,45(2):167-173.

李兆慧,王东海,麦雪湖,等,2017.2015年10月4日佛山龙卷过程的观测分析[J].气象学报,75(2):288-313.

廖荣伟,张冬斌,沈艳,2015.6种卫星降水产品在中国区域的精度特征评估[J].气象,41(8):970-979.

林志强,2015.南支槽的客观识别方法及其气候特征[J].高原气象,34(3):684-689.

刘方炎,李昆,孙永玉,等,2010.横断山区干热河谷气候及其对植被恢复的影响[J].长江流域资源与环境,19(12):1386-1391.

刘辉,田红旗,CHEN C,等,2011.基于小波分析法与神经网络法的非平稳风速信号短期预测优化算法[J].中南大学学报(自然科学版),42(9):2704-2711.

刘黎平,葛润生,2006.中国气象科学研究院雷达气象研究50年[J].应用气象报,17(6):682-689.

刘向培,佟晓辉,贾庆宇,等,2021.1960—2017年中国降水集中程度特征分析[J].水科学进展,32(1):10-19.

刘晓琼,孙曦亮,刘彦随,等,2020.基于REOF-EEMD的西南地区气候变化区域分异特征[J].地理研究,39(5):1215-1232.

卢冰,史永强,王光辉,等,2014.新疆克拉玛依强下坡风暴的机理研究[J].气象学报,72(6):1218-1230.

路志英,任一墨,孙晓磊,等,2018.基于深度学习的短时强降水天气识别[J].天津大学学报,51(2):111-119.

罗成德,王付军,2017.金沙江干热河谷气候特征及其避寒旅游资源[J].乐山师范学院学报,32(8):46-51.

吕雅琼,杨显玉,马耀明,2007.夏季青海湖局地环流及大气边界层特征的数值模拟[J].高原气象,26(4):686-692.

马淑萍,2019.极端雷暴大风的环境背景和雷达回波特征[D].北京:中国气象科学研究院.

梅一清,彭小燕,张树民,等,2020.南通地区夏季高温特征和极端高温事件分析[J].安徽农学通报,26(14):151-153.

门晓磊,焦瑞莉,王鼎,等,2019.基于机器学习的华北气温多模式集合预报的订正方法[J].气候与环境研究,24(1):116-124.

苗爱梅,贾利冬,武捷,2010.近51 a山西大风与沙尘日数的时空分布及变化趋势[J].中国沙漠,30(2):452-460.

苗开超,韩婷婷,王传辉,等,2019.基于LSTM网络的大雾临近预报模型及应用[J].计算机系统应用,28(5):215-219.

明庆忠,史正涛,2007.三江并流区干热河谷成因新探析[J].中国沙漠,27(1):99-104.

潘新民,祝学范,黄智强,等,2012.新疆百里风区地形与大风的关系[J].气象,38(2):234-237.

潘映梅,潘雪梅,2020.阿勒泰地区干热风发生规律及防御研究[J].绿洲农业科学与工程,6(4):43-46.

蒲云锦,2019.石河子121团多年大风特征分析[J].石河子科技(6):7-9,12.

钱钺,刘思远,杨丽森,2018.近57年宁南县降水特征及突变分析[J].南方农机,49(10):190.

秦剑,赵刚,朱宝林,等,2012.气象与水电工程[M].北京:气象出版社.

秦丽,李耀东,高守亭,2006.北京地区雷暴大风的天气—气候学特征研究[J].气候与环境研究,11(6):754-762.

卿文静,2008.攀西地区生态环境问题及其对策研究[J].现代农业科学,15(9):66-67,84.

瞿建华,鄢俊洁,薛娟,等,2019.基于深度学习的FY3D/MERSI和EOS/MODIS云检测模型研究[J].气象与环境学报,35(3):87-93.

曲巧娜,盛春岩,孙青,等,2016.风廓线雷达与L波段探空雷达测风资料的对比[J].干旱气象,34(6):1078-1086.

曲姝霖,仝纪龙,唐睿,等,2017.西北地区极端高温变化及其对气候变暖停滞的响应[J].气象与环境学报,33(4):78-85.

阮征,高祝宇,李丰,等,2017.风廓线雷达与天气雷达风廓线数据的融合及应用[J].气象,43(10):1213-1223.

史达伟,李超,史逸民,等,2018.基于机器学习的大雾天气背景下特强浓雾本地化诊断研究[J].灾害学,33(2):193-199.

史国庆,劳俊梅,王力艳,2019.泰来县近61a大风日数及风速变化特征分析[J].黑龙江气象,36(2):4-5,14.

史雯雨,杨胜勇,李增永,等,2021.近57年金沙江流域气温变化特征及未来趋势预估[J].水土保持研究,28(1):211-217.

施晓晖,徐祥德,谢立安,2006.NCEP/NCAR再分析风速、表面气温距平在中国区域气候变化研究中的可信度分析[J].气象学报,64(6):709-722.

施雅风,1996.全球和中国变暖特征及未来趋势[J].自然灾害学报(2):5-14.

宋洁慧,彭定宇,陈昌宏,等,2019.北部湾海面夏季一次持续性西南大风的成因分析[J].海洋预报,36(1):20-26.

宋晓辉,柴东红,蔡守新,等,2007.冰雹天气过程的综合分析[J].气象科技,35(3):330-334.

苏俐敏,郭水连,帅莉莉,等,2013.宜春地区三类典型天气的风廓线雷达产品特征分析[J].气象与减灾研究,36(3):63-68.

苏俐敏,夏文梅,马中元,等,2014.2012年江西宜春四类短时强降水特征分析[J].气象科学,34(6):700-708.

孙继松,戴建华,何立富,等,2014.强对流天气预报的基本原理与技术方法[M].北京:气象出版社.

孙全德,焦瑞莉,夏江江,等,2019.基于机器学习的数值天气预报风速订正研究[J].气象,45(3):426-436.

孙永,王咏薇,高阳华,等,2019.复杂地形条件下城市热岛及局地环流特征的数值模拟[J].大气科学学报,42(2):280-292.

孙宗宝,李新运,2014."焚风效应"探究[J].中学政史地:高中文综(7):42-43.

索渺清,丁一汇,2014.南支槽与孟加拉湾风暴结合对一次高原暴雪过程的影响[J].气象,40(9):1033-1047.

汤浩,陆汉城,储长江,等,2020.天山峡谷穿谷急流触发强下坡风暴的中尺度特征分析[J].气象,46(11):1450-1460.

唐明晖,姚秀萍,杨湘婧,等,2016.基于多普勒天气雷达资料的"6.1"监利极端大风成因分析[J].暴雨灾害,35(5):393-402.

唐文苑,周庆亮,刘鑫华,等,2017.国家级强对流天气分类预报检验分析[J].气象,43(1):67-76.

陶丽,黄瑶,袁梦,2020,金沙江下游白鹤滩水电站"6·28"极端强降雨特征研究[J].高原山地气象研究,40(4):30-35.

滕华超,2016.山东省夏季降水与大气环流型关系分析[J].干旱气象,34(5):789-795,802.

滕华超,陈艳春,杨蕾,等,2018.大气环流客观分型在渤海海峡大风气候特征分析中的应用[J].海洋气象学报,38(3):119-127.

田涵元,王福增,王秋淞,等,2022.贵州地区强对流天气防雹雷达回波特征研究[J].成都信息工程大学学报,37(2):208-214.

万瑜,曹兴,窦新英,等,2014.ECMWF细网格预报产品在乌鲁木齐东南大风预报中的释用[J].沙漠与绿洲气象,8(1):32-38.

王澄海,胡菊,靳双龙,等,2011.中尺度WRF模式在西北西部地区低层风场模拟中的应用和检验[J].干旱气象,29(2):161-167.

王栋成,邱粲,曹洁,等,2018.济南边界层风廓线雷达与L波段雷达探空测风资料对比研究[J].气象科学,38(3):416-422.

王栋成,汤子东,邱粲,等,2021.风廓线雷达CN^2资料和L探空资料确定济南夏季边界层高度的对比研究[J].气象与环境科学,44(2):96-105.

王纪军,裴铁璠,苏爱芳,等,2010.河南省降水集中程度研究[J].人民黄河,32(10):84-86.

汪丽,李淑君,甘薇薇,等,2022,基于不同标准的四川强降温时空分布和区域特征[J].高原山地气象研究,42(1):70-76.

王胜,田红,谢五三,等,2011.近50 a安徽省冬半年寒潮气候特征及其对越冬作物的影响[J].暴雨灾害,30(2):188-192.

王天义,2014.西藏高原强对流的雷达回波特征及演变机制研究[D].成都:成都信息工程学院.

汪卫平,张祖强,许遐祯,等,2015.中国降水集中期之特征[J].气象学报,73(6):1052-1065.

王小光,2017.上海近30年极端温度特征及其气象服务研究[D].兰州:兰州大学.

王晓蕾,阮征,葛润生,等,2010.风廓线雷达探测降水云体中雨滴谱的试验研究[J].高原气象,29(2):498-505.

王秀明,周小刚,俞小鼎,2013.雷暴大风环境特征及其对风暴结构影响的对比研究[J].气象学报,71(5):839-852.

汪学渊,任雍,李栋,2014.闽北地区边界层移动风廓线雷达对比试验评估[J].气象与环境科学,37(3):

108-113.

汪学渊,曾瑾瑜,汪胜宝,2021.风廓线雷达测风资料对比分析及问题探讨——以翔安风廓线雷达为例[J].海峡科学(4):3-7,28.

王彦,唐熠,赵金霞,等,2009.天津地区雷暴大风天气雷达产品特征分析[J].气象,35(5):91-96.

王易,郑媛媛,庄潇然,等,2022.江苏典型下击暴流风暴结构特征统计分析[J].气象学报,80(4):592-603.

王云飞,汪斌,李永乐,2018.水库蓄水对山区桥址风特性的影响[J].西南交通大学学报,53(1):95-101,145.

王宗敏,丁一汇,张迎新,等,2012.太行山东麓焚风天气的统计特征和机理分析Ⅱ:背风波对焚风产生和传播影响的个例分析[J].高原气象,31(2):555-561.

吴蕾,陈洪滨,康雪,2014.风廓线雷达与L波段雷达探空测风对比分析[J].气象科技,42(2):225-230.

吴俞,冯文,李勋,等,2015.ECMWF细网格10 m风场产品在南海海域的预报检验[J].西南师范大学学报(自然科学版),40(9):204-212.

肖云,何金海,许爱华,等,2016.江西省三类强对流天气环境物理量对比分析[J].科学技术与工程,16(14):107-114.

修媛媛,韩雷,冯海磊,2016.基于机器学习方法的强对流天气识别研究[J].电子设计工程,24(9):4-7,11.

许爱华,孙继松,许东蓓,等,2014.中国中东部强对流天气的天气形势分类和基本要素配置特征[J].气象,40(4):400-411.

胥良,2004.金沙江白鹤滩水电站金江滑坡成因机制及稳定性研究[D].成都:成都理工大学.

徐龙,2021.奎屯垦区的大风天气特征及预报指标分析[J].新疆农垦科技,44(1):46-47.

徐蒙,2020.基于冬半年日最低气温的中国大陆气候分区及极端降温事件研究[D].南京:南京信息工程大学.

胥雪炎,李补喜,2007.不同被解释变量选择对决定系数R~2的影响研究[J].太原科技大学学报,28(5):363-365.

薛海乐,2021.复杂地形对大理地区风场的影响研究——兼论观测,理论和数值模拟配合解答科学问题[J].气象科技进展,11(1):4-5,72.

杨澄,付志嘉,2020.洱海盆地一次冬季大风演变特征及其机制模拟分析[J].气象科技,48(5):675-684.

杨立洪,黄茂栋,黄彬,2008.多普勒雷达垂直累积液态含水量产品分析[J].广东水利水电(4):28-30.

杨丽敏,格央,次旦巴桑,等,2019.SWC-WARMS模式产品对西藏灾害性天气过程的预报能力检验[J].西藏科技(5):54-56.

杨亦萍,刘力源,倪钟萍,等,2019.ECMWF对不同天气形式下影响浙江台风的路径预报评估[J].海洋预报,36(2):68-76.

姚晨,戴娟,刘晓蓓,2013.江淮流域长生命史飑线的特征分析与临近预报[J].气象科学,33(5):577-583.

姚增权,李智边,1990.三种实时计算风向标准差方法的比较[J].应用气象学报(3):324-330.

游春华,蔡旭晖,宋宇,等,2006.京津地区夏季大气局地环流背景研究[J].北京大学学报(自然科学版),42(6):779-783.

尤凤春,郝立生,史印山,等,2007.河北省冬麦区干热风成因分析[J].气象,33(3):95-100.

禹梁玉,王啸华,顾荣直,等,2021.江苏一次下击暴流过程致灾大风成因分析[J].福建气象,37(5):801-811.

宇如聪,李建,陈昊明,等,2014.中国大陆降水日降水研究进展[J].气象学报,72(5):948-968.

俞小鼎,张爱民,郑媛媛,等,2006.一次系列下击暴流事件的多普勒天气雷达分析[J].应用气象学报,17(4):385-393.

俞小鼎,周小刚,王秀明,2012.雷暴与强对流临近天气预报技术进展[J].气象学报,70(3):311-337.

俞小鼎,郑永光,2020.中国当代强对流天气研究与业务进展[J].气象学报,78(3):391-418.

袁瑞强,王亚楠,王鹏,等,2018.降水集中度的变化特征及影响因素分析——以山西省为例[J].气候变化研究进展,14(1):11-20.

袁震洲,方德祥,祝成锐,等,2015.云南巧家县降水量及蒸发量变化特征及趋势分析[J].大坝与安全(3):

50-54.

曾波,谌芸,王钦,等,2019.1961—2016 年四川地区不同量级不同持续时间降水的时空特征分析[J].冰川冻土,41(2):444-456.

张春燕,刘霞,高文俊,等,2021.强雷暴天气的闪电和雷达回波特征个例分析[J].热带气象学报,37(3):419-426.

张达文,马夏妮,2016.2014.3.28 梅州一次冰雹过程分析[J].广东水利水电,12:8-13.

张俊兰,张莉,2011.一次天山翻山大风天气的诊断分析及预报[J].沙漠与绿洲气象,5(1):13-17.

张坤,罗涛,王菲菲,等,2022.基于探空数据分析低云对大气折射率结构常数的影响[J].物理学报,71(8):358-367.

张林梅,庄晓翠,胡磊,等,2009.新疆阿勒泰地区汛期降水集中度和集中期的时空变化特征[J].中国农业气象,30(4):501-508.

张录军,钱永甫,2004.长江流域汛期降水集中程度和洪涝关系研究[J].地球物理学报,47(4):622-630.

张明,崔军,曹学章,2017.青海湖流域草地退化时空分布特征[J].生态与农村环境学报,33(5):426-432.

张培昌,戴铁丕,杜秉玉,等,1992.雷达气象学[M].北京:气象出版社.

张人文,范绍佳,李颖敏,2012.2008 年秋季从化山谷风观测研究[J].热带气象学报,28(1):134-139.

张文军,李健,杨庆华,等,2019.河西走廊西部一次极端大风天气过程 3 次风速波动的动力条件分析[J].高原气象,38(5):1082-1090.

张小玲,谌芸,张涛,2012.对流天气预报中的环境场条件分析[J].气象学报,70(4):642-654.

张永莉,范广洲,朱克云,等,2016.春季南支槽的年代际变化及其与降水、大气环流的关系[J].高原气象,35(4):934-945.

张宇,陈德辉,仲跻芹.2016.数值预报在青藏高原的不确定性对其下游预报的影响[J].高原气象,35(6):1430-1440.

张志田,谭卜豪,陈添乐,2019.丘陵地区深切峡谷风特性现场实测研究[J].湖南大学学报,46(7):113-122.

张祖莲,毛炜峄,姚艳丽,等,2022.2020 年新疆南部区域干热风精细化特征分析[J].干旱区研究,39(1):84-93.

赵建伟,毕波,2017.大理机场一次晴空大风天气诊断分析[J].沙漠与绿洲气象,11(4):32-38.

赵金霞,曲平,何志强,等,2014.渤海湾大风的特征及其预报[J].气象科技,42(5):847-851.

赵婉露,2019.遵义地区循环系统疾病对天气与气候变化的响应及预测应用研究[D].成都:成都信息工程大学.

甄英,季薇,李传辉,等,2021.1961—2017 年四川省夏季高温变化特征及区划分析[J].安徽农业科学,49(22):217-221.

周长艳,岑思弦,李跃清,等,2011.四川省近 50 年降水的变化特征及影响[J].地理学报,66(5):619-630.

周晓鸥,曹乐,于潇萌,等,2020.云南大理复杂地形上风场的模拟研究[J].科学技术与工程,20(32):13113-13122.

周鑫,2020.基于多普勒天气雷达的地面风场反演及大风预警方法研究[D].成都:成都理工大学.

朱乐东,任鹏杰,陈伟,等,2011.坝陵河大桥桥位深切峡谷风剖面实测研究[J].实验流体力学,25(4):15-21.

朱乾根,林锦瑞,寿绍文,等,2000.天气学原理和方法[M].北京:气象出版社.

朱艳峰,陈德亮,李维京,等,2007.Lamb-Jenkinson 环流客观分型方法及其在中国的应用[J].南京气象学院学报,30(3):289-297.

ADLER B,KALTHOFF N,GANTNER L,2011. Initiation of deep convection caused by land-surface inho-moggeneities in West Africa:A modelled case study[J]. Meteorology and Atmospheric Physics,112(1):15-27.

CHISHOLM A J,RENICK J H,1972. The kinematics of multicell and supercell Alberta hailstorms[J]. Edmonton,Canada:Research Council of Alberta Hail Studies,24-31.

DANFORTH C M,KALNAY E,MIYOSHI T,2007. Estimating and correcting global weather model error [J]. Bull Amer Meteor Soc,135(2):281-299.

DAVID J L,AMIR H A,AMIR H G,et al,2016. Machine learning in geosciences and remote sensing[J]. Geoscience Frontiers,7(1):3-10.

DOSWELL Ⅲ CA,2001. Sever convective storm [M]. Meteorological Monographs. Boston: American Meteorological Society,1-26.

DOSWELL C A,BURGESS D W,1993. Tornadoes and tornadic storms: A review of conceptual models. The Tornado: Its Structure, Dynamics, Prediction, and Hazards[M]. Washington D C: American Geophysical Union,161-172.

FUJITA T T,BYERS H R,1977. Spearhead echo and down burst in the crash of an airliner[J]. Monthly Weather Review,105(2):129-146.

JOHNS R H,DOSWELL Ⅲ C A,1992. Severe local storms forecasting[J]. Weather Forecasting,7(4): 588-612.

KISTLER R,KALNAY E,COLLINS W,et al,2001. The NCEP-NCAR 50-year reanalysis: Monthly means CD-ROM and documentation[J]. Bull Amer Meteor Soc,82(2):247-268.

LEO BREIMAN L,2001. Random forests[J]. Machine Learning,45(1):5-32.

MAPES B,HOUZE R A,1993. An integrated view of the 1987 Australia monsoon and its mesoscale convective systems. II: Vertical structure[J]. Quarterly Journal of the Royal Meteorological Society, 119 (514): 733-754.

MOONEY P A,MULLIGAN F J,FEALY R,2011. Comparison of ERA-40,ERA-Interim and NCEP/NCAR reanalysis data with observed surface air temperatures over Ireland[J]. Int J Climatology,31(4):545-557.

MOORE B J,NEIMAN P J,RALPH F M,et al,2012. Physical processes associated with heavy rainfall in Nashville,Tennessee,and Vicinity during 1—2 May 2010: The role of an atmospheric river and mesoscale convective systems[J]. Monthly Weather Review,140(2):358-378.

SCHMOCKER G,1996. Forecasting the initial onset of damaging down-burst winds associated with a mesoscale convective system(MCS)using the mid-latitude radial convergence (MARC) signiture[J]. Preprints, 15th conf on Weather Analysis and forecasting. Norfolk, Va, Amer Meteor Soc,306-311.

WAKIMOTO R M,2001. Convectively driven high wind events[J]. Meteorogical Monographs,50:255-299.

WAKIMOTO R M,WILSON J W,1989. Non-supercell tornadoes[J]. Monthly Weather Review,117(6): 1113-1140.

WHITEMAN C D,2000. Mountain Meteorology: Fundamentals and Applications[M]. New York:Oxford University Press.